地球46億年 物質大循環

地球は巨大な熱機関である

月村勝宏　著

装幀／五十嵐 徹（芦澤泰偉事務所）
カバーイラスト／橋爪義弘
本文・目次デザイン／天野広和（ダイアートプランニング）
画像作成／月村勝宏

はじめに

人類は、地球の快適な環境の下、豊富な資源を利用して、高度文明を育み繁栄してきました。このような地球に快適な環境や豊富な資源があることはとても幸運なことなのです。それは、他の太陽系惑星を見るとわかります。地球以外の惑星には、地球にあるような快適な環境や豊富な資源がありません。

地球の快適な環境とは、陸と海があり、極端に熱くも冷たくもなく、空気中に酸素がたくさんあることです。地球には、陸という高い山のような場所と、海という低い窪地があります。陸は太陽の光を十分に受けるので、太陽エネルギーを利用して植物が繁栄しています。そして、その植物を食べる動物も繁栄しています。植物が繁栄すると空気中の酸素も増えます。海にある多量の海水は、地球の気温を安定させます。他の惑星には陸と海にあるような大きな高低差がないばかりか海水もありません。適度の気温が安定的に維持されているのは地球だけであり、地球以外の惑星は、極端に熱いか極端に冷たいかのどちらかです。空気中に酸素があるのも地球だけなのです。

地球には有用な資源もたくさんあります。動物や植物は、人間の食物や衣服や住居に使われ、石は建材に使われています。土は植物が育つために必要であるとともに、陶磁器の原料にもなります。鉄は鉄筋コンクリートの素材として、銅はモーターの素材や電線として使用されています。石炭や石油や天然ガスやウランは、エネルギー資源として重要です。このような資源も、地球以外の惑星にはありません。

これらの地球の快適な環境や有用な資源は最初からあったわけではありません。地球ができてから現在までの、46億年という長い時間をかけてできたのです。地球ができたばかりの頃は、海ばかりで陸はありませんでした。46億年の歳月をかけて陸は少しずつ増えてきたのです。地球ができたばかりの頃の空気は二酸化炭素が最も多く、酸素はまったくありませんでした。時代とともに二酸化炭素が減り、酸素が増えてきたのです。鉄は、38億年前から18億年前の酸素がほとんどない時代に、海底に大量に沈殿しました。銅やウランは地球の初期から現在に至るまで地下に濃集し続けています。天然ガスや石油や石炭は、陸に動物や植物が進出した5億4000万年前から地下に存在します。

本書では人間が高度な文明を築くための基礎となった地球の環境や資源が、46億年かけてどのようにできたかを考えます。なぜ地球に多量の水があり、火星や金星には水がほとんどないのでしょうか。なぜ地球にだけ陸と海という高低差があるのでしょうか。初期生命の体となる有機物はどのようにでき、初期生命はどのようにしてエネルギーを得ていたのでしょうか。鉄や銅やウランがどのようにして濃集したのでしょうか。これらは地球の謎であり、本書ではこれらの謎を解明したいと思います。

このような謎を解明するには、二つの観点が重要です。第一の観点は地球の物質が循環しているという点です。第二の観点は物質の循環において鉱物と気体との反応が重要であり、その反応が進行する方向は温度で決まるという点です。この二つの観点を見てみましょう。

第一の観点である地球の物質が循環していることを、地表の石で見てみましょう。地表にある石は雨水や風で削られ、川の水に運ばれて海底に積もります。海底に積もった堆積物は、海底が動いているので、陸に近づき陸の下にもぐりこみ、地下深くまで引き込まれます。すると温度が高くなり溶けます。この溶けた物質は上昇し、冷えて固まり石に戻ります。そしてその石は長い時間をかけて少しずつ上がってきて最後に地表に現れます。このようにして地表の石は循環しているのです。この循環の中で物質は「熱い場所(地下深く)」と「冷たい場所(地表または浅い地下)」を移動し、温度に合わせて変化します。「ある時点での地球」を理解するとは、「その時点での地球の物質循環」を理解することだともいえます。

第二の観点は、地球の物質がある法則に基づいて反応している点です。「熱い場所」では鉱物から気体が出ますが、「冷たい場所(地表または浅い地下)」では気体が鉱物に入ってくるのです。地下の熱い場所でできた岩石は、水や二酸化炭素などの気体になる成分を含んでいません。この岩石が地表に現れると、水や二酸化炭素と反応して、水を含む粘土鉱物や二酸化炭素を含む炭酸塩鉱物ができます。

この規則性は、地球にある鉱物を観察することによりわかります。「熱い場所」でできた石英や長石や輝石などの鉱物は水や二酸化炭素を含んでいません。しかし、これらの鉱物が地表に現れると、水や二酸化炭素と反応して、水を含む粘土鉱物や、二酸化炭素を含む炭酸塩鉱物になるのです。

以上の反応を実際の問題に適用するときには、定量的に取り扱うことが重要になります。定量的とは、現象を数字で表すことです。そこで、本書では、気体が鉱物と反応するのを定量的に表現するためのグラフを作成しました。このグラフは、「温度」と「気体(水蒸気・二酸化炭素・水素など)の分圧」の関数として、どのような鉱物が安定であるかを表したものです。この種のグラフを見るのは初めての方が多いと思われますが、このグラフを理解することで大きく視野が広がりますので、ぜひともこのグラフに慣れていただきたいと思います。このことは、地球の現象を、物質科学に基づき正確に理解することにつながります。

本書は、地球科学に馴染みのない方々にも理解しやすいことを目指しました。統一的な観点から地球全体を俯瞰しているので、地球科学に最初にふれる書としてもよいのではないかと考えています。また、一方で、地球科学の専門家にとっても読み応えがあることも目指しました。教科書に書かれていることだけではなく、できるだけ最新の成果を取り入れました。また、新たな観点から地球の物質を見ることも提案しています。地球科学に馴染みのない方から専門家まで多くの方々に読んでいただける書になったと思います。それでは、地球の物質の成り立ちとその大循環を見ていきましょう。

地球46億年　物質大循環　もくじ

第1章

Elements and volatile substances in the solar system

太陽系にある元素と揮発性物質

◉物質は１１８種類の元素でできており、地球科学では、親気元素、親石元素、親鉄元素、親銅元素に分けられる。

◉物質循環に重要な役割を果たすのは、水、二酸化炭素、メタン、二酸化イオウ、硫化水素などの揮発性物質。なかでも、最も重要なものは「水」である。

◉地球の重要な反応の多くは、鉱物における「水」の出入りで説明できる。

地球を構成する物質

地球での物質循環を議論するときの基礎となるのが、地球を構成する物質です。物質は単数あるいは複数の元素が集まってできているので、まずは元素の話から始めましょう。次に、物質を揮発性物質（気体になりやすい物質）と難揮発性物質（気体になりにくい物質）に分けて議論することにします。地球での重要な反応は揮発性物質がかならずかかわっており、揮発性物質と難揮発性物質は、それぞれ特有な循環をするからです。また、揮発性物質の中で、水は特に重要な役割を果たしています。本章では、「太陽系の元素」、「揮発性物質」、「水：最も重要な揮発性物質」をそれぞれ見ていきます。

「太陽系の元素」では、太陽系にある元素の性質・量・分布を見ていきます。太陽系の元素を見ることで、地球を構成している元素についても理解ができるからです。太陽系や地球の物質は、118種類の元素からできています。元素は、親気元素（気体になりやすい元素）、親石元素（石の中に入りやすい元素）、親鉄元素（金属となりやすい元素）、親銅元素（硫化物に入りやすい元素）に分類されます。太陽系にある元素を多い順にベスト15まで見ると、これらの元素だけで全体の99・99983％を占めていることがわかります。そして、地球では太陽系全体と比べて親気元素が欠如していることもわかります。

「揮発性物質」では、気体になりやすい物質（揮発性物質）にどのようなものがあるかを見ていきます。揮発性物質の代表的なものに水や二酸化炭素や二酸化イオウがあります。このような揮発性物質は、空気中にもあるし、火山からも噴出しています。また、地球の地下深くにもあるし地球以外の惑星にもあります。揮発性物質は物質循環のさまざまな局面でかかわってくる重要な物質なのです。

「水：最も重要な揮発性物質」では、地球にある最も重要な揮発性物質である水を見ていきます。水は、地球上で最も量の多い揮発性物質であるとともに、さまざまな物質を溶かして物質の反応を促進させる性質もあります。このため地球での物質の反応のほとんどは、水を媒介として行われています。ここでは、水が地表のどこにどのような状態であるかを見てから、高温状態（100℃以上）にある水の性質を見ていきます。地球の地下は、高温状態にあり、地下での反応を知るには高温の水の性質を知ることが必要なのです。

1-1 太陽系の元素

まず最初に、元素の性質や太陽系にある元素の量と分布を見ていきましょう。元素とは何か、元素の性質による分類、各元素の量によるランキング、地球と太陽系全体との元素組成の違いを見ていきます。

最も重要な科学知識

「科学の知識が世界から消えてしまうときに、科学の知識をひとつだけ残すことができるとしたら、なにを残すか」との議論が『ファインマン物理学』という教科書に書かれていました。『ファインマン物理学』は1960年代に米国カリフォルニア工科大学でファインマン教授が行った講義をもとに書かれた物理学の有名な教科書です。その教科書の中でファインマン教授は、「残すべき科学知識は物質が原子という小さな粒でできていることだ」と言っています。

原子という小さな粒の大きさはどのくらいかを見てみましょう。炭素原子の大きさは、134pm（ピコメートル、p：10のマイナス12乗）です。しかし、134pmと言われても、その大きさをなかなか実感できないでしょう。そこで、「炭素原子」と「イチゴ」と「地球」の大きさを比較して炭素原子の大きさを実感しようと思います。「炭素原子」の3億1000万倍が、「イチゴ」になります。そして、「イチゴ」の3億1000万倍が「地球」になります。この関係を図1－1に表しますので、「炭素原子」がいかに小さいかを見てください。

次に、原子の粒の中身を見てみましょう。原子は、原子核と電子でできています。原子核が中

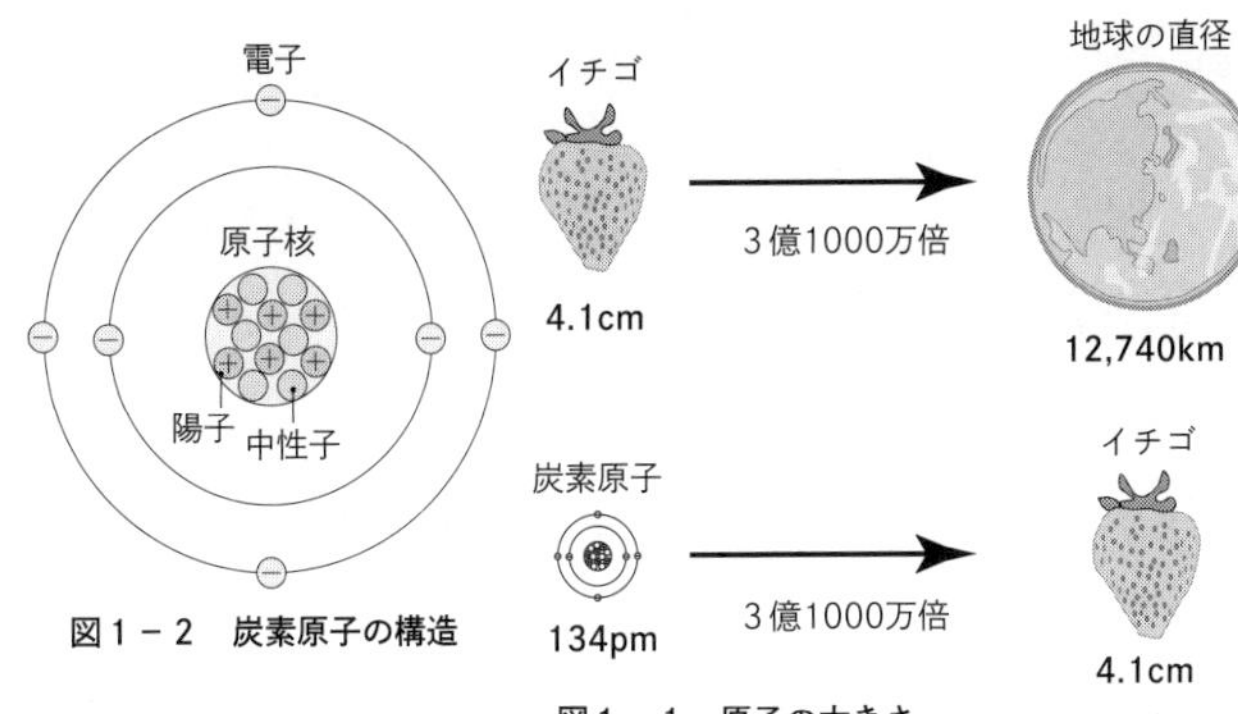

図1－2　炭素原子の構造

図1－1　原子の大きさ
炭素原子を3億1000万倍するとイチゴの大きさになり、イチゴを3億1000万倍すると、地球の大きさになります。原子がイチゴの大きさだとすると、イチゴは地球の大きさになります。

心にあり、その周りに電子があります。原子核は、陽子と中性子から成っています。陽子はプラスの電荷がありますが、中性子は電荷がありません。以上を図1－2で確認してください。
ただし、図1－2は、見やすくした図であることに注意してください。見やすくするために原子核を実際よりもかなり大きく描いています。じつは、原子核はとても小さいのです。原子核を米粒の大きさとすると、原子の大きさは甲子園球場くらいになります。図1－2は2次元ですが、実際の原子はもちろん3次元です。図1－2は電子を小さな円で表し特定の場所にあるように描いていますが、電子ははっきりとした形を持った物体ではなく、どこにあるかもわからないのです。電子がある位置はその確率がわかるだけです。このような小さな世界の物体はわれわれが日常生活で見る物体とはかなり異なっています。このような小さな世界を記述する学問が量子力学です。

原子核の話に戻ります。陽子はプラスの、電子はマイナスのそれぞれ絶対値が等しい電荷を持っています。また、陽子と中性子はほぼ同じ質量であり、陽子や中性子は電子の1840倍の質量があります。つまり、原子の重さは原子核の重さでほとんど決まってしまうのです。

原子核中の陽子の個数は1から118まであります。中性子の個数は、陽子の個数とほぼ同じかやや多いのです。原子に含まれる陽子の数を原子番号といいます。原子番号が決まると原子核の正電荷の量が決まります。その正の電荷を打ち消して原子全体の電荷がゼロになるよう原子核は電子を引きつけます。その結果、低温状態にある孤立した原子では、陽子の数と電子の数は等しくなります。

原子の化学的性質

化学的性質とは、原子同士がくっついたり離れたりする性質のことです。原子の化学的性質は、電子が関係しており、原子核が引きつける電子の数、すなわち原子番号で決まります。

そこで、中性子の数の違いは無視し原子番号（陽子の数）で原子を分けてみましょう。原子番号ごとに分けた原子の集まりを元素と呼びます。原子番号が同じであれば同じ元素であり、原子

1 H																	2 He
3 Li	4 Be											5 B	6 C	7 N	8 O	9 F	10 Ne
11 Na	12 Mg											13 Al	14 Si	15 P	16 S	17 Cl	18 Ar
19 K	20 Ca	21 Sc	22 Ti	23 V	24 Cr	25 Mn	26 Fe	27 Co	28 Ni	29 Cu	30 Zn	31 Ga	32 Ge	33 As	34 Se	35 Br	36 Kr
37 Rb	38 Sr	39 Y	40 Zr	41 Nb	42 Mo	43 Tc	44 Ru	45 Rh	46 Pd	47 Ag	48 Cd	49 In	50 Sn	51 Sb	52 Te	53 I	54 Xe
55 Cs	56 Ba	*1	72 Hf	73 Ta	74 W	75 Re	76 Os	77 Ir	78 Pt	79 Au	80 Hg	81 Tl	82 Pb	83 Bi	84 Po	85 At	86 Rn
87 Fr	88 Ra	*2	104 Rf	105 Db	106 Sg	107 Bh	108 Hs	109 Mt	110 Ds	111 Rg	112 Cn	113 Nh	114 Fl	115 Mc	116 Lv	117 Ts	118 Og

*1	57 La	58 Ce	59 Pr	60 Nd	61 Pm	62 Sm	63 Eu	64 Gd	65 Tb	66 Dy	67 Ho	68 Er	69 Tm	70 Yb	71 Lu
*2	89 Ac	90 Th	91 Pa	92 U	93 Np	94 Pu	95 Am	96 Cm	97 Bk	98 Cf	99 Es	100 Fm	101 Md	102 No	103 Lr

*1: ランタノイド、 *2: アクチノイド。

図１－３　元素の周期律表
灰色は太陽系での量がベスト15までの元素。

番号が異なれば違う元素です。原子核中の陽子の数は１から１１８まであるので、元素は１１８種類あることになります。

元素を原子番号（陽子の個数）の順に並べると、その性質に周期性があることがわかります。たとえば、原子番号２（ヘリウム）、原子番号10（ネオン）、原子番号18（アルゴン）は希ガスという同じ性質を持つ元素であり、原子番号が８ずつ大きくなっているという周期性があります。

ロシアのメンデレーエフは、１８６９年に、このような元素の周期性に気がついて元素の周期律表を作りました。図１－３は現在広く用いられている周期律表

原子番号(Z)	原子記号	元素名	原子量
1	H	水素	1.008
2	He	ヘリウム	4.003
3	Li	リチウム	6.968
4	Be	ベリリウム	9.012
5	B	ホウ素	10.81
6	C	炭素	12.011
7	N	窒素	14.007
8	O	酸素	15.999
9	F	フッ素	18.998
10	Ne	ネオン	20.180
11	Na	ナトリウム	22.990
12	Mg	マグネシウム	24.306
13	Al	アルミニウム	26.982
14	Si	ケイ素	28.085
15	P	リン	30.974
16	S	硫黄	32.068
17	Cl	塩素	35.452
18	Ar	アルゴン	39.878
19	K	カリウム	39.098
20	Ca	カルシウム	40.078
21	Sc	スカンジウム	44.956
22	Ti	チタン	47.867
23	V	バナジウム	50.942
24	Cr	クロム	51.996
25	Mn	マンガン	54.938
26	Fe	鉄	55.845
27	Co	コバルト	58.933
28	Ni	ニッケル	58.693
29	Cu	銅	63.546
30	Zn	亜鉛	65.38
31	Ga	ガリウム	69.723

表1－1　元素の種類(Z=1からZ=31)

です。メンデレーエフは周期律表を用いて、まだ発見されていなかった多くの元素の性質を予言し当てたことで、周期律表の有用性が広まりました。元素ごとに記号と名前があります（表1－1）。この表には、原子量（原子1モルの重さをグラムで表した数値）も載せてあります。なお、1モルとは原子の個数が6・02×10の23乗（アボガドロ数）個あるときの量です。

地球惑星科学の目で元素を分類しよう

ノルウェーの地球化学者であるゴールドシュミット（1888―1947年）は、元素がどのような鉱物グループに入りやすいかで、元素を分類しました。ケイ酸塩鉱物に入りやすい元素を親石元素、硫化鉱物に入りやすい元素を親銅元素、金属の元素鉱物に入りやすい元素を親鉄元素としました。また、鉱物には入らないで気体として存在しやすい元素を親気元素としました。以上を図1－4に図示します。それぞれの鉱物グループに入る代表的な鉱物を表1－2にあげます。

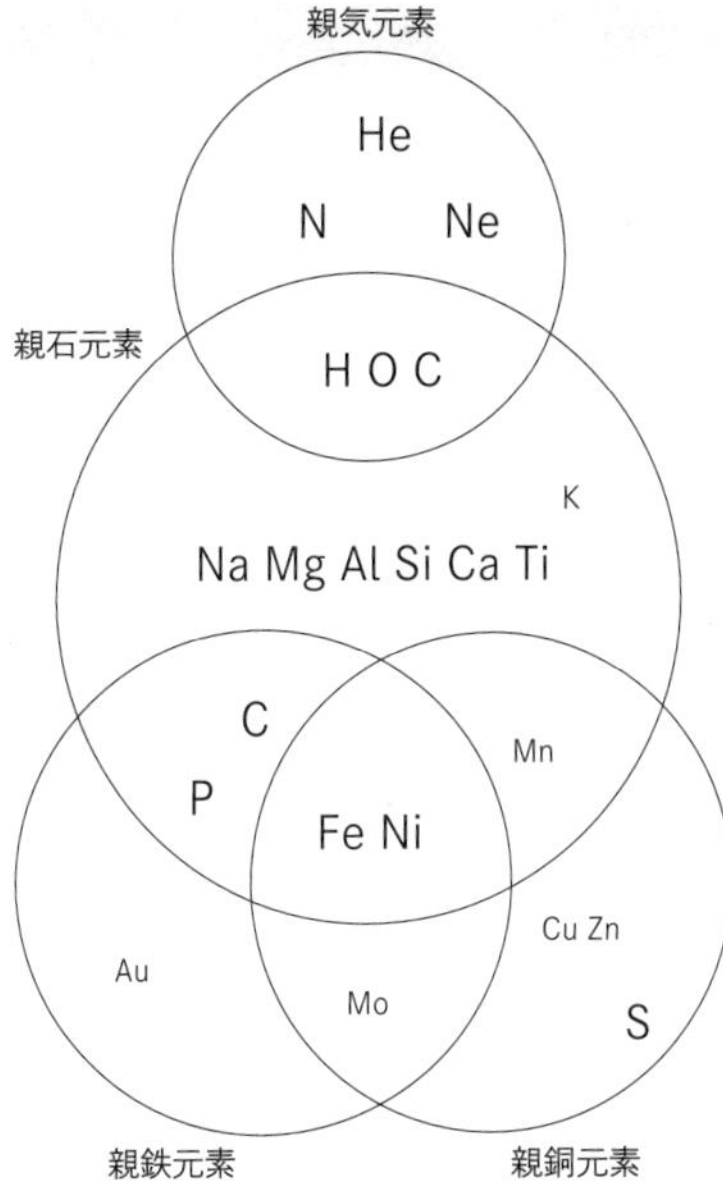

Al:アルミニウム、Au:金、C:炭素、Ca:カルシウム、Cu:銅、Fe:鉄、Zn:亜鉛、H：水素、He:ヘリウム、K：カリウム、Mg:マグネシウム、Mn:マンガン、Mo:モリブデン、N:窒素、Na:ナトリウム、Ne:ネオン、Ni:ニッケル、O:酸素、P：リン、S:イオウ、Si:ケイ素、Ti:チタン

図1－4　地球惑星科学からみた元素の分類

図1－4を見ると、2つ以上のグループに属している元素もあります。酸素は、気体としても存在するので親気元

素であるとともに、ケイ酸塩鉱物にも入るので親石元素でもあります。鉄は、ケイ酸塩鉱物に入るので親石元素であり、硫化鉱物にも入るので親銅元素でもあり、さらに自然鉄にもなるので親鉄元素でもあります。

図1－4は、元素がどのような物質に入るかを予測するのに便利です。たとえば、窒素は親気元素なので空気中にたくさんあると推察でき、マグネシウムやケイ素は親石元素なので石の中にたくさんあると推察でき、銅や亜鉛やイオウは親銅元素なので硫化物にたくさんあると推察できます。

鉱物グループ	化学組成	鉱物名
ケイ酸塩鉱物	$(Mg,Fe)_2SiO_4$	かんらん石
	$(Ca,Mg,Fe)SiO_3$	輝石
	$(Na_x,Ca_{1-x})Al_{2-x}Si_{2+x}O_8$	斜長石
	$KAlSi_3O_8$	カリ長石
硫化鉱物	FeS	トロイライト
	$(Fe,Ni)_9S_8$	ペントランド鉱
	$CuFeS_2$	黄銅鉱
	ZnS	閃亜鉛鉱
元素鉱物	Au	自然金
	$Fe_{1-x}Ni_x$ $(2\%<x<7\%)$	自然鉄
	$Fe_{1-x}Ni_x$ $(30\%<x<75\%)$	ニッケル鉄

(Mg, Fe)は、MgとFeとの合計が1であることを表しています。

表1－2　親石元素、親銅元素、親鉄元素が入る鉱物

太陽系における元素のランキング

太陽系にある元素を多い順にベスト15まで見てみましょう。（表1－3）。量が多いということは地球などの惑星を見るうえで重要な元素であることを意味します。なお、各元素の割合は、太陽系以外の星でも太陽系とほぼ同じになっています。

クラス	順位	元素記号	名称	総計を100万とした時の量	元素の種類			
S	1	H	水素	924,500	親気	親石		
	2	He	ヘリウム	74,100	親気			
A	3	O	酸素	683	親気	親石		
	4	C	炭素	411	親気	親石		親鉄
	5	Ne	ネオン	128	親気			
	6	N	窒素	84	親気			
B	7	Mg	マグネシウム	37		親石		
	8	Si	ケイ素	34		親石		
	9	Fe	鉄	31		親石	親銅	親鉄
	10	S	イオウ	17			親銅	
C	11	Ar	アルゴン	3.5	親気			
	12	Al	アルミニウム	2.9		親石		
	13	Ca	カルシウム	2.1		親石		
	14	Na	ナトリウム	1.9		親石		
	15	Ni	ニッケル	1.7		親石	親銅	親鉄

表1－3　太陽系にある量の多いベスト15の元素

ベスト15の元素の量は、順位が下がると量が桁違いに減少します。量によって元素をクラス分けするとその違いがわかりやすくなります。ベスト15までの元素を量が多い順に、Sクラス、Aクラス、Bクラス、Cクラスに分けてみましょう。Sクラスは水素（1位）とヘリウム（2位）が入ります。Aクラスは酸素（3位）と炭素（4位）とネオン（5位）と窒素（6位）が入ります。Bクラスは7位から10位までの元素が、Cクラスは11位から15位までの元素が入ります。

Sクラスの元素（水素とヘリウム）を見てみましょう。元素の全体量をお金にたとえて100万円だとすると、水素（第1位）が92万4500円、ヘリウム（第2

位）が７万４１００円となります。水素とヘリウムを合わせると99万８６００円にもなります。残りは、約１４００円（正確には１４３９円。以下、この金額を用います）しかありません。太陽系はほとんどがSクラスの元素でできているのです。全体で１００万円もあるのに、水素だけで92万４５００円、ヘリウムだけで７万４１００円も取ってしまい、残りの１４３９円をその他の元素たちで分け合うという大きな格差があるのです。なお、Sクラスの元素はすべて親気元素です。

Aクラスの元素（酸素、炭素、ネオン、窒素）を見てみましょう。Aクラスの元素は量がSクラスの元素よりも2桁から3桁少なくなっています。量は、酸素（第3位）が６８３円、炭素（第4位）が４１１円、ネオンが１２８円、窒素が84円です。Aクラスの元素は１００円単位の分け前しかないのです。SクラスとAクラスの元素を合わせると、99万９８６７円になります。残りは１００万円のうち１３３円しかありません。なお、Aクラスの元素はすべて親気元素です。

Bクラスの元素（第7位から第10位まで）を見てみましょう。Bクラスの元素の量は、Aクラスの元素と比べてさらに1桁ほど少なくなっています。それぞれの元素の量は、マグネシウム（第7位）が37円、ケイ素（第8位）が34円、鉄（第9位）が31円、イオウ（第10位）が17円です。Bクラスの元素は10円単位の分け前しかありません。SクラスからBクラスまでの元素を合わせると、99万9986円になります。残りは100万円のうち14円（正確には13・8円）しかありません。なお、Bクラスの元素には親気元素はありません。

Cクラスの元素（第11位から第15位まで）はどうでしょうか。Cクラスの元素の量は、Bクラスの元素に比べてさらに1桁ほど少なくなっています。それぞれの元素の量は、アルゴン（第11位）が、3・5円、アルミニウム（第12位）が2・9円、カルシウム（第13位）が2・1円、ナトリウム（第14位）が1・9円、ニッケル（第15位）が1・7円です。Cクラスの元素は1円単位の分け前しかないのです。SクラスからCクラスまでの元素を合わせると、99万9998・3円になります。残りは100万円のうち1・7円しかありません。なお、Cクラスの親気元素はアルゴンだけです。

太陽系全体の元素存在度と地球の元素存在度

次に、太陽系全体の元素存在度と地球の元素存在度を比較してみましょう。図1-5に、太陽の元素存在度と石質隕石の一種であるコンドライト隕石中の元素存在度を図示しました。両者ともケイ素の元素存在度を10の6乗個とした場合の各元素の個数を表しています。

図1-5の横軸は、太陽系全体の元素存在度の代わりに、太陽の元素存在度になっています。太陽の元素存在度は、太陽系全体の元素存在度とほぼ等しいと考えられており、太陽系全体の元

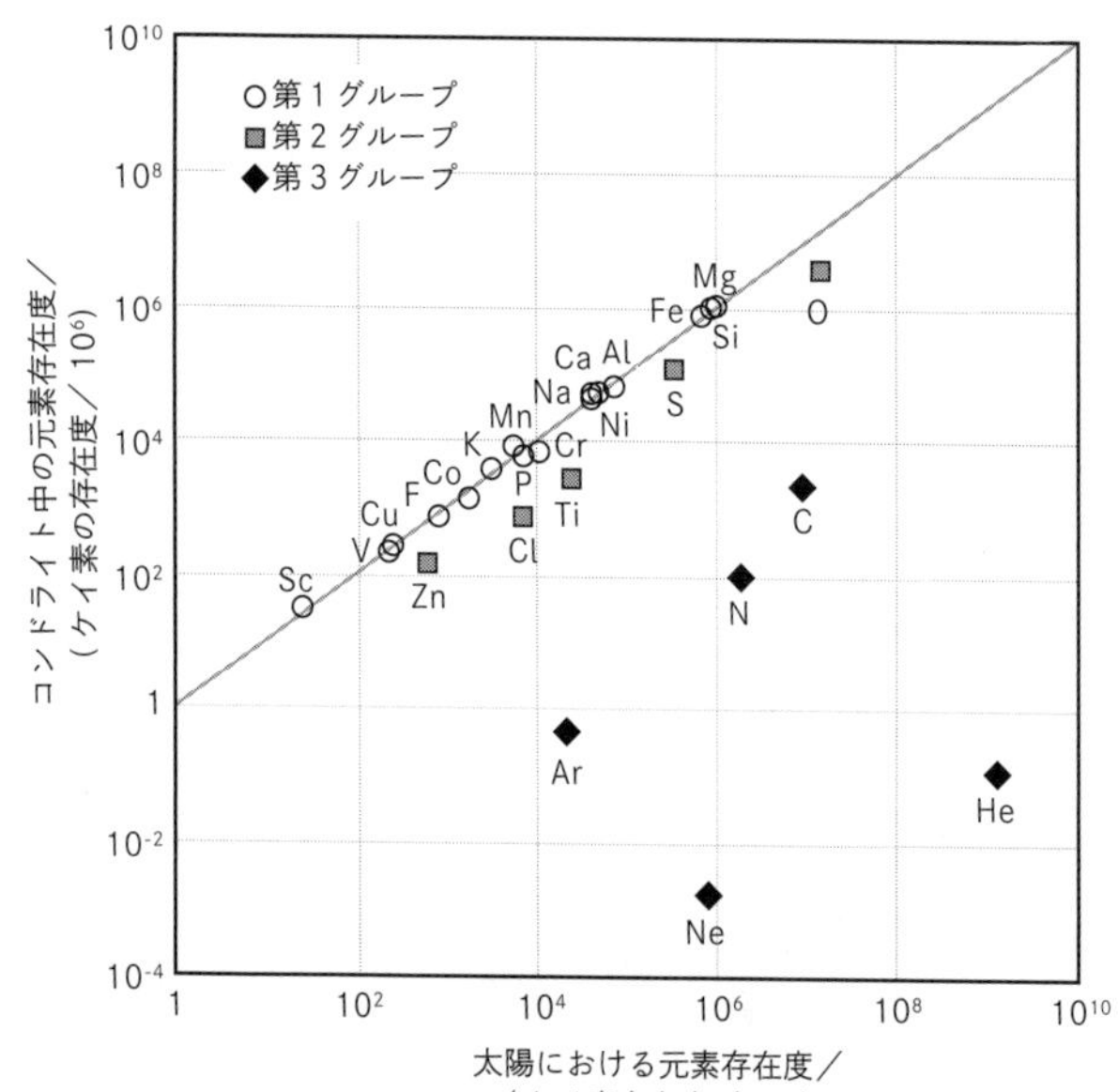

第1グループ：太陽とコンドライトがほぼ同じ
第2グループ：太陽の方がコンドライトよりも3倍から10倍多い
第3グループ：太陽の方がコンドライトよりも4600倍以上多い
Ross, Aller (1976):太陽の元素存在度
Brownlow (1979):コンドライト中の元素存在度

図1－5　太陽系全体と地球の元素存在度

素存在度を表しているとみることができます。太陽の元素存在度は太陽からの光を分析することによって求めることができます。

図1－5の縦軸は、地球の元素存在度の代わりに、コンドライト隕石の元素存在度になっています。コンドライト隕石の元素存在度は、地球の元素存在度とほぼ等しいと考えられており、地球の元素存在度を表しているとみることができます。地球内部の化学組成を分析することはできませ

んが、隕石であれば直接分析することができます。

図1－5を見ると、元素は3グループに分けられます。第1グループは、元素存在度が太陽系全体と地球とでほぼ同じのグループです。第2グループは、太陽系全体の元素存在度の方が地球よりも3倍から10倍ほど多いグループです。第3グループは、太陽系全体の元素存在度の方が地球よりも4600倍以上多いグループです。

第1グループに入る元素は、多い順に、マグネシウム、ケイ素、鉄、アルミニウム、カルシウム、ニッケル、ナトリウムと気体になりにくい元素ばかりです。太陽系に存在する元素のほとんどがこのグループに入っています。そして、このグループの元素存在度は、地球とほぼ同じなわけです。

第2グループに入る元素は、多い順に、酸素、イオウ、チタン、塩素、亜鉛があります。このうち、酸素、イオウ、塩素は、気体になりやすい元素です。いっぽう、チタンと亜鉛は、気体になりにくい元素です。

第3グループには、水素、ヘリウム、炭素、窒素、ネオン、アルゴンがあります。水素は、コンドライト中の元素存在度のデータがないために図1－5にはありませんが、太陽系全体に比べて地球には少ないのです。これらの元素は固体にほとんど入らず、ほとんどが気体として存在しています。第3グループの元素は、太陽に近い4つの惑星（水星、金星、地球、火星）では少なくなっています。これは、太陽系惑星ができた当時、これら4つの惑星がある場所の温度が高かったために固体に入らずに気体のままだったからです。これについては第2章でお話しします。

1-2 揮発性物質

揮発性物質（気体になりやすい物質）の地球での重要性を論じた後、どのような揮発性物質がどこにあるかを見ていきましょう。そして、本書であつかっている地質現象が揮発性物質とどのようにかかわっているかを見ていきます。

物質循環の鍵となる揮発性物質

重要な揮発性物質には、水、二酸化炭素、メタン、二酸化イオウ、硫化水素などがあります。このうち最も重要な揮発性物質は水です。この水が、地球に快適な環境や資源をもたらしたといえます。

マントルに水が多量にあると、マントルの粘性を低下させ、対流を促進させます。マントルに水があると、なぜマントルの粘性が低下するのでしょうか？　マントルの粘性を高めているのは、主に、酸素―ケイ素―酸素―ケイ素―酸素―と線状につながっている原子の配列です。ケイ素と酸素との結合は非常に強く、なかなか切れません。しかし、ここに水があると加水分解して、この結合が切れ（図1－6）、粘性が低くなるのです。

マントルが対流していると、マントルに引きずられて地表の物質も循環します。この物質循環によって、地表の物質は地下で熱くなったり地表で冷えたりしています。その温度変化に対応して、地球の表面では反応が進行し続けています。この反応により地球の状態は変化し、地球の物質を分化させたり元素を濃集させたりしているのです。

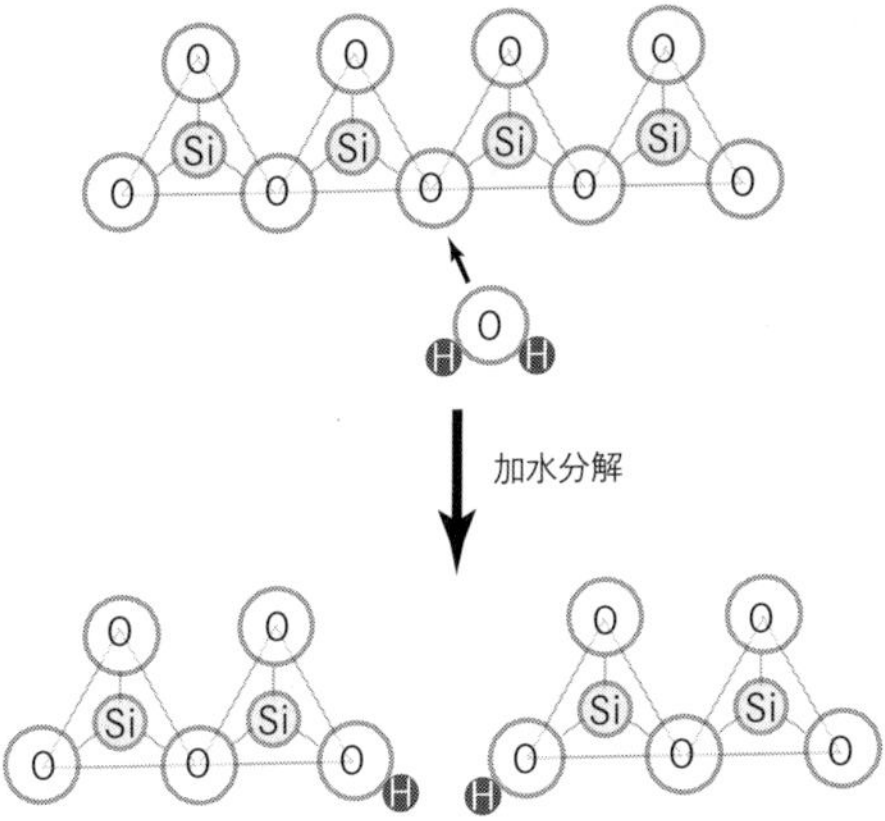

図1－6　Si-O-Si結合の加水分解

また、地表にある水は、さまざまな物質を溶かして移動させたり、物質の反応を促進させたりしています。このような反応を加速させるという水の性質が、生物を生み、鉱物資源を濃集させ、陸地をつくるのに重要な役割を果たしました。水は、比熱が大きく、地表に大量にあるので、地表の温度変化を少なくしており、生物にとって快適な環境をもたらしています。

また、水と同様にその他の揮発性物質も地球に快適な環境や有用な資源をもたらす上で重要な役割を果たしています。資源の多くは揮発性物質からできています。石炭や石油や天然ガスなどのエネルギー資源も揮発性物質です。生物自体も揮発性物質であり、水素、酸素、炭素、窒素、イオウなどの親気元素でできています。

また、揮発性物質が、資源を作ったり快適な環境を作ったりするための裏方として働く場合もあります。二酸化炭素は、海洋地殻と反応し大陸の成長を促進させたとともに、大陸の岩石と反応し粘土や土壌を作ってきました。硫化水素や二酸化イオウは、銅・鉛・亜鉛などの鉱物資源を濃集させるために重要な役割を果たしています。

空気中にある揮発性物質

地球を覆う気体を空気と呼びますが、地球科学ではこれを大気と呼びます。ここでは、大気中で気体となっている揮発性物質を見ていきましょう。表1-4は地球の海面付近の乾燥大気の組成を表しています。この表は、体積比とありますが、分圧としても同じ値になります。海面付近の乾燥大気には、窒素が約78・1%、酸素が約20・9%、アルゴンが約0・93%、二酸化炭素が約0・041%含まれています。それに続いて、ネオン（0・0018%）、ヘリウム（0・00052%）、メタン（0・00018%）、クリプトン（0・00011%）があります。実際の大気は乾燥大気ではないので、水蒸気も含んでいます。海面付近では体積比で、0・6

1％（0℃）から4・2％（30℃）ほどの水蒸気を含んでいます。

火山から噴出している揮発性物質

火山から流れでた溶岩や火山の噴出孔からも揮発性物質が噴出しています。これらの気体の種類と量は、大気中とは大きく異なっています。

最初に、火山の溶岩から噴出している揮発性物質の種類と量を見てみましょう。表1－5に、キラウエア（ハワイ）、エトナ（イタリア）、トルバチク（ロシア）の溶岩から出た気体の組成を表しました。

成分	化学式	体積比/%
窒素	N_2	78.084
酸素	O_2	20.9476
アルゴン	Ar	0.934
二酸化炭素	CO_2	0.041
ネオン	Ne	0.001818
ヘリウム	He	0.000524
メタン	CH_4	0.000181
クリプトン	Kr	0.000114

数値は理科年表より

表1－4　地球の乾燥大気の体積比

溶岩から噴出している揮発性物質は、水蒸気が80％以上と最も多く、その次に二酸化イオウ（0・5％—15・1％）、水素（1・0％—4・1％）、二酸化炭素（0・3％—2・78％）と続きます。塩化水素と一酸化炭素は1％以下とわずかです。窒素は少量しかありません。

次に、火山噴出孔から噴出している揮発性物質を見てみましょう。表1－6に、セントヘレンズ（米国）、クラカタウ（インドネシア）、有珠山（日本）の火山噴出孔から噴出している

物質名	化学式	キラウエア（ハワイ）1983年 1120℃	エトナ（イタリア）1976年 1000℃	トルバチク（ロシア）1976年 1135℃
水蒸気	H_2O	83.4	81.0	97.4
二酸化炭素	CO_2	2.78	1.9	0.3
二酸化イオウ	SO_2	11.1	15.1	0.5
硫化水素	H_2S	1.02		0.3
塩化水素	HCl	0.1		0.5
水素	H_2	1.54	4.1	1.0
一酸化炭素	CO	0.09	<0.05	
窒素	N_2		<2.3	<0.2

数値は理科年表より

表1－5　溶岩から噴出している揮発性物質（濃度／モル％）

物質名	化学式	セントヘレンズ（米国）1981年 660℃	クラカタウ（インドネシア）1980年 700℃	有珠山（日本）1979年 663℃
水蒸気	H_2O	98.9	99.0	96.0
二酸化炭素	CO_2	0.9	0.25	2.64
二酸化イオウ	SO_2	0.07	0.7	0.22
硫化水素	H_2S	0.10	0.0006	0.54
塩化水素	HCl	0.4		0.16
水素	H_2	0.03	0.02	0.34
一酸化炭素	CO	<0.002	0.0003	0.005
窒素	N_2	<0.1	<0.2	0.06

数値は理科年表より

表1－6　火山噴気孔から噴出している揮発性物質（濃度／モル％）

揮発性物質の組成を表しました。

火山の噴出孔から揮発性物質では、水蒸気が96％以上と圧倒的に多いことがわかります。水蒸気の量が多いのは、周囲の地下水が混入しているからでもあります。水蒸気の次に量が多いのは二酸化炭素（0・25％から2・64％）です。三番目に多い二酸化イオウは、溶岩から出ている二酸化イオウに比べると、少ない（0・07％から0・7％）傾向にあります。また、塩化水素と一酸化炭素と窒素は1％以下とわずかしかありません。

このように、溶岩や火山噴出孔からの気体の組成は、大気中の気体の組成と、大きく異なることがわかりました。大気中の気体は大部分が窒素（78％）と酸素（21％）であり、水蒸気とアルゴンは1％前後です。そして、二酸化炭素は0・041％と少量しかありません。それに対して、溶岩や火山噴出孔からの気体は、大部分が水蒸気（81％から99％）です。水蒸気の次に多いのが、二酸化炭素（0・25％から2・78％）と二酸化イオウ（0・07％から15・1％）と水素（0・02％から4・1％）であり、大気中に多量にある窒素や酸素はほとんどありません。

大気や火山以外にある揮発性物質

ここまで、地球の大気にある気体や、溶岩および火山の噴出孔から出てくる気体を見てきまし

元素	物質名	化学式	融点/℃	沸点/℃	存在する場所
1.水素	水素	H_2	-259.1	-252.8	火山
2.ヘリウム	ヘリウム	He	-272.2	-268.9	木星
3.酸素	酸素	O_2	-218.4	-183.0	大気
	水	H_2O	0.0	100.0	火山、大気、地下
4.炭素	メタン	CH_4	-182.5	-164.0	木星、地下
	二酸化炭素	CO_2	-56.6	-78.5 昇華点	火山
5.ネオン	ネオン	Ne	-248.7	-245.9	木星
6.窒素	窒素	N_2	-209.9	-195.8	大気
	アンモニア	NH_3	-77.7	-33.3	木星、地下
	二酸化窒素	NO_2	-11.2	21.2	土壌
10.イオウ	イオウ	S	112.8	444.7	
	硫化水素	H_2S	-85.5	-60.7	火山、地下
	二酸化イオウ	SO_2	-72.4	-10	火山、地下

溶岩：溶岩湖ガス・溶岩流ガス、火山：火山噴気孔、大気：地球の大気、木星：木星や土星の大気、地下：地球の地下。融点や沸点はHandbook of Chemistry and Physicsから引用。

表1－7　太陽系に多量に存在する気体になりやすい物質の融点と沸点

た。これらの地表で観測される以外の気体が、地球の地下および木星や土星の大気にもあります。ここでは、太陽系全体で多量にある揮発性物質を見ておきます。

気体になりやすさを表す指標として沸点があります。沸点とは1気圧下で液体が気体になる温度です。固体が液体を経ずに気体となる場合もあります。これを昇華といい、1気圧下で昇華する温度を昇華点といいます。沸点や昇華点が低ければ気体になりやすいし、高ければ気体になりにくいのです。沸点や昇華点が低い気体になりやすい物質を揮発性物質といい、沸点や昇華点が高い気体になりにくい物質を難揮発性物質（耐火性物質）といいます。

揮発性物質と難揮発性物質の境界の沸点

や昇華点はどのような値になるでしょうか？　地球科学や天文学では、１０００℃あるいはそれよりも高い温度を境界としています。本書では沸点や昇華点が１０００℃を境界とします。境界の温度を１０００℃としたのは、火山直下にあるマグマや岩石は１０００℃くらいまでになり、そこから気体として大気に噴出する物質も揮発性物質とするのが妥当と考えられるからです。

表１－７に、太陽系に多量に存在する物質の沸点と融点を表しました。この表は元素存在度が高い順にそれ以上のランキングの元素を含む物質を並べています。これまで、大気中にある気体や、溶岩や火山噴気孔から出てくる気体を見てきましたが、そこにあった気体以外にも揮発性物質があることがわかります。それらは、メタンとアンモニアと二酸化窒素とイオウとヘリウムとネオンです。それらの沸点は４４５℃以下です。このうちメタンやアンモニアやヘリウムやネオンは、木星、土星、天王星、海王星の大気に多量に存在しています。また、メタンやアンモニアは地球の地下にもあります。

どのような場面で揮発性物質が登場するか

太陽系にどのような揮発性物質があるかを見てきました。それでは、これらの揮発性物質が本書のどのような場面に登場するかを見ておきましょう。

第2章では、地球がどのようにできたかを見ていきます。太陽系惑星は、太陽に近い岩石惑星

（水星、金星、地球、火星）と太陽から遠い氷惑星（木星、土星、天王星、海王星）に分けられます。岩石惑星は揮発性物質が欠如しており、氷惑星はほとんどが水素や氷などの揮発性物質でできています。地球は、他の岩石惑星に比べると、水が多いとの特徴があります。最重要揮発性物質である水の存在が、地球の運命を決めることになります。

第3章では、地球における物質循環と反応を考えます。地球の熱い場所でできた鉱物は揮発性物質を含んでいませんが、冷たい場所でできた鉱物は、水や二酸化炭素や硫化水素などの揮発性物質を含んでいることを見ていきます。つまり、温度によって揮発性物質は鉱物に入ったり、鉱物から出たりしているのです。

第4章では、大陸地殻の成長が海洋地殻の変質に起因していることを見ていきます。大気の二酸化炭素濃度が高かった時代は、海水に多量の二酸化炭素が溶けており、この海水が海洋地殻と反応することにより海洋地殻が変質しました。この変質により海洋地殻の上部と下部の化学組成が異なっていくことを見ていきます。そして、この変質した物質の上部が大陸地殻の元となりました。つまり、揮発性物質である二酸化炭素が大きな役割を果たしたのです。

第5章では、生命の起源を考えていきます。生命の体は有機物という揮発性物質でできています。生体を構成するタンパク質の素材となるアミノ酸が無機的にできるためには、水の他にメタンやアンモニアなどの還元的な揮発性物質が必要なのです。また、初期の生命は水素を二酸化炭素で酸化してエネルギーを得ていました。このように地球に生命が誕生するには揮発性物質が重要な役割を果たしていました。

第6章と第7章では、大陸地殻の物質循環を考えます。大陸地殻物質が熱い場所に来ると鉱物から水や二酸化炭素が吐き出され、冷たい場所に来ると鉱物は水や二酸化炭素を吸い込みます。冷たい場所では鉱物が揮発性物質を取り込み土壌や粘土となる機構を見ていきます。

第8章では、親銅元素（銅や鉛や亜鉛など）が地球の中でどのように循環しているかを考えます。この時に重要な役割を果たしているのがイオウです。地下の熱い場所（800℃以上）では二酸化イオウが安定ですが、温度が下がると硫化水素が安定となり親銅元素が硫化物として沈殿しやすくなります。揮発性物質である二酸化イオウや硫化水素が親銅元素の濃集に重要な役割を果たしています。

1-3 水：最も重要な揮発性物質

地球での重要な反応の多くは、水が鉱物から出たり鉱物に入ったりしている反応です。さらに、水は物質を溶かして反応を加速させるので、地球での重要な反応のほとんどが水の存在下で起きています。ここでは、水が地表のどこにどのような状態にあるかを見てから、温度圧力で水の状態がどのように変化するかを見ます。さらに、温度が上昇すると、水の性質がどのように変化し、水への気体の溶解度がどのように変化するかを見ていきます。

地表にある水

水は液体として多量に地表にあります。また、液体以外にも、固体（氷）や気体（水蒸気）としても存在していいます。それでは、水がどこにどのような状態で存在しているかを見てみましょう。

表１－８に、地表付近にある水の存在比を表しました。地表付近にある水のうち、液体の水の割合は98・21％です。地表付近の水はほとんどが液体なのです。このうち、海水が最も多く、全体の水の96・5％を占めています。そして、地下水が１・７％、湖水が０・０１３％、沼地の水が０・０００８％、河川水が０・０００２％、生物中の水が０・０００１％となっています。

固体の水（氷）の割合は１・７６％です。このうち、氷河が１・７４％、地下の氷が０・０２２％です。気体の水は大気中にあり水全体のうち０・００１％を占めています。

水の状態	割合／％	水のある場所	割合／％
液体	98.21	海水	96.5
		地下水	1.7
		湖水	0.013
		沼地の水	0.0008
		河川水	0.0002
		生物中の水	0.0001
固体	1.76	氷河等	1.74
		地下の氷	0.022
気体	0.001	大気中の水	0.001

Shiklomanov (1993)

表１－８　地表にある水の割合

温度と圧力で変化する水の状態

水が固体になるか、液体になるか、気体になるかは、温度と圧力で決まります。この様子を図1－7に表しました。圧力が大気圧（1・013バール）だとして水の状態がどのようになるかを見てみましょう。大気圧下だと0℃以下で固体（氷）になり、0℃以上で液体になります。100℃以上になると液体から気体（水蒸気）になります。圧力が0・006バール以下では液体の水がなくなり、水は気体または固体にしかなりません。

図1－7では縦軸を圧力としていますが、気体と固体の境界あるいは気体と液体の境界を見るときには、少し注意が必要です。水以外の成分が含まれていない場合は、圧力と水蒸気圧とが一致しているとして問題ありません。しかし、気体に他の成分が混ざっているときは、圧力でなく水蒸気圧と読みかえなければなりません。

液体の水と水蒸気が共存している状態（図1－7のC）で水蒸気圧がどうなるかを見てみましょう。特に、100℃以上でどうなるかを見てみます。100℃以上の水の状態は地球科学や蒸気機関の研究など、さまざまな分野で重要であり、詳細に研究されています。

やかんに水を入れて熱すると、水が100℃になると沸騰し、液体の水は水蒸気になって空気中に出ていきます。30分も沸騰させておくと、やかんに入れた水はなくなります。このような例

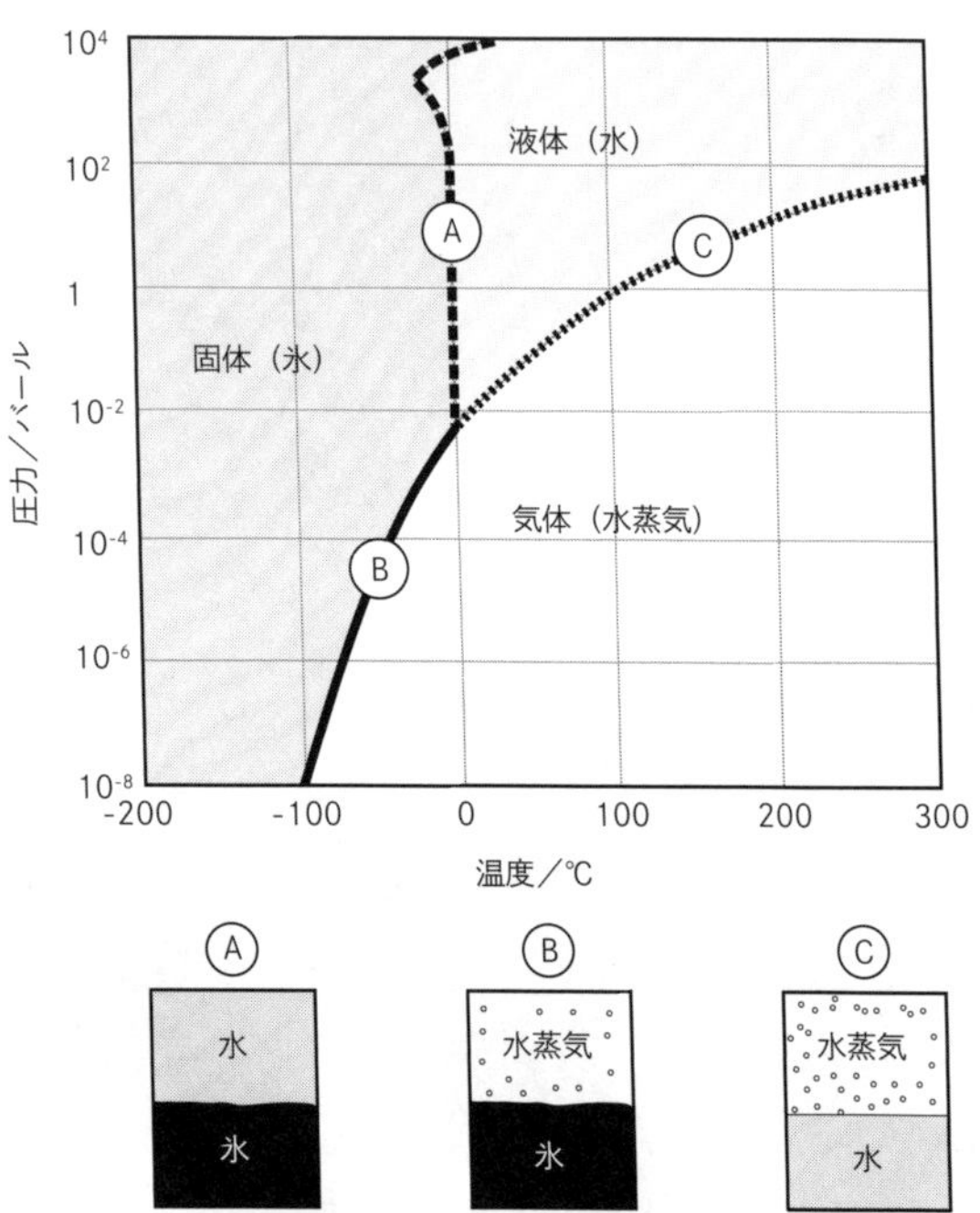

図1－7　温度と圧力による水の状態の変化

を見ると、100℃以上になると水はどんな場合でも液体から気体へと変化するように思えます。

しかし、そうならない例があります。それは圧力釜に入れた水です。圧力釜に水を入れて温度を上げると、温度を上げるにしたがい液体の水は水蒸気となるので水蒸気圧は上昇します。温度が100℃で水蒸気圧は1・014バールとなります。さらに温度を上げて125℃にします。すると、水はどんどん水蒸気になります。圧力釜の中にある水蒸気は外に出られないので、圧力釜の中の水蒸気の量は増えて圧力はどんどん高くなっていきます。圧力が2・322バールになったときに水の蒸発は止まります。125℃では2・322バールになると、液体の水がそれ以上気体にはなりません。圧力が2・322バールでは、125℃まで液体の水が安定に存在するのです。

圧力をもっと上げれば125℃以上でも液体の水が安定に存在するかもしれません。そこで、高性能圧力釜に水を入れて温度を200℃に上げます。すると、水は蒸発して圧力が15・55バールになった時点で蒸発が止まります。200℃でも液体の水は安定に存在するのです。

さらに温度を上げてみましょう。圧力釜の温度を350℃にして液体の水を蒸発させると、圧力が165・3バールになってようやく蒸発が止まります。350℃でも液体の水は存在します。350℃以上に温度を上げていくと、液体の密度は急激に下がり、気体の密度は急激に上がり、両者の密度は接近していきます（図1－8）。

温度を上げて373・95℃になった段階で問題が発生します。液体と気体の区別がつかなくなるのです。つまり、液体も気体も密度が等しくなるのです。このときの密度は液体も気体も0・322であり、圧力は220・64バールです。この状態を臨界点といいます。臨界点よりも温度が高くなると、液体と気体の区別がなくなります。このような状態の物質を超臨界流体といいます。水は373・95℃以上で超臨界流体となります。

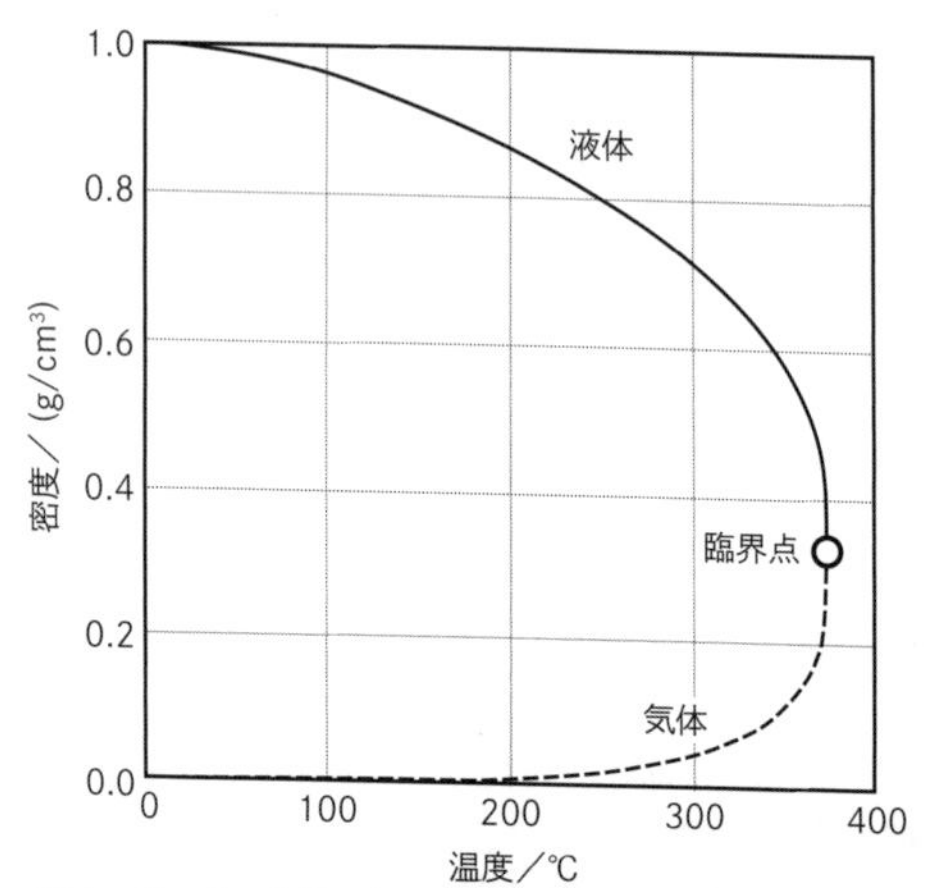

図1－8　水の液体と気体の密度変化

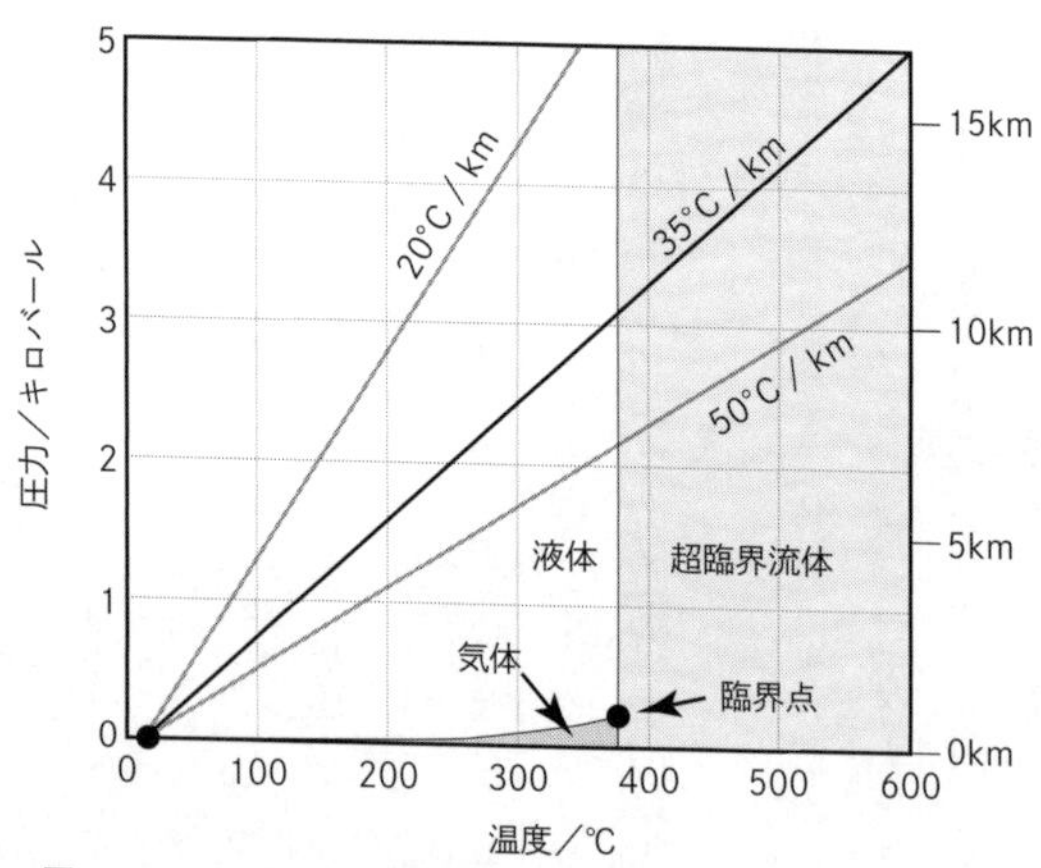

図1－9　地下にある高温高圧の水の状態

じつは、超臨界状態の水は地下にはたくさんあります。図1－9に地下の温度圧力で水の状態がどのようになるかを表しました。通常は、1km深くなると温度が20℃から50℃ほど高くなります。100℃になる深度は、通常2kmから5kmであり、超臨界水となる深度は、7kmから18kmです。ただし、火山帯では、地表で100℃になったり、深度1kmで超臨界水となることがあります。

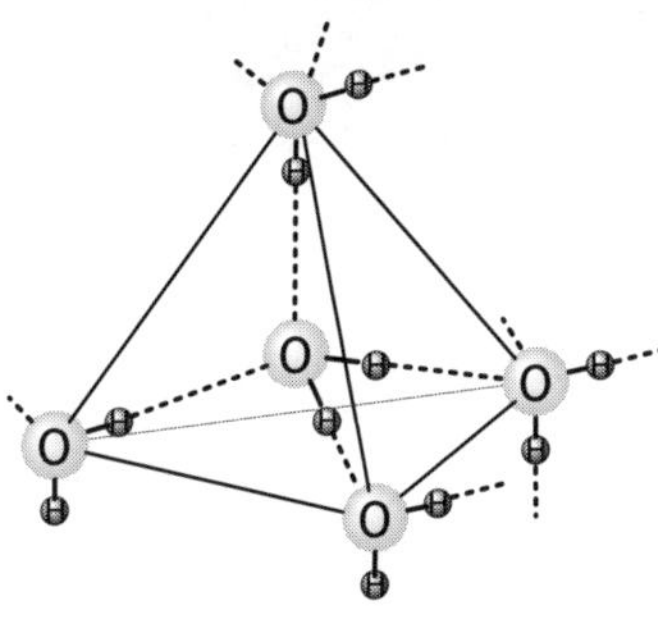

図1－10　氷の部分構造

温度上昇にともなう水の構造変化

温度上昇にともない水の構造が変化する様子を見てみましょう。水は、1バールのとき0℃以下で氷という固体になっています。この固体の結晶構造を見ましょう。氷の酸素原子は、図1－10にあるように、正四面体の中心と4つの頂点にあります。そして、それぞれの酸素原子に2つの水素原子が結合して水分子ができています。水素は隣の水分子の酸素の方向にありその酸素と弱く結合しています。この結合を水素結合といいます。

1バールのとき0℃よりも温度が高くなると、氷の構造が

物質名	化学式	温度/℃	圧力/バール
水	H_2O	373.95	220.64
二酸化イオウ	SO_2	157.8	76.7
アンモニア	NH_3	132.5	111.0
硫化水素	H_2S	100.4	87.7
二酸化炭素	CO_2	31	71.9
メタン	CH_4	-82.1	45.2
酸素	O_2	-118.4	49.4
窒素	N_2	-147	33.1
水素	H_2	-239.9	12.6

Handbook of Chemistry and Physicsから引用

表1－9 揮発性物質の臨界点

壊れて流動性がでて液体となります。ただし、液体となっても、固体のときにあった構造が隣同士では残っています。つまり、0℃に近い水は液体であっても隣同士の配列は固体に近いのです。

さらに温度を上げてみましょう。すると、隣同士の分子の配列が少しずつ乱れていき、粘性も低くなりさらさらとしてきます。液体の水が150℃になると隣同士の配列が完全に乱れます。それでもまだ分子間の結合は臨界点である374℃くらいまでは残っています。

臨界点を超えて、超臨界流体になると分子間の結合も消えていき、500℃になると分子間結合の割合は室温下の13%程度となります。高温になると密度が高くても水はひとつひとつの分子が独立した状態になっていくのです。つまり、超臨界状態の水は、たとえ密度は液体に近くても、分子同士の結合がほとんどないという点で気体に近いのです。

超臨界状態の水が気体に近い性質を持つということは、超臨界状態の水は気体として近似できることになります。地球科学で重要な揮発性物質の臨界点を表1－9に示します。水以外の揮発性物質の臨界点温度は水よりも低くなっており、高温下では水よりも気体としての性質が強いことがわかります。水が超臨界状態下にあるときは、共存する他の揮発性物質（水素、二酸化炭素、メタン、酸素、二酸化イオウ、硫化水素など）も気体に近い状態で存在しています。本書では、以上の考え方を基礎として、高温下での水と共存する揮発性物質を気体として近似して熱力学計算を行います。

気体の水への溶解度は温度でどのように変化するか

気体は、地表では大気中にありますが、地下では水に溶けています。地下において固体と気体との反応を考えるときに、水に気体がどのくらい溶けているかは重要です。ここでは、温度を上げると、気体が水へ溶ける量がどのように変化するかを見てみます。

水への気体の溶解度については、ヘンリーの法則があります。ヘンリーの法則とは、気体の分圧と水への溶解量とは比例するというものです。気体の分圧を上げるとそれに比例して水への溶解度も増えるのです。

次に、水への気体の溶解度の温度依存性を見てみましょう（図1－11）。特に、100℃以上でどのようになるかを見ます。温度が上昇すると、水への気体の溶解度は減少すると中学や高校

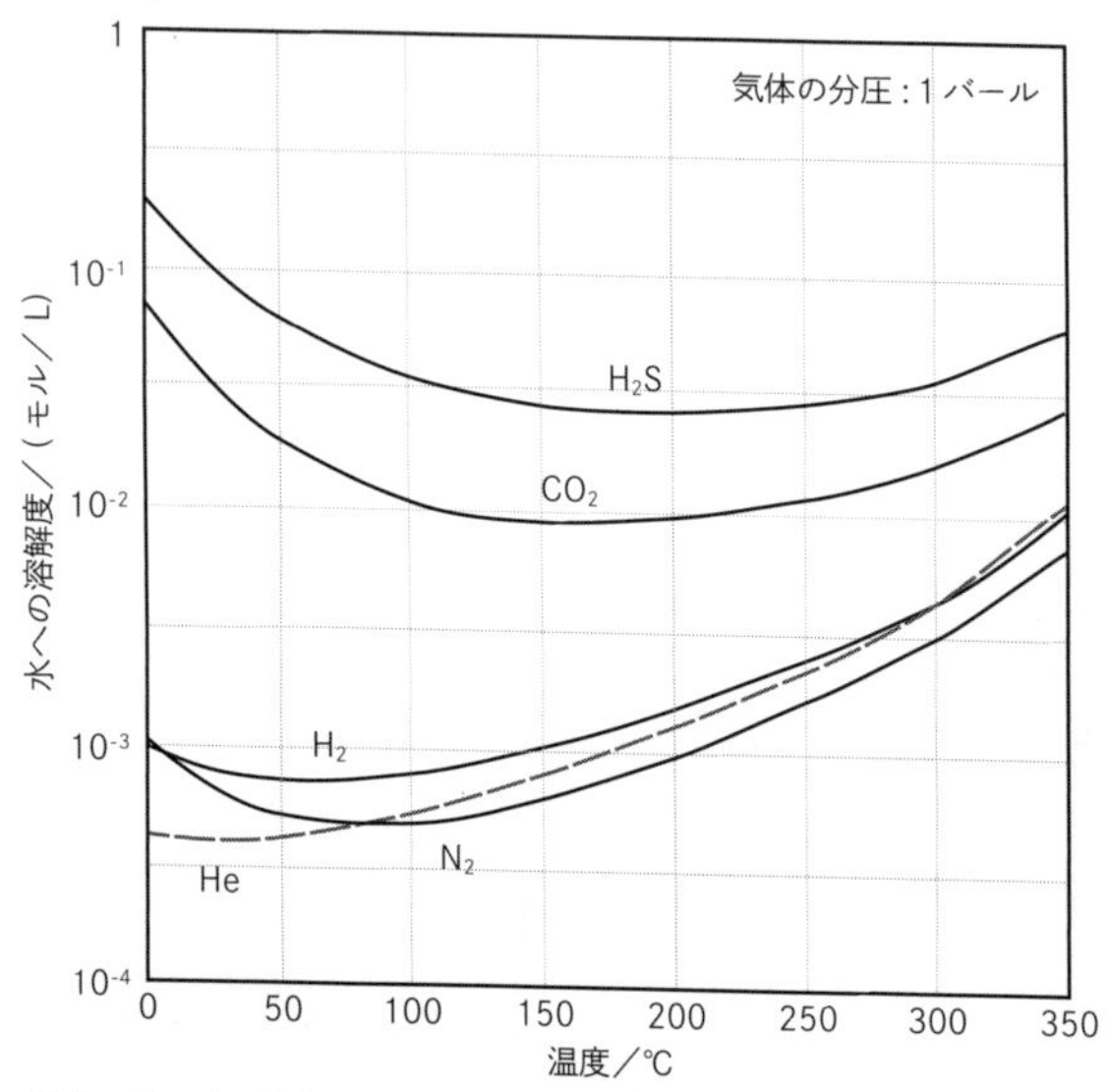

図1－11　水への気体の溶解度の温度依存性
水を0℃に戻したときの水1L当たりのモル数で表しました。各気体の溶解度はFernández-Prini ら(2004)の式を用いて計算しました。

で習いました。確かに、図1－11を見ると、硫化水素や二酸化炭素や窒素の水への溶解度は100℃まではこれは、温度が上昇すると分子の動温度上昇とともに減少しています。きが活発になって大気中に気体分子が出て行くと説明されます。しかし、ヘリウムは25℃以上で温度上昇とともに溶解度が上昇しています。水素も50℃まで温度上昇とともに溶解度が減少していますが、80℃以上になると温度上昇とともに溶解度は増加に転じています。多くの場合、温度上昇で溶解度が上がることは例外であると説明されており、これ以上の説明がないことがほとんどです。

じつは、温度上昇とともに溶解度が増加するのは例外ではありません。100℃以上の溶解度のデータを見るとそれがわかります。高温領域では、温度上昇とともに、気体の溶解度はむしろ増加します。ヘリウム、水素、窒素では、100℃以上で、温度上昇とともに溶解度が増加していきます。これらの気体は、350℃で室温の10倍以上水に溶けます。二酸化炭素は160℃くらいで、硫化水素は190℃くらいで、温度上昇とともに溶解度が増加し始めます。

高温で溶解度が高くなるのは、高温になると、水の性質が液体から気体に近い状態になるからです。水分子同士の結合が強い状態だと水と結合していない気体分子は邪魔なので、水は気体分子を追い出そうとします。しかし、温度が上がると、水は気体の状態に近づき水分子同士の結合が弱くなるので、水が気体分子を追い出そうとする力も弱くなり、多くの気体分子が水と共存できるのです。

100℃以上の水への気体の溶解度変化は、地球で起きている、さまざまな現象に関係します。二酸化炭素の溶解度変化は、地球が熱い状態から冷たい状態に移っていったときに、二酸化炭素が大気から海に取り込まれている量を推定するのに必要です。水素の溶解度変化は、初期生命の食物になっていた水素の濃度を推定するのに必要になります。二酸化炭素については第4章で、水素については第5章でお話ししていきます。

コラム

鉱物の水の出入り　硫酸銅の場合

硫酸銅というと、普通は硫酸銅の五水和物($CuSO_4 \cdot 5H_2O$)をさします。硫酸銅五水和物は青い透明な結晶です。

硫酸銅五水和物を熱すると白色になります。これは硫酸銅五水和物から水が抜けて無水の硫酸銅($CuSO_4$)になったからです。硫酸銅にはこれらのほかに、硫酸銅三水和物と硫酸銅一水和物があります。

硫酸銅に水がいくつ入るかは、水蒸気圧と温度で決まります。水蒸気圧が高いと水は硫酸銅に入り、水蒸気圧が低いと水は硫酸銅から出ていきます。また、温度が低いと水は硫酸銅に入り、温度が高いと水は硫酸銅から出ていきます。水蒸気圧と温度で硫酸銅に水がいくつ入るかを下図に表しました。

この図は硫酸銅を無限の時間の状態においたときに、どのくらい水を含むかを表しています。したがって、短い時間で行う実験では必ずしもこの図の通りにはなりません。いっぽう、地球で起きる現象は、長い時間を取りあつかうので、このような図が役立つことが多いのです。

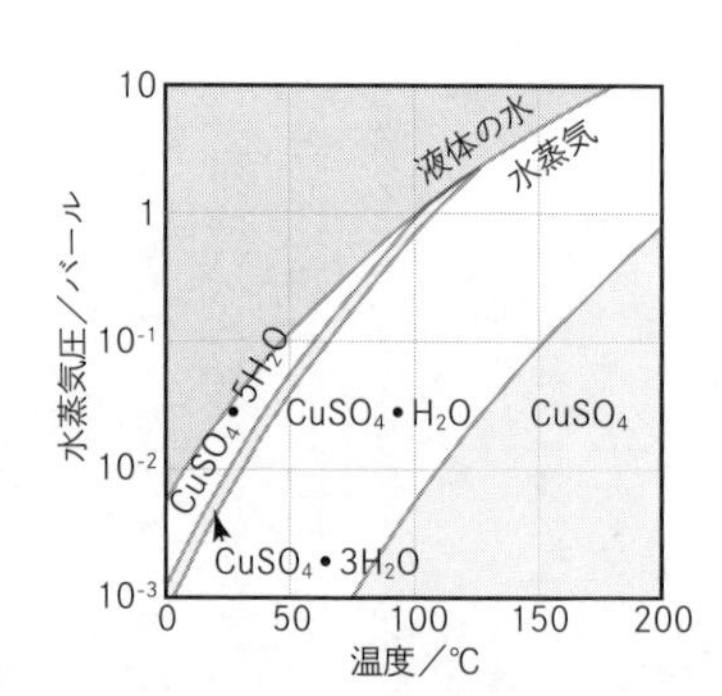

第2章

Solar system planets and early earth

太陽系惑星と原始の地球

◉地球は、高温で形成された、岩石の惑星である。

◉原始の地球では、巨大隕石が降り注ぎ、地表はマグマオーシャンになった。マグマオーシャンの金属部分は沈んでコアとなり、酸化物はマントルを形成。さらにマントルから地殻が分離した。

◉原始の大気の構成物質のうち、水素は宇宙に拡散、メタンは二酸化炭素、アンモニアは窒素となって、大気には水と二酸化炭素と硫化水素と窒素が残った。

◉温度が下がると、「水」は気体と液体に分離。液体部分が海となった。

地球はどのようにできたのか？

地球の運命を決めたのは、地球に集積した物質の種類とその量です。特に、他の地球型惑星と比べると地球には水の量が多く、この水の量が地球の運命を決めました。初期地球には惑星や微惑星がたびたび降り注ぎ、地球の表面はその衝突によって生じた熱で、何回も熱い状態になりました。38億年前に惑星や微惑星の衝突がなくなると、しだいに地球は冷えていきました。ここでは、「太陽系惑星のでき方」、「熱かった時代の地球の変化」、「熱い地球から冷えた地球へ」を見ていきましょう。

「太陽系惑星のでき方」では、太陽系にあるさまざまな惑星のでき方を見ていきます。太陽系惑星は、岩石の惑星（水星、金星、地球、火星）と氷の惑星（木星、土星、天王星、海王星）に分けられます。岩石の惑星は地球型惑星と呼ばれています。氷の惑星は、木星型惑星（木星、土星）と天王星型惑星（天王星、海王星）に分けられます。ここでは岩石の惑星と氷の惑星のでき方をお話しするとともに、岩石の惑星のうち地球だけに多量の水がある理由を考えてみます。現在の地球をかたちづくる鍵となったのは、この水の存在なのです。

「熱かった時代の地球の変化」では、地球史を概観した後で、熱かった時代の地球の変化をお話しします。地球は、熱かった時代に、コア、マントル、地殻、大気に分離しました。さらに、大気から水素が宇宙に拡散することによって、水蒸気とメタンとアンモニアを主成分とする強還元的大気から、水蒸気と二酸化炭素と窒素を主成分とする弱還元的大気に変化しました。

「熱い地球から冷えた地球へ」では、地球が冷えるにしたがって大気中の水や二酸化炭素の状態がどのように変化するかを見ていきます。高温（374℃以上）で大気中にあった超臨界水は、冷えると気体（水蒸気）と液体（水）とに分かれました。この液体となった部分が海です。374℃以上で超臨界水と共存していた二酸化炭素は、海ができると9分の1ほどが海に溶け、室温付近まで冷えると3分の1ほどが海に溶けました。

この章では、地球にはどのような物質が集まったのか、そしてそれは時代の経過とともに、どのように分離していったのかを見ていきます。

2−1 太陽系惑星のでき方

ここでは岩石の惑星と氷の惑星のでき方をお話しするとともに、岩石の惑星のうち地球だけに多量の水がある理由を考えます。この水が、その後の地球の運命を決めたのです。

太陽と太陽系惑星

太陽系ができたのは46億年前です。のちに太陽系ができた場所は、周辺部に比べて気体や微粒子の密度が高かったのです。そのため、この気体や微粒子が徐々に円盤状に集まり、さらに円盤が中心部に収縮して太陽ができました。中心部に向かって収縮が起こったのは気体や微粒子間に重力が働いていたためです。太陽は、太陽系にあった気体や微粒子の99・9％（重量比）を集めました。そのほとんどの元素が水素とヘリウムです。元素の個数割合は、水素が93・9％、ヘリウムが6・0％であり、それらを合計すると99・9％になります。

多量の物質が太陽に集まったので、太陽の中心部は高温高圧になりました。そして、中心部の温度が1000万℃を超えたときに核融合反応が起こりました。核融合反応とは4個の水素原子核が融合して1個のヘリウム原子核になる反応です。核融合反応によって中心部で多量の熱が発生し、その熱は外側に伝わり太陽の表面を熱くしました。そして、太陽の表面から可視光や赤外線を出しました。この時点で表面温度は4000℃を超えていました。

太陽ができた後、太陽の外側にあった残りの0・1％の気体や微粒子が集まって惑星や衛星ができました。気体や微粒子が集まってだんだんと大きな塊ができ、その塊が集まって微惑星（直径1～10㎞くらい）となり、その微惑星が集まって、最終的に8個の惑星ができました。

太陽系の惑星には、太陽に近いほうから水星、金星、地球、火星と4つの小さな惑星があります。これらは岩石の惑星であり、中心部が金属鉄でできており、その周りがマグネシウムやケイ素などの酸化物でできています。この岩石の惑星を地球型惑星と呼びます。

岩石の惑星の外側には太陽から近い順に木星、土星、天王星、海王星と4つの大きな氷の惑星があります。木星と土星は主に水素と氷でできており木星型惑星と呼ばれています。天王星と海王星は主に氷でできており天王星型惑星と呼ばれています。

表2－1に太陽および惑星の大きさと太陽からの距離を表します。半径は、地球を1とすると、地球型惑星が0・4から1・0と小型惑星なのに対して、木星型惑星が約10と大型惑星になり、天王星型惑星が約4と中型惑星となりました。

太陽からの距離は、地球を1とすると、地球型惑星は0・4から1・5と太陽に近い距離に密集していますが、木星型惑星と天王星型惑星は、木星5・2、土星9・6、天王星19・2、海王星30・1と太陽から離れた場所に点在しています。

太陽および惑星名	半径／km	太陽と惑星の距離／太陽と地球の距離
太陽	696,000	0.000
水星	2,440	0.387
金星	6,052	0.723
地球	6,378	1.000
火星	3,396	1.524
木星	71,492	5.203
土星	60,268	9.555
天王星	25,559	19,22
海王星	24,764	30.11

表2－1　太陽および惑星の半径と太陽からの距離

氷の惑星と岩石の惑星

氷の惑星（木星、土星、天王星、海王星）の化学組成は、太陽系全体の化学組成に近くなっています。つまり、太陽系で一番多く存在する元素である水素が最も多くあり、次に希ガス（ヘリウムやネオンなど）、酸素、窒素などの親気性素が多くなっています。氷の惑星は主に揮発性物質（気体になりやすい物質）でできているのです。

いっぽう、岩石の惑星の化学組成は、太陽系全体の化学組成とは大きく異なります。その主成分は、鉄、マグネシウム、ケイ素、アルミニウム、カルシウム、酸素です。地球型惑星の主成分のうち、鉄は金属鉄として惑星の中心部（コア）に多量にあります。コアの周囲にはマントルがあります。マントルは、マグネシウム（Mg）、ケイ素（Si）、鉄（Fe）、アルミニウム（Al）、カルシウム（Ca）などの酸化物でできています。このように、地球のコアとマントルは難揮発性物質（気体になりにくい物質）でできています。

氷の惑星の主成分が揮発性物質であるのに対して、岩石の惑星の主成分が難揮発性物質であるのはなぜでしょうか。それは、岩石の惑星ができた場所が太陽に近く温度が高かったからであり、氷の惑星ができた場所が太陽から遠く温度が低かったからです。岩石の惑星と氷の惑星のでき方を次に見ていきましょう。

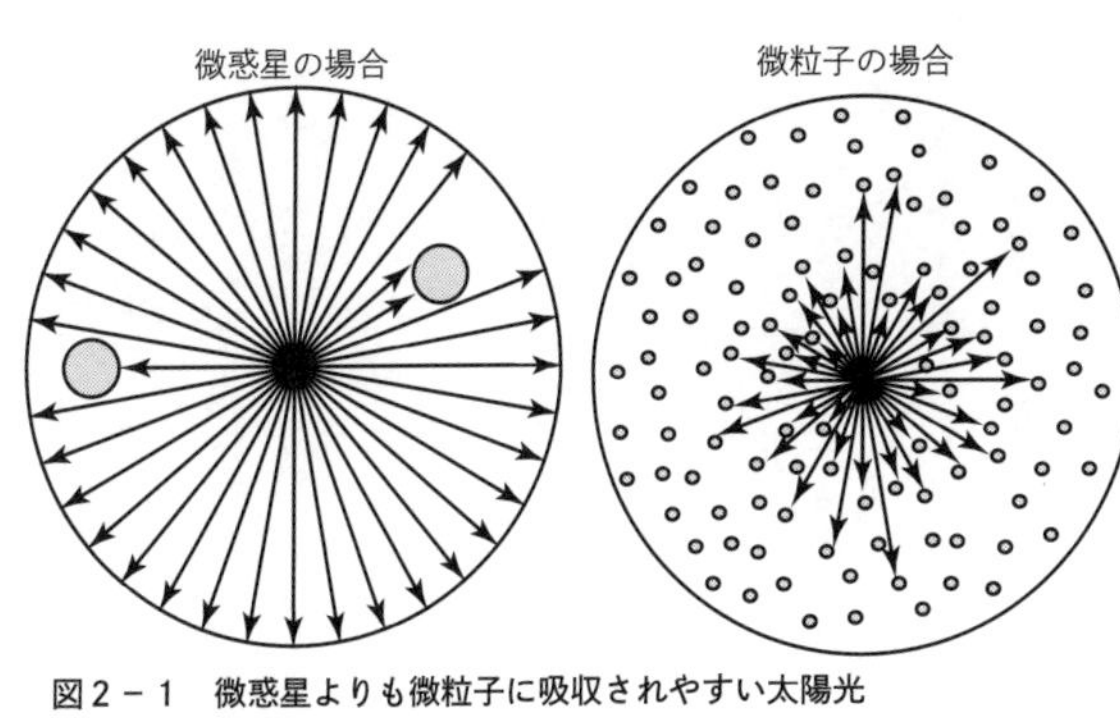

図2－1　微惑星よりも微粒子に吸収されやすい太陽光

高温でできた岩石の惑星

太陽ができた直後の太陽系の温度分布を見てみます。原始太陽系では、太陽に近い場所は今よりももっと熱く、太陽から遠い場所は今よりももっと冷たかったのです。それは、太陽ができた直後は、まだ惑星はできておらず、惑星のかわりに気体や微粒子がたくさんあったからです。気体や微粒子がたくさんあると太陽の光を吸収する効率が高くなります。図２－１にそのイメージを表しました。その結果、岩石の惑星ができたところにあった気体や微粒子は、今の岩石の惑星よりも温度が高かったのです。水星の位置で１１００℃、金星の位置で６８０℃、地球の位置で３２０℃、火星の位置で１２０℃と推定されています。

岩石の惑星ができた場所での気体や微粒子の状態を考えてみましょう。岩石の惑星ができる場所での温度（１２０℃から１１００℃）では、金属鉄やケイ酸塩鉱物が凝集して固体の微粒子を作ります。いっぽう、水素や水は気体のままで凝集しません。

岩石の惑星のうち最も太陽から遠く、温度が最も低い惑星である火星でも、水素や水などの揮発性物質は凝集しませんでした。火星付近は、最初120℃ほどもありましたが、微粒子が凝集するにしたがい温度が低下し、最終的にマイナス53℃程度になりました。このマイナス53℃でも水素や水蒸気は凝集しません。水素が固体または液体になるのはマイナス253℃以下であり、水蒸気が氷になるのはマイナス80℃くらいです。図2－2のグラフでは、初期太陽系の星間水蒸気圧は10のマイナス7乗バールくらいだと仮定しました。

岩石の惑星の位置では水素や水は凝集しないので、気体のまま残りました。いっぽう、金属鉄やケイ酸塩鉱物は固体の微粒子となりました。この微粒子が互いに衝突しながら合体し徐々に大きな粒子になり、微惑星になり、最後に地球型惑星になったのです。水素や水などの揮発性物質は気体のまま残りました。

低温でできた氷の惑星

氷の惑星ができる理由は、それらの惑星ができた場所が冷たかったからです。この現象を身近な例で見てみます。夏の暑い日にガラスコップに冷たい水を注いだときのことを思い出してください。ガラスコップに水と氷を入れると、水はだんだんと冷えてきて、0℃近くになります。そ

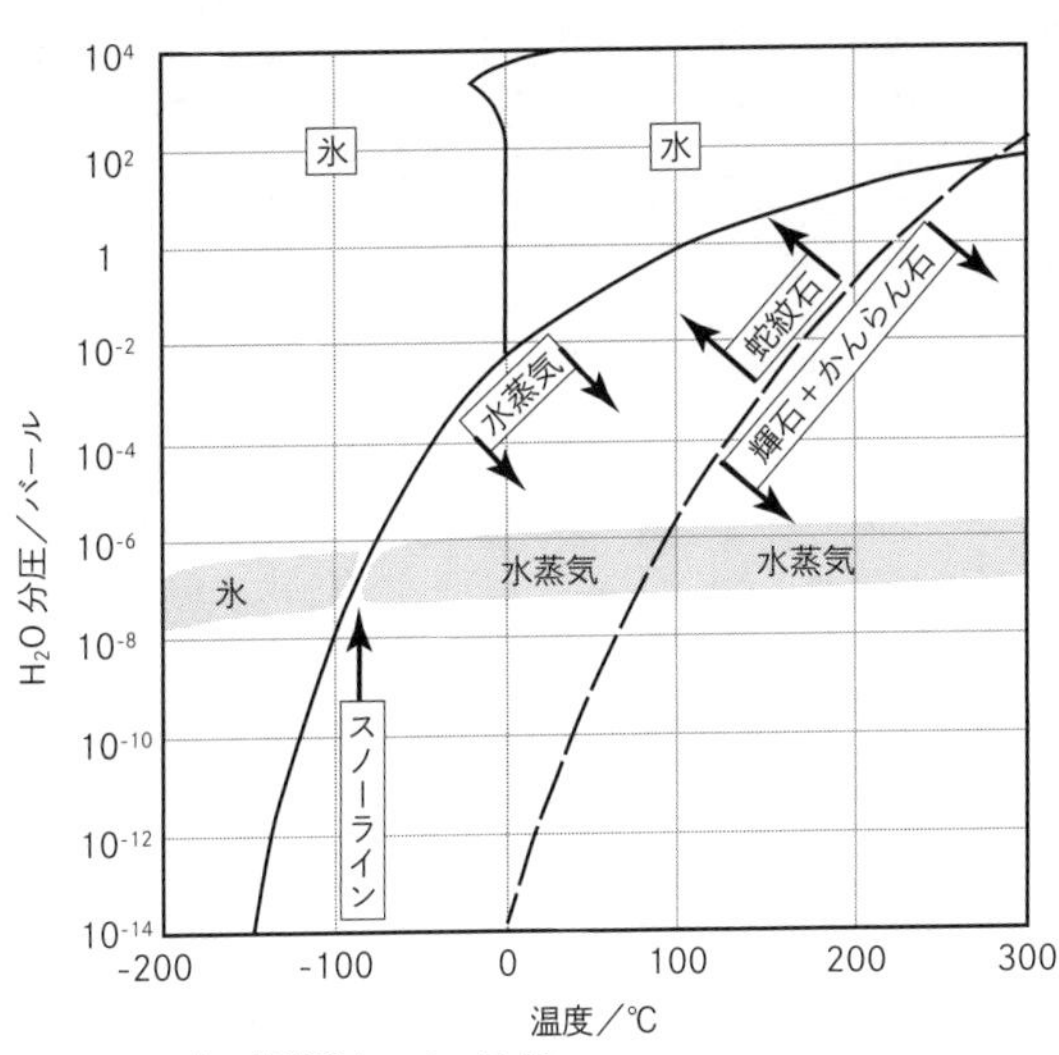

図2－2　水の状態図とスノーライン

して、ガラスコップの表面も冷え、表面に水滴が付いて曇りだします。水滴はだんだんと大きくなって下に流れだします。以上から、空気中にあった水蒸気が冷たいコップに集まることがわかります。暑い場所で気体だった物質が、冷たい場所で液体になって集まったのです。

氷の惑星のでき方は、冷えたコップに室内の水蒸気が集まることと同じ原理で説明できます。太陽ができた後の太陽系宇宙空間の水蒸気圧は10のマイナス7乗バールくらいでした。そのように水蒸気圧が低いと、水は液体とはならず、固体（氷）または気体（水蒸気）となります（図2－2）。水蒸気圧が10のマイナス7乗バールくらいだと、温度がマイナス80℃よりも低いと氷となり、マイナス80℃よりも高いと水蒸気になります。この境界をスノーラインといいます。場所でいうとスノーラインは、岩石の惑星と氷の惑星の境界、つまり火星と木星の間にあります。氷の惑星ができた場所では温度がマイナス80℃よりも低かったので、水蒸気が凝集して氷の微粒子となり、さらに氷の微粒子同士が集まってだんだんと大きな氷の粒子となっていきました。そして、氷の微惑星となり、氷の惑星となったのです。なお、氷の惑星には氷だけでなく、若干の金属鉄やケイ酸塩鉱物も含まれていたと考えられます。

次に、氷の惑星のうち、木星型惑星と天王星型惑星の違いを見てみましょう。木星型惑星は、氷の他に水素やヘリウムなどの気体を大量に含むのに対して、天王星型惑星は氷を主体として水素やヘリウムなどの気体が少ないとの特徴があります。

木星型惑星ができた場所は、天王星型惑星ができた場所に比べれば、太陽に近い位置にあり氷の量が多かったと推測されます。そのために、木星や土星などの木星型惑星は大型の氷惑星になりましたが、天王星や海王星などの天王星型惑星は中型の氷惑星にしかなりませんでした。

木星型惑星は表面が多量の水素で覆われており、天王星型惑星は表面に少量の水素しかない理由を考えてみましょう。木星型惑星は、大型惑星となったので重力も大きくなり、周囲にあった気体の水素を引きつけました。木星型惑星の大気には、水素の他にヘリウム（3―10％）や微量のメタン（0・2―0・5％）やアンモニア（0・01％―0・06％）があります。いっぽう、天王星型惑星は、中型の惑星にしかならなかったので十分な量の水素を引きつけられなかったのです。

岩石の惑星ができた場所にも多量の水蒸気や水素がありましたが、それらの水蒸気や水素は拡散して広がりだんだんと濃度が低くなっていきました。岩石の惑星ができた場所の温度はマイナス80℃よりも高いので、水蒸気や水素は気体のままです。気体分子は活発に動き分子同士が衝突しても合体せずに不規則に動きます。気体分子が不規則に動く結果、気体分子の分布はだんだんと広がっていきます。これを拡散といいます。拡散した水蒸気や水素には、太陽に近づく気体分子もあるし逆に離れていく気体分子もあります。太陽に近づいた気体分子は太陽に飲み込まれてしまいます。逆に、太陽から離れて、氷の惑星の軌道付近まで来る水分子や水素分子もあります。

氷の惑星に近づいた水分子は、温度が低いために氷となり木星型惑星や天王星型惑星の大きな重力に引かれて氷の惑星と合体します。水素は気体のままですが、重力の大きい木星型惑星には引きつけられます。その結果、岩石の惑星近傍では水素や水の密度がだんだんと減少していくとともに、氷の惑星は成長していきました。氷の惑星が十分に成長するとともに、岩石の惑星の近傍の水蒸気や水素の量は少なくなっていきました。

地球が水の惑星となった謎

岩石の惑星にも、若干の水があります。特に、地球は、地球以外の岩石の惑星（水星、金星、火星）に比べるとたくさんの水があります。少し詳しく見てみましょう。

水星や金星には極微量の水しかありません。水星の表面温度はマイナス170℃から430℃と広い範囲にあるので、水は固体・液体・気体のどれにもなりえますが、水星にはどの状態の水もほとんど見つかっていません。いっぽう、金星の表面温度は464℃もあるので、水は気体（あるいは超臨界流体）であり、金星大気の水蒸気圧は0・0002バールと水はごくわずかしかありません。

火星には、水が少しだけあります。火星の平均表面温度はマイナス56℃なので水は固体または気体となっています（図2－2）。火星の地表には若干の氷が見つかっています。また、火星にはかなりの量の含水物質（粘土鉱物）が発見されています。しかし、温度が低いので水蒸気圧は0・0002バールと低くなっています。

いっぽう、地球には他の地球型惑星に比べるとたくさんの水があります。地表の71%は海水で覆われており、その平均の水深は3729mにもなります。この海水が地表にある水の96・5%を占めています。そして、地下水として1・7%、氷河として1・74%の水があります。その他に、湖水や河川水や大気中の水蒸気などがあります。

このように地球型惑星のうち地球だけに、なぜ多量の水があるのでしょうか？　地球近傍の宇宙空間では、水は氷ではなく気体となっています。氷であれば凝集して大きくなるので地球の引力で引きつけることができますが、地球の重力で気体の水を引きつけることはできません。それにもかかわらず、地球には多量の水があります。そこで、次に、地球にある多量の水はどのようにして地球に集まったかを見ていきましょう。

地球の水の起源

地球に水が集まった理由についての最も有力な説は、隕石中の粘土鉱物中にある水が地球の水の起源になっているというものです。実際に地球に落下した隕石を観察すると、たくさんの水を含む粘土鉱物（蛇紋石、緑泥石、滑石、サポナイト、モンモリロナイト）があります。これらは、低温で水と反応してできた鉱物です。たとえば、蛇紋石は、かんらん石と輝石と水が反応することでつくられます（式２－１）。水蒸気分圧が10のマイナス７乗付近だとすると、この粘土鉱物は80℃以下で安定に存在します。逆に、80℃以上になると水を含む蛇紋石ではなく、無水のかんらん石と輝石が安定になります（図２－２）。

ここで、「かんらん石と輝石が安定になります」と、「安定」という言葉が出て

高温　　　　　　　　　　　　低温

$$\underset{\text{かんらん石}}{Mg_2SiO_4} + \underset{\text{輝石}}{MgSiO_3} + 2H_2O\,(g) \rightarrow \underset{\text{蛇紋石}}{Mg_3Si_2O_5(OH)_4}$$

(g)は気体(gas)であることを表します。

式２－１　蛇紋石のでき方

きました。ここでの「安定」という言葉は、熱力学や鉱物学で使用する言葉であり、日常生活で使う「安定」という言葉に比べて狭い意味になります。この「安定」という言葉は、これ以降にも度々出てきますので、ここで熱力学や鉱物学で使用するときの意味を説明します。「80℃以上になると蛇紋石ではなくかんらん石と輝石が安定になります」とは、「80℃以上では、長い時間をかけると蛇紋石はなくなってかんらん石と輝石が生成し、さらに長い時間をかけてもかんらん石と輝石はなくならずに残る」という意味です。ここで、「長い時間」という言葉に曖昧さがあります。室温付近の低温では「長い時間」を数億年程度と想定したり、1000℃以上の高温では「長い時間」を数日程度と想定したりします。

地球の水の起源の話に戻ります。ナノ粒子の粒間にある水が地球の水の起源になった可能性もあります。宇宙空間での気相から固体が凝集することを模した実験では、ナノ粒子ができています。また、現在の地表にたくさんあるナノ粒子は、粒間に多量の水を含んでいます。ナノ粒子は、数ナノメートルほどの粒状の物質で、ナノ粒子とナノ粒子の隙間に水が入っています。このナノ粒子は非晶質のために分析が困難であり、最近になって地球の表面にも多量に存在することがわかってきました。ナノ粒子については第7章でお話しします。このようなナノ粒子が地球に降り注ぎ、多量の水を地球にもたらした可能性もあります。

粘土鉱物は地球や火星の近傍では安定ですが、水星や金星の近傍だと温度が高いために不安定になります。したがって、水星や金星の近くでは粘土鉱物は少ないと考えられます。また、ナノ粒子の粒間にある水も温度が高くなると気体となって出ていくために、水星や金星の近傍だとナノ粒子の粒間に水をあまり含みません。

あるいは、スノーラインの外側でできた氷が地球の軌道に飛んできたという説もあります。しかし、地球近傍では温度がマイナス80℃よりも高いので氷は気体に変化してしまい、地球の重力で気体の水を引きつけることはできないと考えられます。

以上から、地球と火星には温度が低いために、水を含む粘土鉱物やナノ粒子が多量に集積し、水星や金星には温度が高いために水を含む粘土鉱物やナノ粒子がほとんど集積しなかったと考えられます。この結果、水星と金星には水がほとんどなく、地球と火星には水が集積したのです。

ここで疑問が出てきます。それは、地球に比べて火星表面には少量の水しかないことです。なぜ地球の表面に多量の水があり、火星の表面に水があまりないのでしょう。それは火星が地球の10分の1ほどの質量しかないからだと考えられます。地球は大きいので重力も大きく水が地球から逃げず、火星は重力が小さいので水が火星から逃げたと考えられます。

気体の惑星からの逃げやすさの程度は、気体分子の分子量から推定できます。あたりまえのことかもしれませんが、分子量が小さいと逃げやすく、分子量が大きいと逃げにくいのです。表2－2に揮発性物質の分子量を表しました。分子量が小さい水素分子は、どの地球型惑星からも宇

分子	分子量
H_2	2.02
CH_4	16.04
NH_3	17.03
H_2O	18.02
N_2	28.01
H_2S	34.08
Ar	39.95
CO_2	44.01
SO_2	64.06

表2－2　揮発性物質の分子量

宙に逃げてしまいます。分子量が大きい二酸化炭素は水星のようにサイズが小さく温度が高い惑星だと宇宙に逃げてしまいますが、金星、地球、火星くらいのサイズになると宇宙に逃げずに惑星に残ります。

水の場合はどうでしょうか。水は、水素と二酸化炭素との中間の分子量なので、地球には残りましたが、重力が小さい火星からはほとんどが宇宙に拡散してしまったと推測できます。これが、地球には水が多量にあり火星には水があまりない理由です。

実際に、火星から水が宇宙空間に拡散したという証拠があります。それは、火星のアルゴン（Ar）の同位体が、地球のアルゴンに比べて重くなっていることです。アルゴンは、化学反応を起こさないので、化学反応によって同位体比が異なる物質ができません。火星のアルゴンの同位体が重い原因は、アルゴンが宇宙に拡散したためとしか考えられません。軽い同位体のアルゴンのほうが重いアルゴンよりも高くまで飛ぶので、宇宙に拡散しやすいのです。この結果、軽いアルゴンが宇宙に拡散すると、火星に重いアルゴンの割合が増えるのです。火星のアルゴンが重いことはアルゴンが宇宙に拡散したことを表しているのです。火星では水よりも重いアルゴンでさえ宇宙に拡散するので、アルゴンよりも軽い水はもっと宇宙に拡散しやすいことになります。

地球にある多量の水が、地球の運命を決めたと言えるでしょう。水は地球内部の物質の粘性を低くして地球内部の対流を促進させました。この地球内部の対流が地表の物質を循環させました。その結果、地表の物質は熱い場所や冷たい場所を循環するようになりました。そして、熱い場所や冷たい場所でそれぞれ安定になるように反応したのです。また、水は物質を溶かして移動させたり、物質の反応を加速させたりします。この結果、地球には大陸ができ、生命が誕生し、鉄や銅などの資源が濃集したのです。地球の物質大循環には、揮発性物質である「水」の存在が大きくかかわっているのです。

2-2 熱かった時代の地球の変化

ここからは、地球が誕生した後の話になります。最初に地球史の概要をお話しします。次に、地球がコア、マントル、地殻、大気に分離する様子を見ます。そして、地球にある揮発性物質の起源を考え、最後に大気が強還元的から弱還元的に変化する様子を見ていきます。

地球の歴史を概観する

地球の歴史は、大きく3つの時代に分けるとわかりやすいでしょう。第一は、46億年前から38億年前までの巨大隕石（惑星や微惑星）が何度か落下した時代です。第二は、38億年前から5億4000万年前までの、ゆっくりと大陸が成長した時代です。第三は、5億4000万年前から現在までの生命大進化の時代です。それぞれの時代で、特徴的な物質の変化がありました。

第一の時代には、巨大隕石が地球に度々落下しました。巨大隕石が落下すると地表の温度は上がって、岩石の海（マグマオーシャン）ができました。マグマオーシャンは、表面の岩石のすべてが液体になっている場合もありますが、液体に固体が混じっている場合もあります。このように、地球表面の岩石の全部または一部が溶けている状態を「マグマオーシャン」といいます。

そのころの地球は、マグマオーシャン、および水素、水、メタン、二酸化炭素、硫化水素、アンモニアを主成分とした大気で覆われていました。地表が1000℃付近まで冷えてマグマオーシャンが固まり地殻となると、マグマオーシャンに溶けていた水素、水、メタン、二酸化炭素、硫化水素、アンモニアも大気に吐き出されました。そして、水素が宇宙に拡散すると、メタンは二酸化炭素となり、アンモニアは窒素となって、大気には水と二酸化炭素と硫化水素と窒素が残りました。

さらに温度が低下すると大気は海と大気とに分離しました。しかし、巨大隕石が再度落下すると地殻はまた溶けてマグマオーシャンとなります。そして海も消滅しました。地球は、巨大隕石の落下のたびに、このように高温から低温になる変化を繰り返しました。巨大隕石が落下しなくなると、地表に地殻と海と大気を残して第一の時代は終了しました。

第二の時代になると、巨大隕石の落下もなくなり、地球は冷えた状態でゆっくりと変化しました。生命が海嶺の地下で誕生し、海でゆっくりと進化しました。そして、大陸がゆっくりと成長し、海底には鉄が沈殿して縞状鉄鉱床ができました。この時代には、鉱物資源やウラン資源が海底や地下にできていました。

第三の時代は、植物が上陸することにより始まりました。植物の上陸は、植物の光合成活動を活発にして、大気の二酸化炭素濃度を減少させ酸素濃度を増加させました。二酸化炭素濃度の減少は、大陸地殻の成長を鈍化させ、酸素濃度の増加は生物の進化を加速させました。この時代の地球を遠くから見ると、ほとんど変化していないように見えるかもしれません。しかし、近くで見ると生物が爆発的に進化していることがわかります。この時代になると、植物や動物の死骸を原料とした、石炭や石油などのエネルギー資源が地下に蓄積されていきました。

最後のジャイアント・インパクト

さて、それでは第一の時代を詳しく見ていきましょう。地球誕生の話から始めます。後に地球

元素	モル%
Mg	47.9
Si	38.7
Fe	5.7
Al	3.5
Ca	2.8
Na	0.95
Cr	0.29
K	0.14
Ti	0.11
Mn	0.10

表2－3　マントル中の陽イオンとなる元素のモル%

ができる場所にも、微惑星が多量にありました。これらの微惑星が衝突を繰り返してだんだんと大きくなり、原始地球ができました。この原始地球に惑星が衝突することが10回程度ありました。これをジャイアント・インパクトといいます。惑星や微惑星が地球に衝突すると、地球の表面温度は上がり、地球表面の岩石が溶けてマグマオーシャンができました。表面だけでなく中心部付近まで溶けたこともあります。その結果、密度の高い金属鉄は中心部に沈み、中心部に金属鉄でできたコアができました。

地球が今の9割くらいの大きさになったときに、最後のジャイアント・インパクトがありました。今の地球の1割くらいの大きさの惑星（火星と同じくらいの惑星）が地球に衝突したのです。衝突したときの運動エネルギーが熱エネルギーに変わり、地球はドロドロに溶けました。衝突した惑星にもコアとマントルがあり、その金属鉄でできたコアは地球深くまで沈み、地球のコアと合体しました。

この最後の惑星の衝突では、衝突した惑星と地球の破片が地球のまわりに飛び散りました。このうち、地球の近くに残っていた破片が集まってできたのが月です。そこで、このジャイアント・インパクトを、特に「ムーン・フォーミング・インパクト（月を作った衝突）」と呼んでいます。これは約46億年前の出来事ですが、巨大隕石の衝突はその後も8億年ほど続き、そのたびにマグマオーシャンができました。巨大隕石の衝突を繰り返し受けながら、金属鉄が中心部に沈みコアとなり、コアの外側は酸化物でできたマントルになりました。

酸化物でできたマントルの化学組成を見てみましょう。マントルは、主に、陽イオンになりやすい5個の元素（マグネシウム、ケイ素、鉄、アルミニウム、カルシウム）が陰イオンになりやすい酸素と結びついてできています。その多くはケイ酸を含んでいるケイ酸塩鉱物と呼ばれる鉱物グループに属しています。マントルの陽イオン組成を表2－3に示します。陽イオンの割合は、マグネシウムとケイ素がほぼ同量で、これらを合計すると87％になります。その次に多い陽イオンが鉄とアルミニウムとカルシウムであり、これらはマグネシウムやケイ素よりも1桁少なくなっています。

地殻のマントルからの分離

地球に惑星や微惑星が衝突して地球の表面が高温になりマグマオーシャンができた後は、地球の表面は宇宙に熱を放射して徐々に冷えました。マグマオーシャンが冷えて1500℃くらいになったときに、マグマオーシャンにかんらん石（$(Mg,Fe)_2SiO_4$）という鉱物結晶ができ始め、マグマオーシャンはかんらん石と液体の混合物となりました。そして、温度が低下するにしたがい、かんらん石の量は増えました。

かんらん石の結晶は、液体部分よりも比重が大きいので、マグマオーシャン中を下降します。約1300℃で今度は輝石や斜長石ができ始め、その後約1000℃ですべてが固結し、かんらん石の下降も停止しました。この結果、表面に近い場所では輝石や斜長石が多く、深い場所にはかんらん石が多くなりました。

表面に近い輝石や斜長石が多い部分が地殻であり、この地殻を構成している岩石を玄武岩といいます。また、かんらん石が多い部分はマントルの一部であり、このマントルの一部となった岩石をかんらん岩といいます。このようにしてマントルから分離して地殻ができました。

第一の地球の不均質化がコアとマントルの分離だとすると、第二の不均質化は、マントルと地殻の分離になります。ここでできた地殻は、現在の海洋地殻（海底にある地殻）とほぼ同等なものです。現在の海洋地殻も溶けたマントル物質が冷えて固まったものだからです。

地球の揮発性物質の起源

地球は主に難揮発性物質でできている岩石惑星ではありますが、地球にも揮発性物質がありま す。特に地球は、他の地球型惑星（水星、金星、火星）に比べて多量の水があります。この水は、粘土鉱物に入っていた水やナノ粒子の粒間にあった水だとお話ししました。ここでは、水とそれ以外の揮発性物質の始原物質を見てみましょう。

地球をつくった始原物質は、太陽系の初期に地球近傍の宇宙空間にあった鉱物です。このうち宇宙空間に残り、最近になって地球に降り注いだ鉱物の集合体が隕石です。つまり、最近地球に降り注いだ隕石を見れば、地球ができた頃にどのような鉱物が地球に集積したかがわかります。

揮発性物質を含む隕石中の鉱物には、どのようなものがあるかを見てみましょう。水を含む鉱物には、蛇紋石、緑泥石、滑石、サポナイト、モンモリロナイトなどの層状ケイ酸塩粘土鉱物があります（表2－4）。二酸化炭素を含む鉱

鉱物名	化学組成
蛇紋石	$Mg_3Si_2O_5(OH)_4$
緑泥石	$Mg_5Al_2Si_3O_{10}(OH)_8$
滑石	$Mg_3Si_4O_{10}(OH)_2$
サポナイト	$R_{0.33}(Mg_3)[Si_{3.67}Al_{0.33}]O_{10}(OH)_2 \cdot nH_2O$
モンモリロナイト	$R_{0.33}(Al_{1.67}Mg_{0.33})[Si_4]O_{10}(OH)_2 \cdot nH_2O$

Rは交換性陽イオンでNaやCa/2など、（　）内は八面体席の陽イオン、［　］内は四面体席の陽イオン、nH_2Oは層間の水。

表2－4　水を含む隕石中の鉱物

鉱物名	化学組成
方解石	$CaCO_3$
アラレ石	$CaCO_3$
苦灰石	$CaMg(CO_3)_2$

表2－5　二酸化炭素を含む隕石中の鉱物

鉱物名	化学組成
磁硫鉄鉱	$Fe_{1-x}S$
ペントランド鉱	$(Fe,Ni)_9S_8$

Brearley AJ (2006)から引用

表2－6　イオウを含む隕石中の鉱物

物には、方解石、アラレ石、ペントランド鉱などの炭酸塩鉱物があります（表2－5）。イオウを含む鉱物には、磁硫鉄鉱、ペントランダイトなどの硫化鉱物があります（表2－6）。また、窒素は、アンモニウムイオンとして層状ケイ酸塩鉱物の層間に入っていたと考えられます。

鉱物中から大気に移動する揮発性物質

地球の第一の時代（46億年前から38億年前）には、巨大隕石がいくどとなく落下しました。落下のたびに、地球の表面付近はドロドロに溶けてマグマオーシャンとなりました。このとき揮発成分を含んでいた鉱物も溶けました。そして、鉱物中にあった揮発性物質もマグマオーシャンに溶けました。マグマオーシャンに溶けた揮発性物質の一部は大気にも吐き出されました。マグマオーシャンに溶けた揮発性物質や大気に吐き出された揮発性物質は、主に、水素、水、メタン、二酸化炭素、硫化水素、アンモニアです。

巨大隕石が落下した後、マグマオーシャンは徐々に固化して、地表に地殻ができました。すると、マグマオーシャンに溶けていた揮発性物質は、鉱物の粒間に放出され、粒間にあった揮発性物質は徐々に大気に放出されました。

宇宙へ拡散した水素

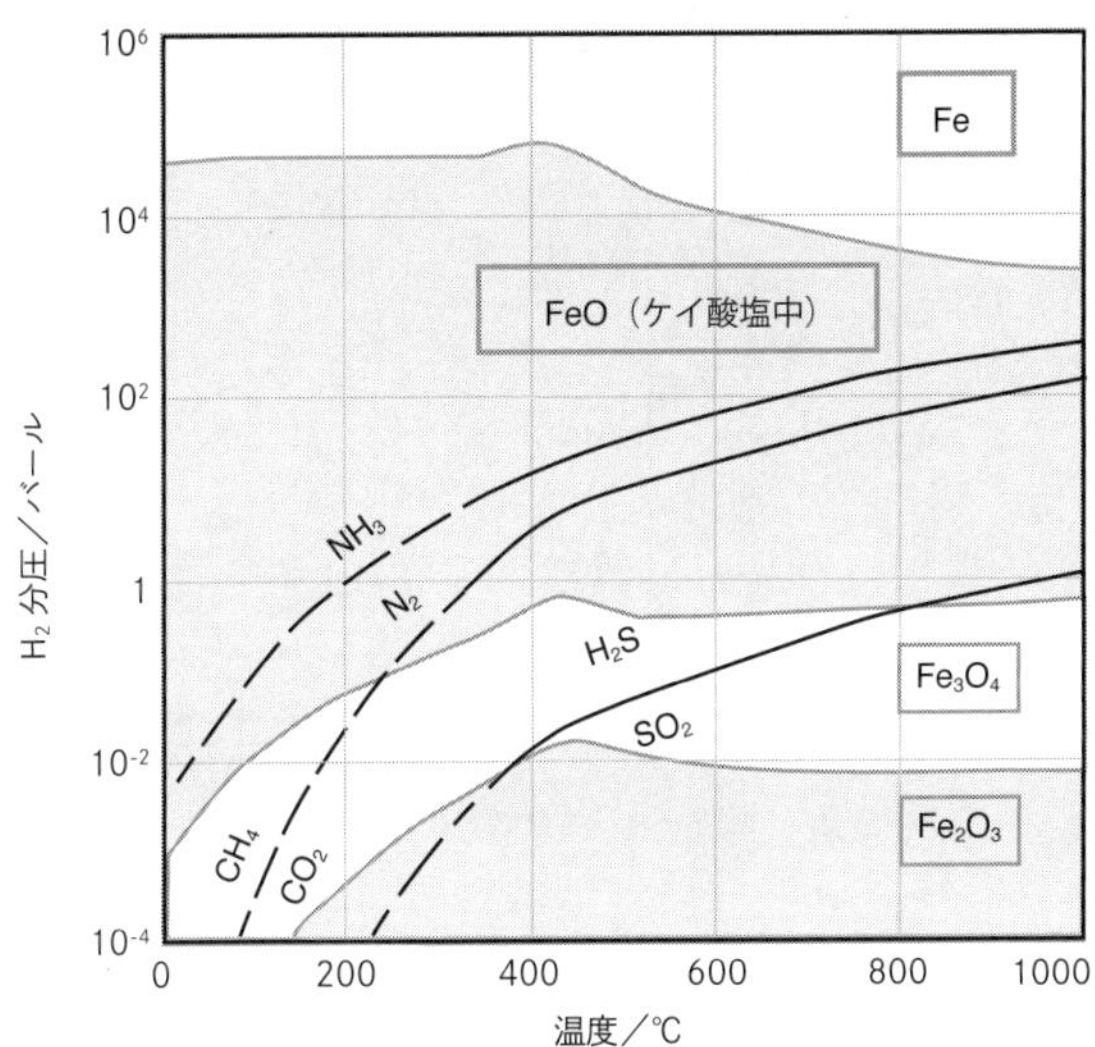

図２－３　鉱物と揮発性物質の酸化還元関係

大気に放出された揮発性物質には、水素が多量に含まれていました。それは、水が金属鉄に還元されて水素になっているからです。したがって、できたばかりの地球大気は、水素が多量にあるとても還元的な大気でした。もし、金属鉄があったとすると、水素分圧は、１０００℃で１０００バール以上になります（図２－３）。

水素が宇宙に逃げていった理由を考えてみましょう。それは、水素は軽いので、高くまで飛んでいくからです。水素、水、酸素、二酸化炭素の高度分布を見てみましょう。図２－４に気体分子の高度分布を表しました。この図を見ると、水素は高くまで上がることがわかります。水素は、高くなってもなかなか濃度が低下していません。

それは水素分子が軽いからです。それに対して、二酸化炭素は分子が重いため、高くなると急激に濃度が低下します。

濃度が半分になる高度は、二酸化炭素が3・8㎞、酸素が5・5㎞、水蒸気が10・3㎞、水素が87㎞と分子量に反比例します。水素分子の分子量は他の気体と比べてとても小さいので、水素

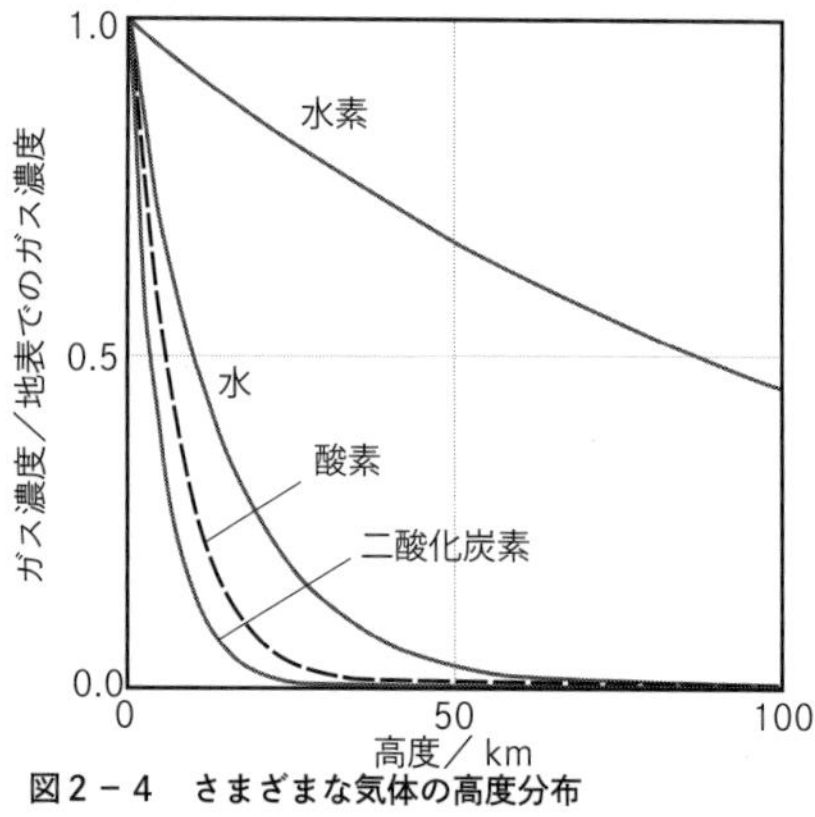

図２－４　さまざまな気体の高度分布

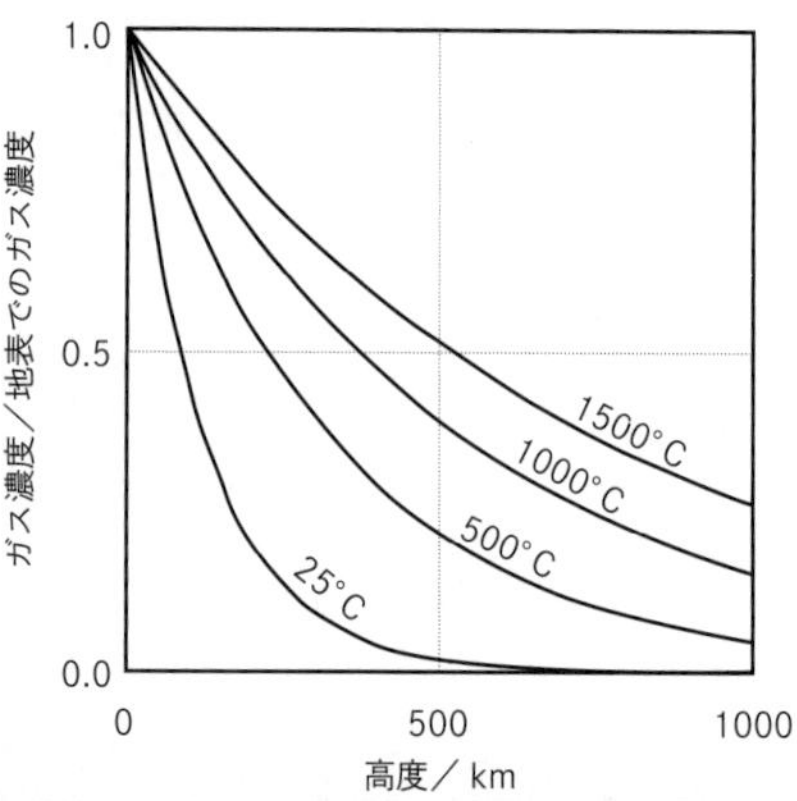

図２－５　さまざまな温度での水素の高度分布

は他の気体に比べて高くまで飛んでいき、地球の重力圏から離れやすいのです。

水素ガスは他の気体に比べて高くまで上がりやすいことがわかりましたが、温度が高くなるともっと高くまで上がります。図2-5に水素ガスの濃度分布をさまざまな温度で比較しました。水素ガスの濃度が半分になる高度は、25℃で87㎞、500℃で230㎞、1000℃で370㎞、1500℃で520㎞と、絶対温度と比例します。このことから、マグマオーシャンがあったとき、あるいはマグマオーシャンが消失したばかりの地表の温度が高いときに、水素が宇宙へ逃げる速度は非常に大きかったことがわかります。

水素の消失によりできた弱還元的大気

大気が高温（たとえば1000℃以上）だったとき、水素の宇宙空間への拡散は速かったことをお話ししました。地球が高温下にあったときに、大気中にあったほとんどの水素が宇宙に逃げたと考えられます。このように水素が地球から宇宙空間に拡散し水素濃度が低下すると、大気の組成はどのように変化するでしょうか。

水素が宇宙へ拡散すると大気中の水素濃度が下がります。すると、1000℃以上では気体同士の反応が速いので、水とメタンは反応して水素と二酸化炭素（式2-2）となり、アンモニアは分解して水素と窒素（式2-3）となります。そして、この反応で生成した水素も宇宙へとす

$$CH_4\,(g) + 2H_2O\,(g) \rightarrow CO_2\,(g) + 4H_2\,(g)$$

(g)は気体(gas)であることを表します。

式2－2 メタンの酸化反応

$$2NH_3\,(g) \rightarrow N_2\,(g) + 3H_2\,(g)$$

式2－3　アンモニアの酸化反応

ぐに拡散していきます。そして、メタンとアンモニアが消滅するまで反応は継続します。この結果、地球の大気は、少なくとも1000℃くらいのときに、水、二酸化炭素、窒素を主成分とする弱還元的大気となったと考えられます。水素分圧の低下とともに、アンモニアが窒素に、メタンが二酸化炭素になることを図2－3で確認してください。

　式2－2および式2－3の反応は、温度依存性があります。それは、気体分子の数からわかります。温度が高いと気体分子の数が多いほうに反応が進行し、温度が低いと気体分子が少ないほうへ反応が進行するのです。式2－2では、左辺が3分子であり、右辺が5分子あります。したがって、高温だと二酸化炭素と水素ができる方向へ反応が進行しやすくなります。式2－3では、左辺が5分子であり、右辺が7分子あります。したがって、高温だと窒素と水素ができる方向へ反応が進行しやすくなります。以上も図2－3で確認することができます。

　なお、酸化的大気とは酸素を含む大気をいい、還元的大気とは酸素を含まない大気をいいます。強還元的大気とは、還元型気体（水素、メタン、アンモニア）および水を主成分とする大気をいい、弱還元的大気とは、酸化型気体（二酸化炭素）、中間型気体（窒素）、および水を主成分とする大気をいいます。

地球の表面が低温（たとえば600℃以下）になっても、地球内部からの脱ガスは継続したと考えられます。なお、脱ガスとは、惑星内部から揮発性物質が噴出する現象をいいます。脱ガスでは、酸化型気体（二酸化炭素）や中間型気体（窒素）だけでなく、還元型気体（水素、メタン、アンモニア）も地表に供給されました。地球の表面が500℃以下になると水素の宇宙への拡散は減少し、ガス同士の反応速度も遅くなります。室温付近まで温度が下がると水がメタンやアンモニアと反応する速度は遅いので、室温付近になっても若干の還元型気体が残りましたが、徐々にその濃度は低下していったと考えられます。

46億年前から38億年前まで、巨大隕石の地球への落下衝突は何回も起こりました。巨大隕石が落下衝突するたびに、地球の温度は上がりマグマオーシャンができました。マグマオーシャンから気体が吐き出され、水素が宇宙に拡散して、地表は、水、二酸化炭素、窒素を主成分とする弱還元的な大気に覆われることになりました。38億年前の巨大隕石の衝突を最後にして、巨大隕石の衝突の時代は、海洋地殻と弱還元的な大気を残して終わりました。

2-3 熱い地球から冷たい地球へ

高温下で超臨界水として大気中にあった水が冷えて液体となり海ができる様子を見ていきま

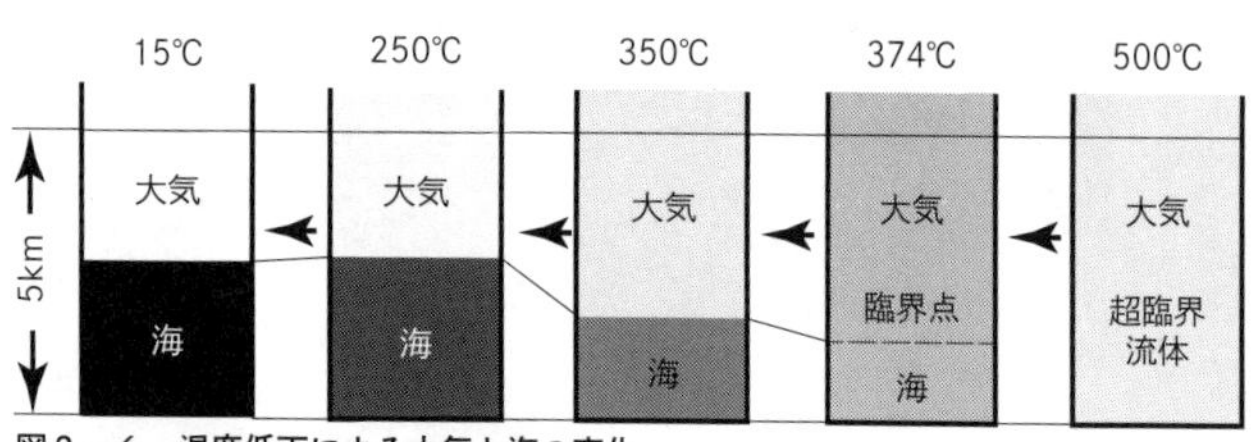

図２－６　温度低下による大気と海の変化
米国立標準技術研究所の標準参照データベースの数値をもとに作成しました。色の濃さは密度を表しています。

す。さらに、二酸化炭素が温度低下とともにどのように海に溶けていくかも見ていきましょう。

海はどのようにできたのか？

地表にマグマオーシャンがあったとき、大気中の水は超臨界状態にありました。地表の水の分圧が一定（たとえば２６５バール）だとすれば、超臨界状態にある水は温度低下とともに密度が上昇します。温度が低下して３７４℃（臨界点）になったときに、水は液体と気体に分離し始めます。このとき、液体と気体の境界での密度は０・３２２です。臨界点よりも温度が低くなると、水は密度の高い部分（液体）と密度の低い部分（気体）に分かれました。このときに液体の部分が海になったのです。

温度低下とともに大気と海の量や密度がどのように変化するかを図２－６に表しました。海の水の割合は、３７４℃で17％に、３５０℃で38％に、２５０℃で85％に、１００℃で99・６％に、15℃で99・９９４％にと温度低下とともに増えていきました（図２－７）。

250℃ですでに85%の水が海にあり、そのような高温でも多量の水が海にありました。ここで重要なことは、350℃程度まで温度が下がった時点で、地表面には相当量の液体の水が存在していたことです。

以上の計算では海水量が現在と同じだったと仮定しました。巨大隕石がいくどとなく地球に衝突した第一の時代が終了する頃には、地球内部からの脱ガスが十分に行われ、現在の海水量に近づいていたと考えられます。なお、海水量が現在の2分の1だとしても、330℃になれば液体の海が存在します。

大気から消えた二酸化炭素の謎

水につぐ第二の揮発性物質は二酸化炭素です。マグマオーシャンがあったとき、メタンや二酸化炭素は一部が大気にあり、一部がマグマオーシャンに溶けていました。地表が固化しマグマオーシャンが消滅すると、マグマオーシャンに溶けていたメタンと二酸化炭素は大気に排出されました。

マグマオーシャンがあったときおよびマグマオーシャンが消滅した直後に、水素は宇宙に拡散したために、メタンは水に酸化されて二酸化炭素となりました。そして、マグマオーシャンが消滅した直後にメタンは大気から消滅し、すべてが二酸化炭素になりました。このとき、大気中の

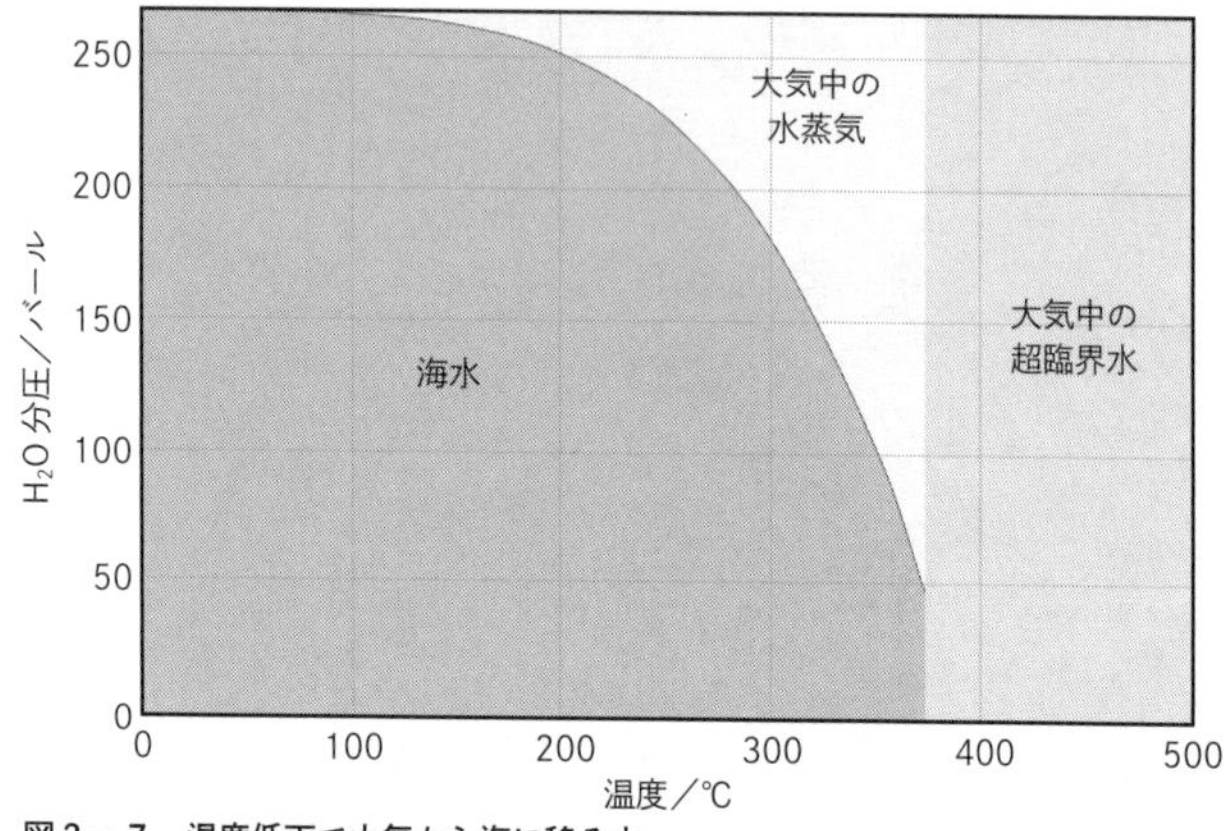

図2－7　温度低下で大気から海に移る水
米国立標準技術研究所の標準参照データベースの数値をもとに作成しました。

	C量 ／ g	CO_2量／バール
大陸中の堆積岩	8×10^{22}	36.5
大陸中の変成岩	1×10^{22}	4.6
深海堆積物	4×10^{21}	1.8
海水中	4×10^{19}	0.018
大気中	7×10^{17}	0.00032
合計	9.4×10^{22}	42.9

Walker (1985)
表2－7　地表のCO_2量

二酸化炭素は約43バールあったと推定されます。この値は、現在の堆積物や岩石や海水や大気に含まれている炭素のすべてが初期地球の大気に二酸化炭素として存在したとして計算したものです（表2－7）。

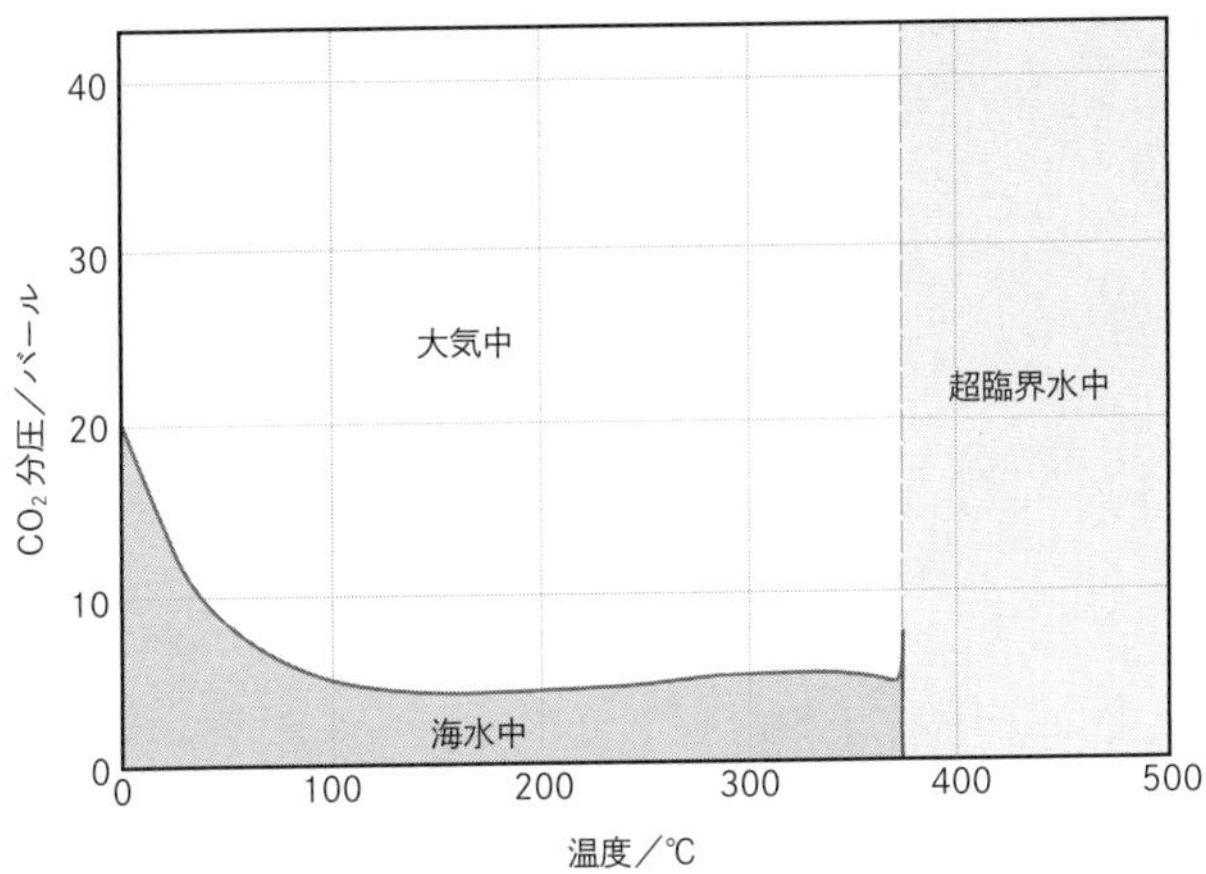

図2－8　大気と海のCO_2の存在量

二酸化炭素は温度低下とともに、大気と海にどのように分配されたかを見てみましょう。大気中に排出された二酸化炭素は、地表の温度が374℃よりも高いとき、超臨界状態にある水と共存していました。地表の温度が臨界点（374℃）より少し（たとえば370℃くらいに）低下すると、海に溶けた二酸化炭素の割合は11％くらいになりました。海に11％ほど溶けている状態が100℃くらいまで続きました。これは、温度低下で海の量は増えたのですが、二酸化炭素の溶解度が温度低下で低くなったために海への溶解量はほとんど変化しなかったからです。100℃より温度が低下すると、海への溶解量が増え始めました。43バールもあった二酸化炭素は、温度が15℃まで低下すると、34％が海に溶けました。図2－8に、海に溶けている二酸化炭素の量を、大気中にあった場合に何バールになるかという値で表しました。

　人間が排出した二酸化炭素が原因で地表の温度が上昇しているといわれています。しかし、海水中にある二酸化炭素と大気中にある二酸化炭素の総量が一定であった場合、海水の温度が上がれば大気中の二酸化炭素濃度は上がり、海水の温度が下がれば大気中の二酸化炭素濃度は下がり

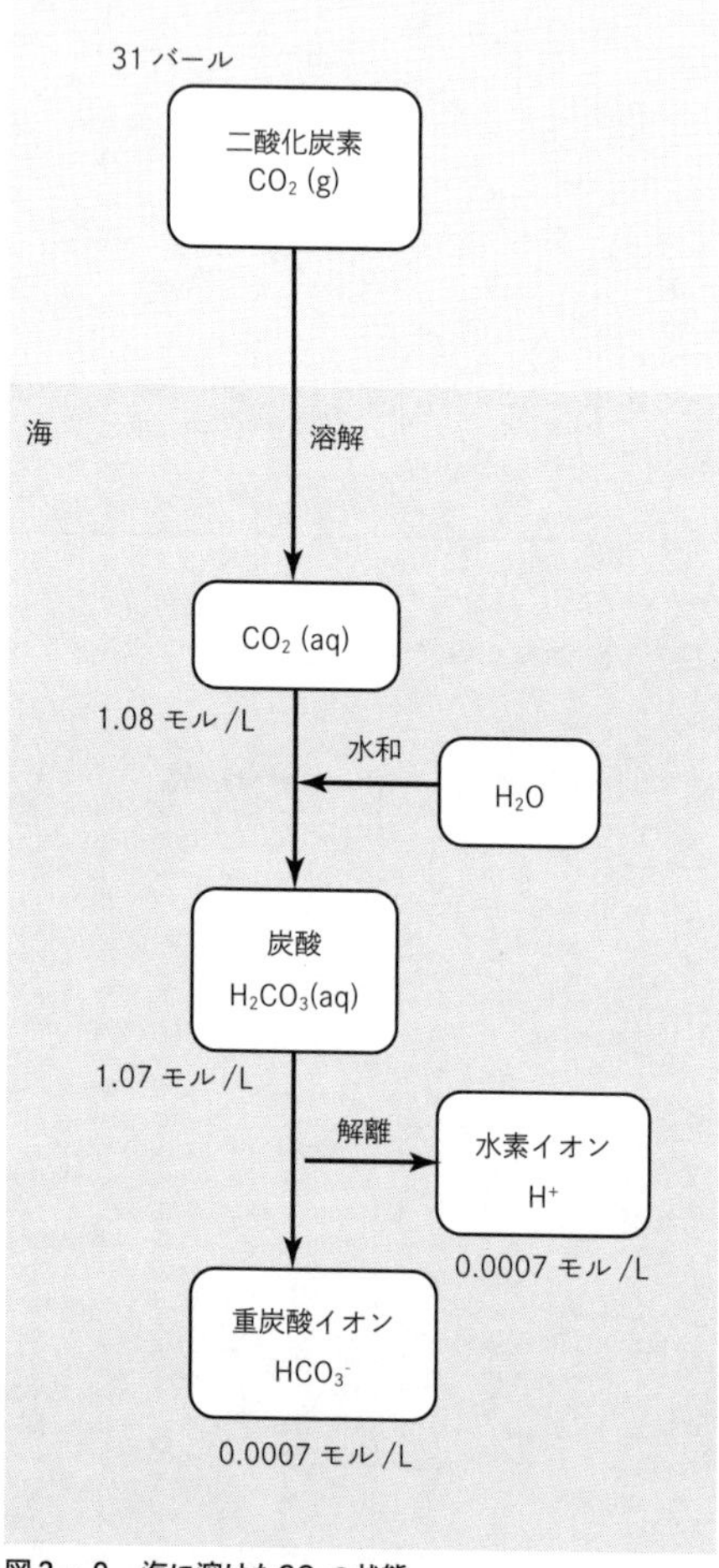

図２－９　海に溶けたCO_2の状態

ます。現在の地球は海水の温度が上がったので大気中の二酸化炭素濃度が上がったとも考えられます。

二酸化炭素が海に溶けると、半分は二酸化炭素のままですが、半分は水和し炭酸となります（図2-9）。他の溶存成分がないとすると、炭酸のうち1000分の3くらいが水素イオンを解離して重炭酸イオンとなります。この結果、海水中の水素イオンが増加するので、pHは酸性（3・2くらい）になります。その後、ナトリウムやカリウムなどのアルカリ金属イオンやマグネシウムやカルシウムなどのアルカリ土類金属イオンが岩石から海に溶け、pHは現在の海と同じくらい（7・0くらい）になったと考えられます。

コラム

超臨界水

超臨界水とは、温度圧力が臨界点(374℃、220・6バール)以上の水のことをいいます。この超臨界水が、高温状態にあった初期地球の大気にあったことはお話ししました。

このコラムでは、現在の地球にある超臨界水を見てみます。超臨界水は、天然にもあるし、人工的にもつくることができます。

天然の超臨界水は、地下の鉱物の間隙にあります。地下深くなるほど温度が上がるし圧力も上がるからです。深度12km以上になると、地温勾配が30℃/kmだとすると温度は375℃以上になり、圧力は3100バール以上となります。地温勾配が平均以上あれば、深度12km以上で鉱物の間隙にある水は超臨界水となっています。地球内部には多量の超臨界水があるのです。

鉱物の間隙にある超臨界水は、岩石中の鉱物の溶解や沈殿を促進させています。また、この超臨界水は揮発性物質や親銅元素を溶かして移動させるはたらきもしています。

超臨界水は、水を耐圧容器に入れて熱すれば、人工的につくることができます。この超臨界水中で石英の単結晶を作成しています。高温部にくず単結晶を置き、少し温度の低い場所に種結晶を置いて結晶を成長させるのです。

超臨界水は、火力発電所のタービンを回すためにも利用されています。超臨界水を用いることで熱効率を高めることができるのです。また、PCB、ダイオキシン、フロンなどの有害物質を分解して、無害な物質にするのにも使われています。

第3章

Material circulation of earth

地球の物質循環

◉地球の物質循環は、マントル物質の循環、大陸地殻物質の循環、揮発性物質の循環の3つに分けられる。

◉プレート・テクトニクス理論から、マントルが対流し、海洋地殻も地表と地球内部を循環していることがわかる。

◉大陸地殻の循環：風化→海洋堆積物→沈み込み帯で大陸地殻の地下に引きずり込まれる→堆積岩、変成岩、火成岩になる→押し上げられて地表に出てくる→風化・低温では気体となっている揮発性物質が固体に入るよう反応が進行し、高温では揮発性物質が固体から出て気体となるよう反応が進行する。

地球の物質循環とは何か

地球の物質が循環していることは、1960年代にプレートテクトニクス理論により明らかになりました。地球の物質循環は、マントル物質の循環、大陸地殻物質の循環、揮発性物質の循環の3つに分けられます。この循環を俯瞰して見てみると、物質は熱い場所（地下深部など）と冷たい場所（海洋底、地表など）を移動しており、それぞれの場所で安定になるように反応しています。この反応によって地球は少しずつ姿を変えてきたのです。本章では、「プレートテクトニクスの発見」、「地球の3つの物質循環」、「高温でできた鉱物と低温でできた鉱物」、「地球での反応をエントロピーで理解しよう」を見ていきます。

「プレートテクトニクスの発見」では、プレートの動きで地球の物質が循環していることがわかった経緯をお話しします。地球の物質が循環していることがわかった最初のきっかけとなったのが、ウェゲナーの大陸移動説です。その後、海洋底が動いていることがわかり、プレートテクトニクスという理論に発展しました。この理論により地球の物質が循環していることが明らかになったのです。

「地球の3つの物質循環」では、地球の物質循環が大きく3つに分類できることをお話しします。プレートテクトニクス理論は、マントル物質およびその上部にある海洋地殻物質は地表と地球内部を循環しているとしています。この理論から、大陸地殻物質も、海洋地殻の動きに引きずられて動き循環していることが明らかになりました。このことから、地球の物質循環は、第一がマントル物質（海洋地殻物質を含む）の循環であり、第二が大陸地殻物質の循環であり、第三が揮発性物質の循環であることがわかります。地球の物質は熱い場所（地下深部など）や冷たい場所（地表や海洋底など）を循環し、それぞれの場所で安定になるよう反応しています。

「高温でできた鉱物と低温でできた鉱物」では、高温でできた鉱物と低温でできた鉱物の違いをお話しします。地球の物質は、地下深部で熱せられ、地表近くで冷やされ、それにともなって水や二酸化炭素などの揮発性物質が出入りして、構成する鉱物の種類を変化させています。高温でできた鉱物は水や二酸化炭素などの揮発性物質をほとんど含みませんが、低温でできた鉱物は水や二酸化炭素などの揮発性物質を多量に含んでいます。そして、これらの鉱物が、地球の物質循環の中でどのように反応しているかを単純化したモデルで見ていきます。

「地球での反応をエントロピーで理解しよう」では、エントロピーという概念を用いて地球で起きている反応の規則性を明らかにします。低温では気体となっている揮発性物質が固体に入るよう反応が進行し、高温では揮発性物質が固体から出て気体となるよう反応が進行します。この反応の規則性をエントロピーという概念を用いて一般化します。一般化した反応の規則性とは、

「高温でエントロピーが大きな状態になり、低温でエントロピーが小さい状態になる」というものです。エントロピーは統計熱力学で用いられている重要な概念です。統計熱力学の立場から「反応の規則性」の話をしていきます。

3-1 プレートテクトニクスの発見

ウェゲナーが唱えた大陸が移動するという仮説は、その後の大規模な海洋底の調査により、プレートテクトニクス理論へと発展していきました。プレートテクトニクス理論では、地球の表面はいくつものプレートに覆われており、対流しているマントルに乗って水平に動いているとしています。ここでは、プレートテクトニクス理論が確立するまでの経緯とその理論を見ていきます。

ウェゲナーの大陸移動説

ドイツの気象学者であるウェゲナーは、1912年に大陸がゆっくりと動いているという仮説を提案しました。大きな大陸が分裂して離れたり、二つの大陸が衝突して一つになったりするというのです。ウェゲナーが大陸移動説を思いついたのは、大西洋を挟む二つの大陸（南アメリカ大陸とアフリカ大陸）の輪郭が同じ形をしていたからだと言われています（図3－1）。

三畳紀（2億5千万年前から2億年前）の時代に一つの超大陸が分裂して、それぞれの破片が移動して現在の位置にきたと、ウェゲナーは考えました。この超大陸はパンゲアと呼ばれています。池の氷が割れて、それぞれの破片が移動して隙間が広がることに似ています。破片となった大陸をもとの位置に戻すと、一つの超大陸パンゲアができます（図3－1）。

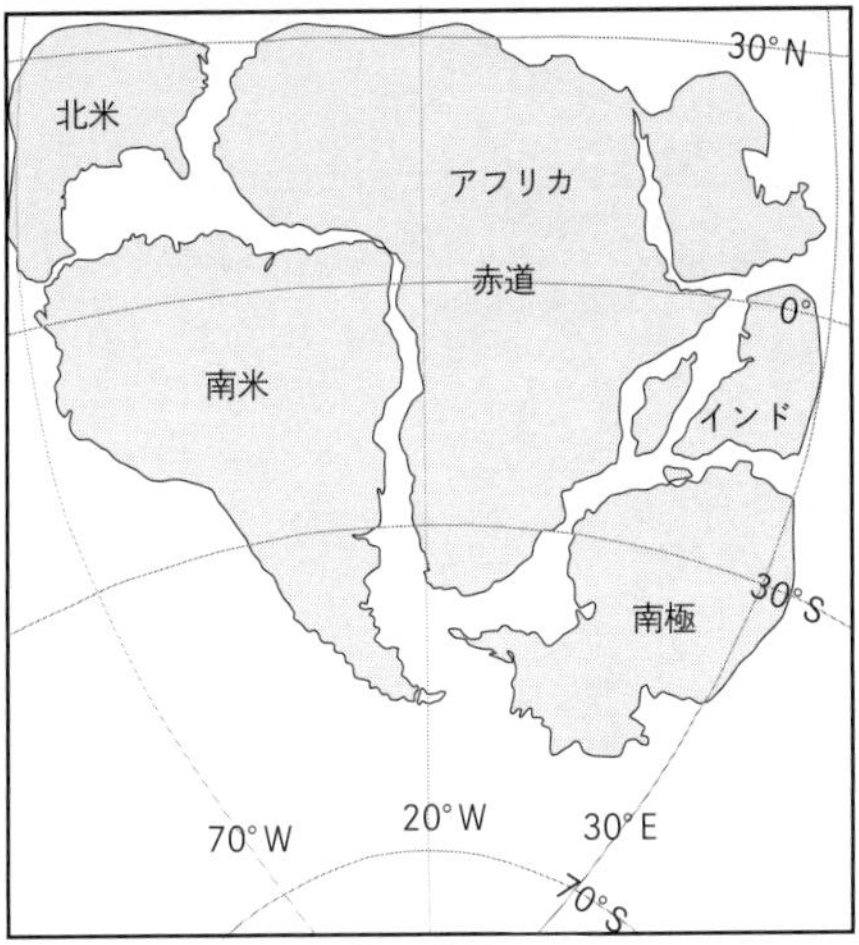

図3－1　超大陸パンゲアの分裂

三畳紀に超大陸が存在しており、その後分裂したという証拠がいくつか見つかりました。最大の証拠として、南アメリカおよび南アフリカの大西洋岸には、三畳紀およびそれ以前にまったく同じ陸上動物が生息していたことがあります。これらの化石は両大陸の大西洋岸に見つかっていますが、他の地域では見つかっていません。また、同一の木の化石が、南アメリカ、インド、オーストラリアで見つかっているという証拠もあります。

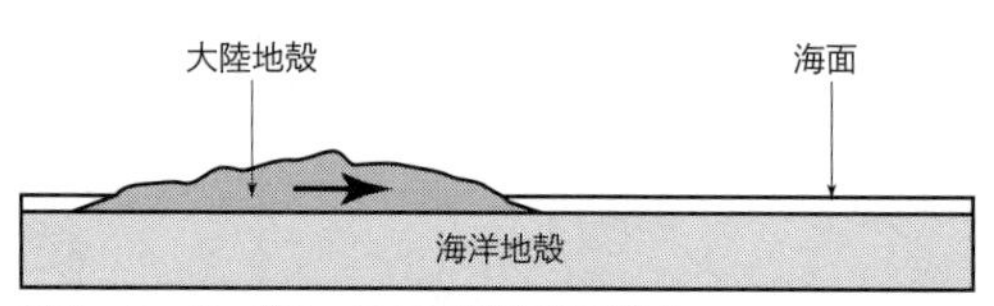

図3－2　ウェゲナーによる大陸移動の説明

約3億年前には、南アメリカ、南アフリカ、インド、南オーストラリアが、現在の南極のような氷河で覆われていたという証拠もあります。大陸が移動していないとすると、南半球一体が氷河で覆われていたことになります。北半球も南半球と同様の気候にあるはずであり、ほぼ地球全体が氷河で覆われていたことになってしまいます。しかし、3億年前に地球全体は氷河で覆われてはいませんでした。つまり、大陸が移動していたとしなければ説明がつかないのです。

このような証拠があるにもかかわらず、当初多くの科学者は大陸移動説に懐疑的でした。それは、大陸が動く機構を説明できなかったからです。ウェゲナーは、海洋地殻の上に大陸地殻が乗っており、大陸地殻が海洋地殻の上を滑ると説明しました（図3－2）。しかし、海洋地殻と大陸地殻の間の摩擦は大きく、海洋地殻の上を大陸地殻が滑るとは考えられないと地球物理学者たちは反論しました。

ウェゲナーは1930年に亡くなりました。その後も大陸移動説の議論は継続されましたが、議論は膠着状態となり徐々に下火になっていきました。

大陸移動を支持する新たな証拠

1950年代になると、大陸移動説に新たな展開が訪れました。1950年代中頃から1960年代中頃にかけて、大陸移動説を支持する地球物理学的な大きな発見がいくつかあったのです。

最初の重要な発見は古地磁気によるものです。岩石ができるときに岩石に含まれる磁鉄鉱(Fe_3O_4)が磁石となります。この磁石のN極は地球のS極(現在は北極)を向きます。この岩石の磁石の向きを測定するのが古地磁気学です。

磁石のN極の水平方向での向きから地球のS極の方向がわかります。また、磁石のN極の水平からの傾きから緯度がわかります。赤道では磁石のN極の傾きは水平ですが、緯度が高くなるに従い磁石のN極は下に傾いていき、S極のある北極では磁石のN極は真下に向きます。

岩石の地磁気の向きを測定することにより、北極の磁極の位置が時代とともにどのように変化しているかを調べました。すると、磁極の位置は大きく動いていました。6億年前にはほぼ赤道上にあるように見えました。地磁気は地球の自転により発生するので、磁極の位置は自転軸の位置とほぼ同じ位置(北極または南極)にあると考えられます。しかし、それとは矛盾する場所に磁極があったのです。また、北米で測定した磁極の位置とヨーロッパで測定した磁極の位置は異なっていました。これらの結果は古地磁気学者を悩ませました。

議論の結果、磁極が動いていたのではなく、大陸が動いていた可能性のほうが高いということになりました。こうして大陸移動説が生き返ったのです。しかし、大陸がどうして移動するかは未解決のままでした。

海洋底が移動している証拠

さらに、海洋底の調査から海洋底が移動している証拠が見つかりました。海洋底は地表の70％を覆っているにもかかわらず、海洋底の研究は1950年以前にはほとんど行われていませんでした。しかし、1950年代になると海洋底の調査を行うようになり、さまざまな驚くべき発見がありました。

たとえば、海底に長く続く山脈が見つかりました。この山脈を中央海嶺と呼ぶことにしました。中央海嶺の中央には窪地があり、その形状から引っ張られる力が働いていることがわかりました。海嶺付近にある堆積物は中央海嶺から遠くなるほど厚くなっていました。

以上の事実から、海洋底は中央海嶺から遠ざかるように動いているとの仮説が1962年にアメリカの海洋地質学者ハリー・ヘスにより提唱されました。地球の内部からマグマ（溶けた岩石）が上昇し、中央海嶺から噴出して新しい海洋地殻ができるとした仮説です。しかし、ヘスの仮説を証明できるほどの証拠がその当時十分にはありませんでした。

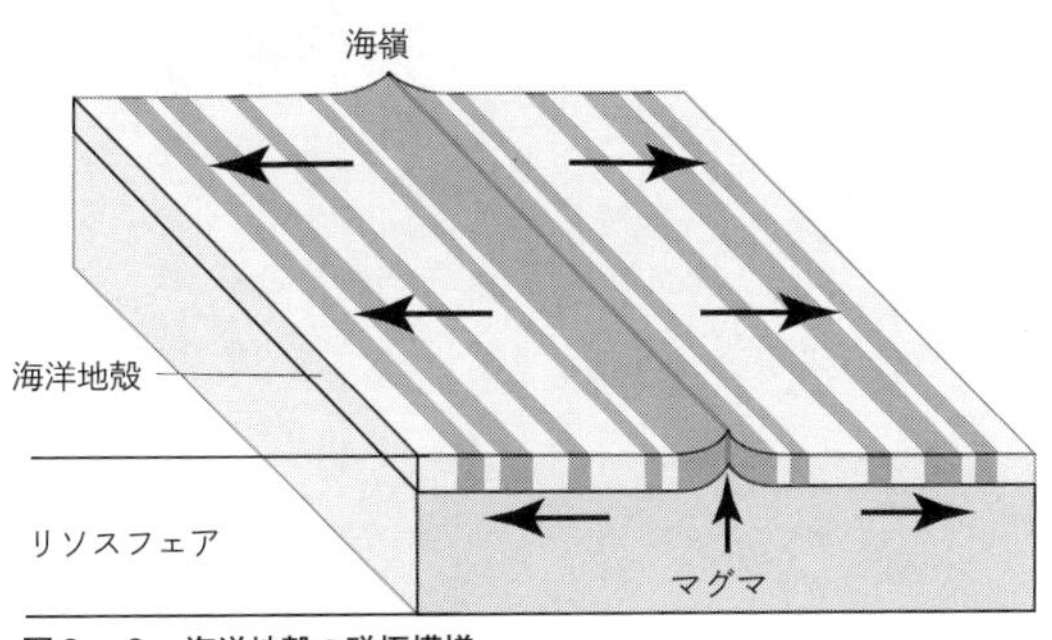

図3－3　海洋地殻の磁極模様

その後、ヘスの仮説の正しさを証明する証拠が出てきました。それは、海洋地殻の磁極の模様です。地磁気は、数十万年ほど（10万年から100万年くらい）で逆転します。最近では、73万年前に地磁気が逆転しました。地球の磁石のS極は、73万年前よりも古い時代に南極を向いていましたが、73万年前に北極に向きを変えて現在に至っています。もし、海嶺で新たな海洋地殻ができて海嶺の両側に移動しているとすれば、N極が北極に向いている海洋地殻とN極が南極を向いている海洋地殻が交互に現れて、海嶺と平行な縞模様ができているはずです（図3－3）。このような縞模様の存在が、対潜水艦防衛研究のデータを集めることにより明らかになりました。海洋地殻の磁極の縞模様は海洋地殻が移動していることを表しているのです。

縞模様の幅から海洋地殻が動く速さも求められます。地磁気の逆転した年代がわかっているからです。この縞模様の幅から計算された海洋地殻の速度は、最も速く動いている場所で年間10㎝に達していました。

プレートテクトニクス理論

大陸地殻や海洋地殻が移動していることが明らかになったことから、プレートテクトニクスという新たな理論が生まれました。ウェゲナーの時代には大陸の動く機構がうまく説明できませんでしたが、プレートテクトニクス理論により、大陸地殻や海洋地殻の動く機構が説明できるようになったのです。それは、地球の地下の構造が明らかになったからです。

地球の表面は地殻でできています。地殻は主にケイ酸塩鉱物（輝石や斜長石など）でできています。海底にある地殻を海洋地殻といい、厚さは7㎞ほどです。陸にある地殻を大陸地殻といい、厚さは30―60㎞ほどです。

地殻の下はマントルです。マントルも主にケイ酸塩鉱物（かんらん石など）でできていますが、ケイ酸塩鉱物の種類が地殻とは異なり、マントルは地殻よりも比重が大きいのです。マントルは地下２９００㎞まで続きます。そして、その下は鉄合金でできた核になります。

以上のように地球を地殻・マントル・核と分類する方法は化学組成によるものですが、地球を力学的な特性により分類する方法があります。それは、岩石の硬さによる分類です。地下１００㎞くらいまでは硬い岩石でできています。ここには地殻とマントルの一部が入ります。この部分

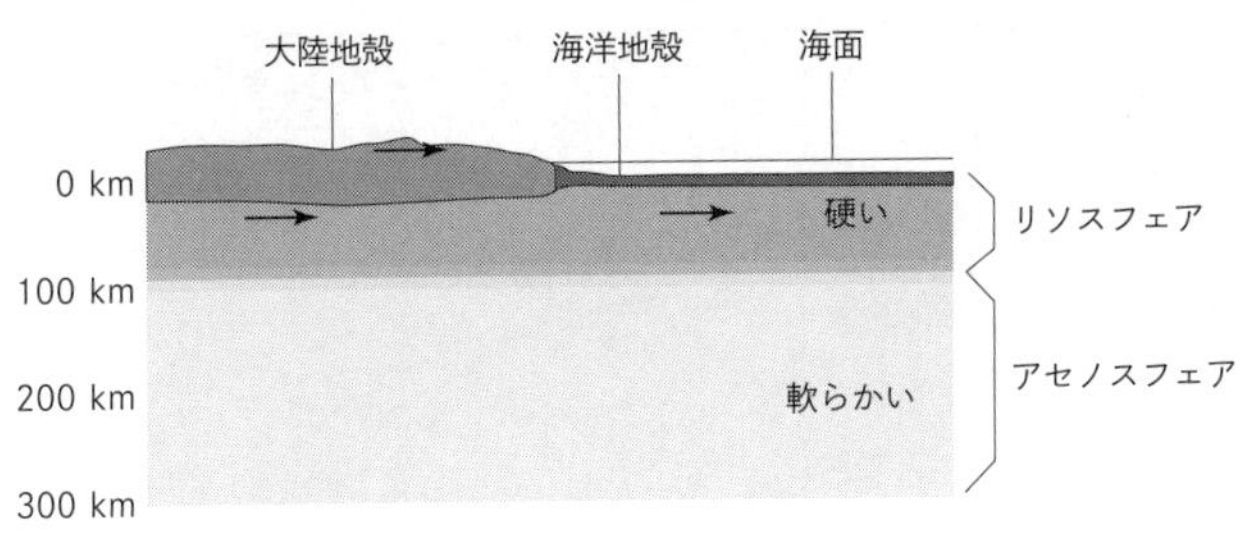

図3－4　地下の構造
地下100kmまでは硬い岩石でできているリソスフェアであり、その下は軟らかい岩石でできているアセノスフェアです。

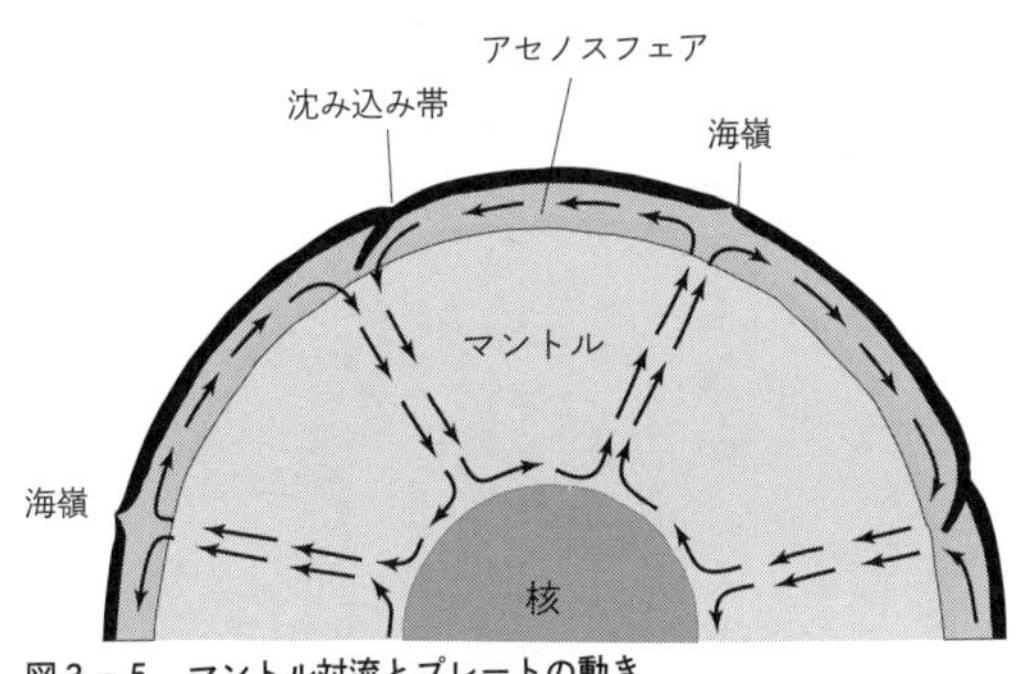

図3－5　マントル対流とプレートの動き

をリソスフェアといいます。地下100kmから200―300kmまでは軟らかい岩石でできています。この軟らかい岩石でできている部分をアセノスフェアと言います。

マントルは熱対流しています。地下にあるマントル物質が核分裂反応により熱せられているからです。熱せられたマントル物質は、膨張し比重が小さくなるので上昇して地表に現れます。そして、地表で徐々に冷やされ比重が大きくなる

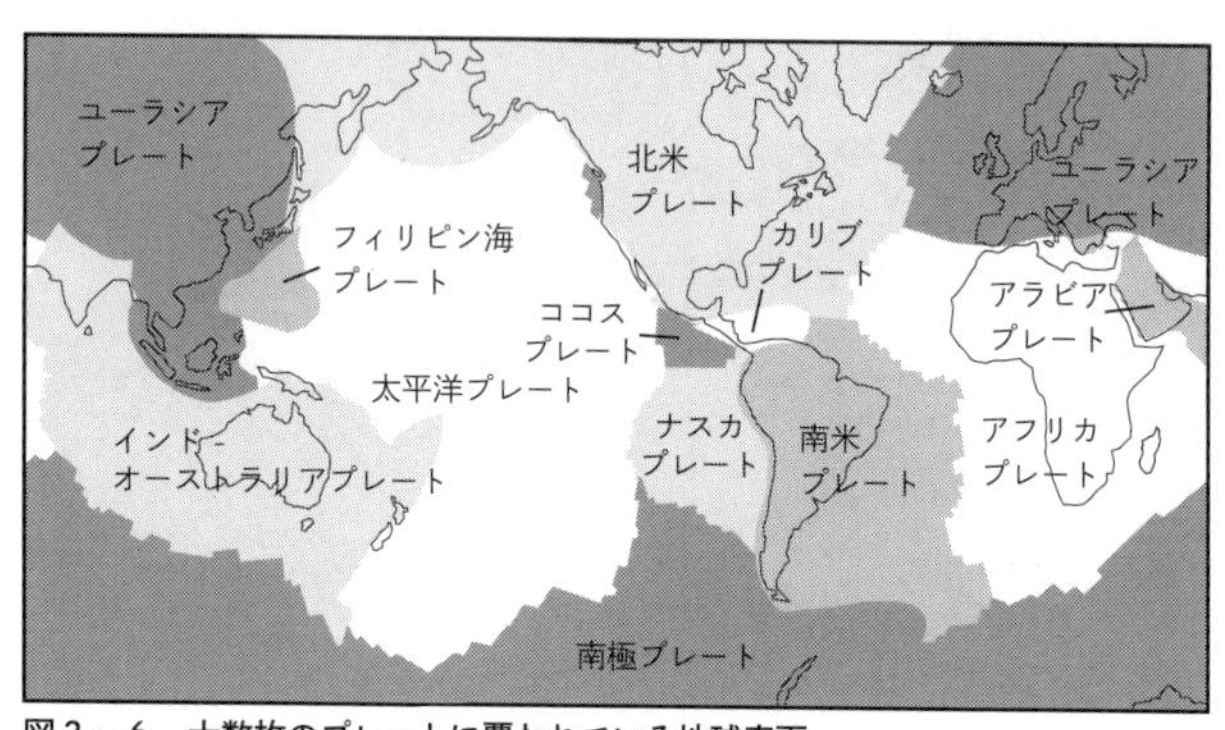

図３－６　十数枚のプレートに覆われている地球表面

と下降します。アセノスフェアは軟らかいために、マントル対流に引きずられて容易に動きます。そして、その上にあるリソスフェアもアセノスフェアの動きに合わせて動きます。このリソスフェアの硬い部分をプレートといいます。

プレートが地表に現れる場所を海嶺といいます。海嶺でできたプレートは移動して別のプレートに衝突します。すると、プレートは、衝突した別のプレートの下に入り込んでマントルに戻っていきます。このプレートがマントルに戻っていく場所を沈み込み帯といいます。

地球の表面は、厚さが１００㎞ほどの十数枚のプレートで覆われています。日本列島には、北米プレート、ユーラシアプレート、太平洋プレート、フィリピン海プレートと、４つものプレートがあります。北米プレートの下に太平洋プレートが沈み込み、ユーラシアプレートの下にフィリピン海プレートが沈み込んでいます。これらの沈み込んだプレートが大地震や火山の原因となっています。

3-2 地球の3つの物質循環

地球の物質循環は大きく3つに分類できます。3つの物質循環とは、第一がマントル物質（海洋地殻物質を含む）の循環、第二が大陸地殻物質の循環、第三が揮発性物質の循環です。ここでは、3つの循環を一つずつ見ていきましょう。

マントル物質の循環

第一の循環がマントル物質（海洋地殻物質を含む）の循環です。マントルは熱対流で循環しています（図3-5）。マントルが熱対流で上昇して地表に現れた場所を海嶺といいます。この海嶺付近の地下では、低温で安定となるよう海水と海洋地殻が反応しています。海洋地殻はプレートに乗って水平に動き、別のプレートの下に入っていきます。この大陸の地下に入る場所を沈み込み帯といいます。この沈み込み帯では、鉱物が揮発性物質を吐き出して、高温で安定になるように反応しています。

ここで、海嶺付近の様子を見てみましょう。マントル物質が海嶺に近づくと圧力が低下しマントル物質の一部が溶けます。なお、圧力の低下でマントルが溶けるのは圧力の低下が温度上昇と同じ効果があるからです。マントル中の鉱物には、かんらん石、輝石、斜長石があります（表3－1）。温度が1500℃から1300℃くらいだとかんらん石は溶けずに結晶のまま残っていますが、輝石と斜長石は溶けて液体となります。かんらん石は周囲の液体（メルト）よりも比重が大きいので下に沈みます。

鉱物	化学式
かんらん石	$(Mg,Fe)_2SiO_4$
輝石	$(Ca,Mg,Fe)SiO_3$
斜長石	$(Na_x,Ca_{1-x})Al_{2-x}Si_{2+x}O_8$

表3－1　マントル中の鉱物

1300℃くらいになると輝石と斜長石が晶出します。そして、1000℃くらいで完全に固まります。この結果、海洋プレートの上部は、輝石と斜長石が多くなり、下部はかんらん石が多くなります。この輝石と斜長石が多い海洋プレートの上部を海洋地殻といい、この海洋地殻を構成する岩石を玄武岩といいます。また、プレートの下部を構成する部分はマントルに分類しています。プレート下部のマントル中にあるかんらん石の多い岩石をかんらん岩といいます。地球規模の物質循環という観点からは、海洋地殻もマントルの一部と考えたほうがよいでしょう。

海嶺では大規模に海水が循環しており、低温で安定となるよう玄武岩と海水が反応しています。海嶺付近の玄武岩は、急激に冷やされるとともに力がかかっているので多数の割れ目ができます。海嶺の周辺部の割れ目に海水が浸透して、下に流れていきます。下に流れた海水は、熱い岩石に温められながら海嶺の中央部に向けて動きます。海嶺の中心付近に来ると上昇して海中に吹き出します。この吹き出し口を熱水噴出孔と呼びます。地下に浸透した海水は100℃から400℃くらいまで熱せられています。

海嶺付近の海洋地殻の地下に浸透した海水は海洋地殻（玄武岩）と低温で安定となるよう反応します。すなわち、水や二酸化炭素などの揮発性物質が固体に入るよう反応します。ここでは、300℃以下の温度を低温と呼ぶことにします。その結果、玄武岩は変質玄武岩になります。変質玄武岩では、玄武岩中の鉱物の一部が溶解して、新たに蛇紋石や方解石や磁鉄鉱や黄鉄鉱ができています。

海嶺でできた変質玄武岩は水平に移動します。移動速度は年間数センチメートルから10センチメートルです。そして、この変質玄武岩は、別のプレートに近づき、そのプレートの下に沈み込みます（図3－7）。

上部のプレートと沈み込んだプレート（変質玄武岩）との間には大きな摩擦がありくっついていますが、移動方向や速度が異なるために、時間が経過するとそれぞれのプレートの歪みが大きくなり、ある時点で応力を解放するために別々の方向に一挙に動きます。これがプレート境界型地震です。

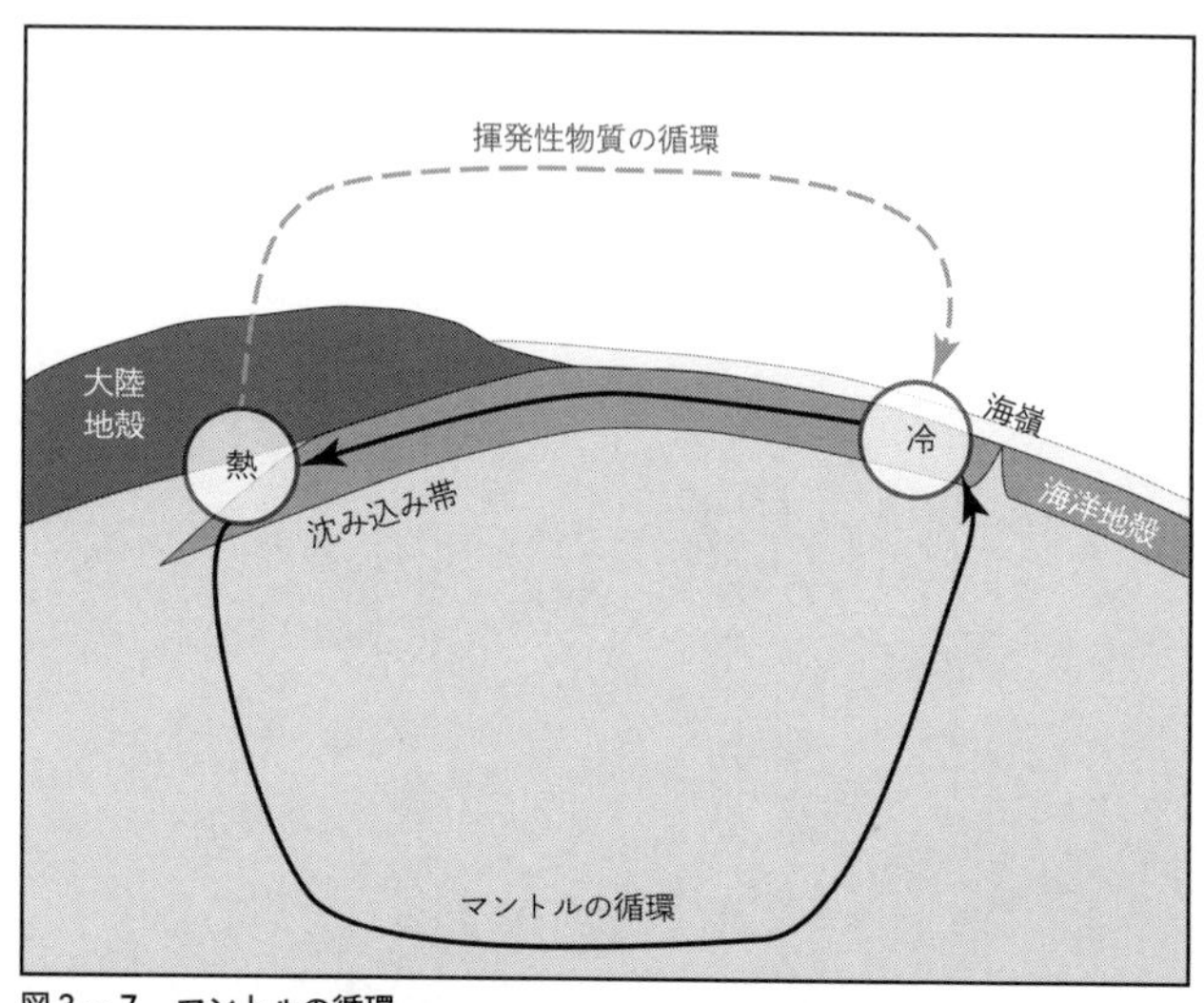

図3－7　マントルの循環

沈み込んだプレートは、地下深くにいき、徐々に温度が高くなります。そして、500℃から800℃くらいになったときに、海洋プレート中にある変質玄武岩は水や二酸化炭素などの揮発性物質を吐き出します。この場所では、揮発性物質および親銅元素が固体から吐き出されるという温度が高いときの反応が起きています。そのようにして変質玄武岩から吐き出された揮発性物質は、火山を通じて大気に出ていきます。

変質玄武岩は、揮発性成分を吐き出し玄武岩となりマントルに戻っていきます。そして、マントル内を循環し数千万年から数億年くらいで再び海嶺に戻ってきます。

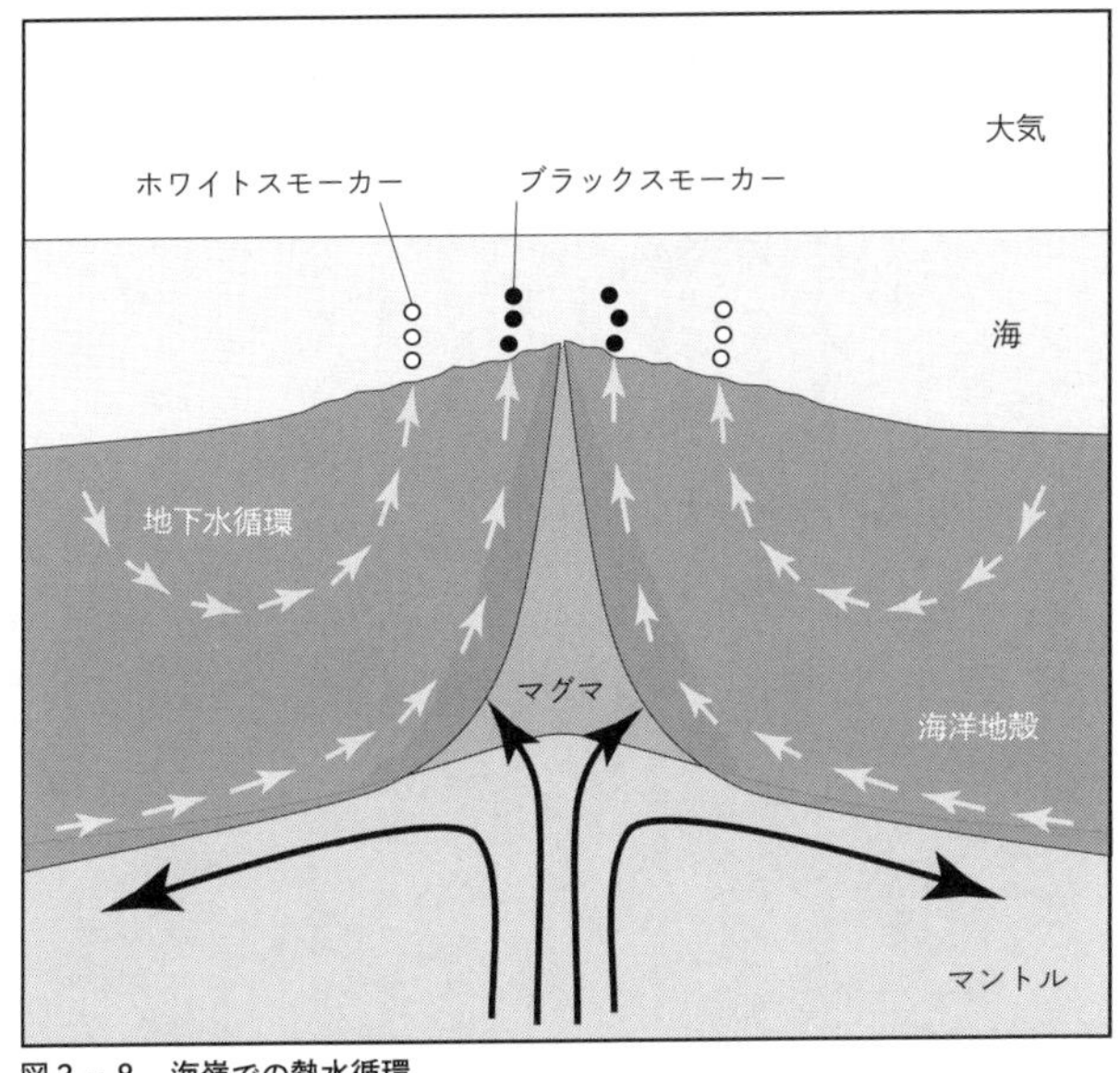

図3－8　海嶺での熱水循環

海嶺での熱水噴出

海嶺の付近での熱水循環を詳しく見てみましょう。海嶺の周辺部に浸透した海水は、海嶺の中心付近から噴出します。噴出した海水は、ブラックスモーカーおよびホワイトスモーカーに分類されます。ここではブラックスモーカーおよびホワイトスモーカーの違いを見ましょう（図3－8）。

ブラックスモーカーは海嶺の中心部から噴出しています。ブラックスモーカーが黒色なのは熱水に硫化鉄が混ざっているからです。ブラックスモーカーは300℃から400℃と高温であり、pHは2から3と低くなっています。このブラックスモーカーは、マントル中にあった揮発性物質を多量に含んでいます。ブラックスモーカーの成分を見ると、300℃以上の高温で岩石と反応した流体であると推測できます。

ホワイトスモーカーは海嶺の中心部から数キロほど離れた場所にあります。ホワイトスモーカーが白色なのは酸化ケイ素が混ざっているからです。ホワイトスモーカーは概ね200℃以下と低温であり、pHは9から11と高くなっています。このホワイトスモーカーは、海洋地殻と冷たい場所での反応を経験した地下水であり、マグマからの成分はほとんど含んでいません。海嶺の周辺部の地下では冷たい場所で安定となるように反応が起きており、この反応で玄武岩は変質玄武岩になっています。

大陸地殻物質の循環

第二の循環が大陸地殻物質の循環です。大陸の周辺部では大陸地殻物質が循環しています。ここでは大陸地殻物質が大陸の周辺部でどのように循環しているかを見てみます。図3-9に大陸地殻の循環および大陸地殻物質にともなう揮発性物質の循環を表しました。

大陸地殻の下に海洋地殻が沈み込んでいる沈み込み帯では、海洋堆積物が大陸地殻の下部に沿って地下に引きずり込まれていきます。そして、大陸地殻の下部にくっついて大陸地殻の一部となります。これを付加体と呼びます。

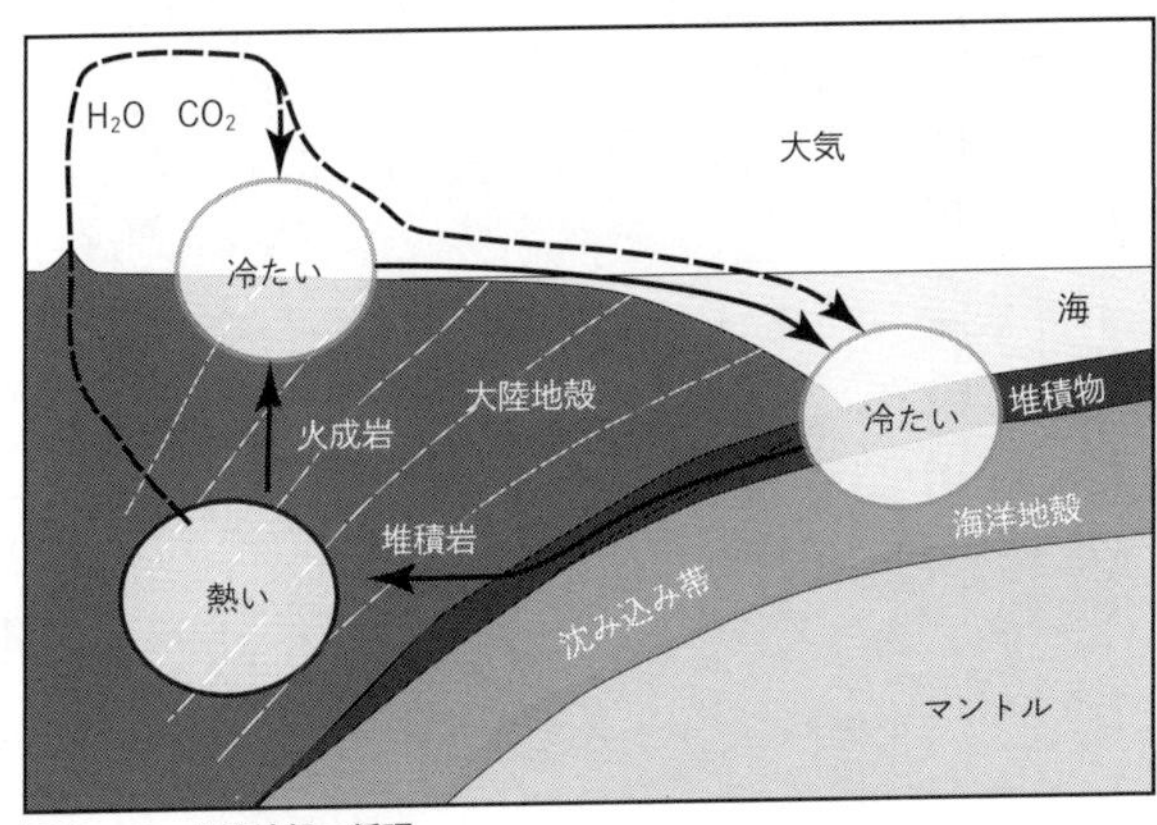

図3－9　大陸地殻の循環

この堆積物には圧力がかかっているため硬い堆積岩に変化します。その堆積岩が地下深部にいき温度圧力が高くなると変成岩（たとえば、泥質片岩）になります。そして、さらに高温高圧になると溶けてマグマとなります。このマグマが冷えて固まると火成岩（たとえば、花崗岩）になります。

大陸地殻の一部となった岩石は、温度が５００℃から８００℃くらいになったときに、揮発性物質（水や二酸化炭素や二酸化イオウ）を吐き出して変成岩や火成岩になります。変成岩や火成岩となった大陸地殻物質は、後から沈み込んだ大陸地殻物質に押し上げられます。これを隆起といいます。日本列島の山間部や台地では、大陸地殻物質が1万年で1mから10mくらい隆起しています。一方、地表の岩石は雨風にさらされて削られるので、地下にあった岩石はいずれ地表に現れます。

地表に現れた変成岩や火成岩は、冷たくなって低温で安定となるよう反応が進行します。地表では雨が降り地下に浸透します。地下に浸透した雨水は多量の二酸化炭素を溶かしているために酸性となっており、岩石中の鉱物を水に溶かします。水に溶けた物質が沈殿して極微細な粘土鉱物となることもあります。岩石が風雨にさらされると、硬い岩石が細粒の鉱物の集まりになることもあります。これらの現象を風化といい、この細粒の鉱物および極微細な粘土鉱物の集まりを風化物といいます。

この風化物は風雨で浸食され川に運搬されて海にいき、海底に堆積します。海底に堆積した物質も引き続き低温で安定となるよう反応が進行していきます。海底では、粘土鉱物だけでなく、二酸化炭素を含んでいる炭酸塩鉱物も沈殿しています。この堆積物は大陸地殻の下部に沿って地下に引きずり込まれ、大陸地殻に戻っていきます。沈み込み→隆起→風化→堆積→沈み込みというように、大陸地殻物質は循環しているのです。

揮発性物質の循環

第3の循環が揮発性物質の循環です。地球の揮発性物質には、水、二酸化炭素、二酸化イオウなどがあります。揮発性物質の循環は、大きく二つの経路があります。一つは玄武岩（マントル物質）に取り込まれる循環であり、もう一つは大陸地殻物質に取り込まれる循環です。

最初に、玄武岩（マントル物質）に取り込まれる揮発性物質の循環を見ていきましょう（図3-7）。火山を通じて大気に吐き出された水や二酸化炭素などの揮発性物質は大陸を経由して海に流れ込んだり直接海に降り注いだりします。こうして海に流れ込んだ水や二酸化炭素は、海嶺付近で海洋地殻（玄武岩）の地下に浸透します。海洋地殻の地下に浸透した水や二酸化炭素が、玄武岩と反応すると、粘土鉱物や炭酸塩鉱物が沈殿します。このとき、水は粘土鉱物に取り込まれ、二酸化炭素は炭酸塩鉱物に取り込まれています。水や二酸化炭素を取り込んだ結果、玄武岩は変質玄武岩に変化します。

揮発性物質を取り込んだ変質玄武岩は、大陸プレートまたは別の海洋プレートに近づき、そのプレートの下に沈み込みます。沈み込んだ変質玄武岩は、地下深くに沈み込むにしたがい、だんだんと温度が高くなります。そして、500℃から800℃くらいになったときに、変質玄武岩は水や二酸化炭素などの揮発性成分を吐き出し玄武岩に戻ります。この場所では、揮発性成分が固体から吐き出されるという温度が高いときの反応が進行しています。

海嶺付近の玄武岩は、水や二酸化炭素だけでなく、銅・鉛・亜鉛・イオウなどの親銅元素をも硫化鉱物として取り込みます。硫化鉱物に取り込まれた銅・鉛・亜鉛・イオウは沈み込み帯で高温になると変質玄武岩から離れて大陸地殻中に入ります。銅・鉛・亜鉛・イオウの親銅元素の循環については第8章で取りあつかいます。

次に、大陸地殻物質に取り込まれる揮発性物質の循環を見ましょう（図3－9）。大気に排出された揮発性物質（水、二酸化炭素など）は、地表に降り注ぎます。この揮発性物質は大陸地殻と反応します。このとき、大陸地殻の物質は水を取り込み岩石から風化物（細粒の鉱物および微細な粘土鉱物）に変化します。ここでは、単に鉱物が細かくなるという物理的な変化もしていますが、岩石中の鉱物が水に溶けて粘土として沈殿するという化学反応も起きています。ここでの化学反応では、水（揮発性物質）が固体に取り込まれています。また、大気から陸に降った二酸化炭素は、海に流れつきカルシウムイオンやマグネシウムイオンと反応して、炭酸塩鉱物（方解石や苦灰石）中に取り込まれます。

風化でできた粘土鉱物や海でできた炭酸塩鉱物は、海底に堆積します。そして、これらの堆積物は沈み込み帯で地下に引きずり込まれます。地下深くまで引きずり込まれて温度が500℃から800℃くらいになったときに、揮発性成分（水や二酸化炭素など）は固体から出ていき、火山を通じて大気中に排出されます。

3－3 高温でできた鉱物と低温でできた鉱物

高温でできた鉱物は揮発性物質を含まず、低温でできた鉱物は揮発性物質を含んでいることを見てみます。低温でできた鉱物を高温にすると、揮発性物質を吐き出して別の鉱物に変化します。そして、地球の物質循環の中で物質がどのように変化するかを簡単なモデルで見てみましょう。

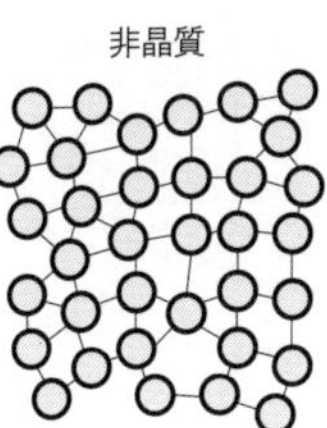

図3－10　結晶と非晶質のイメージ

高温でできた鉱物

固体は、結晶と非晶質に分けられます。結晶とはブロックが積み重なるように同じ構造が繰り返している物質であり、一般に多面体の外形を持っています。一方、非晶質とは結晶以外の物質であり、繰り返しの構造を持っていません。図3－10に結晶と非晶質の原子配列のイメージを表しました。

天然でできた固体の結晶を鉱物と言います。それでは、高温できた鉱物と低温でできた鉱物にどのようなものがあるでしょうか。

最初に地球内の高温でできた鉱物を見ます。地球内の物質は地下深くの熱い場所で溶けることがあります。完全に溶けることも、部分的に溶けることもあります。このように溶けた物質をマグマといいます。このマグマは、温度が下がると固まり岩石になります。マグマが

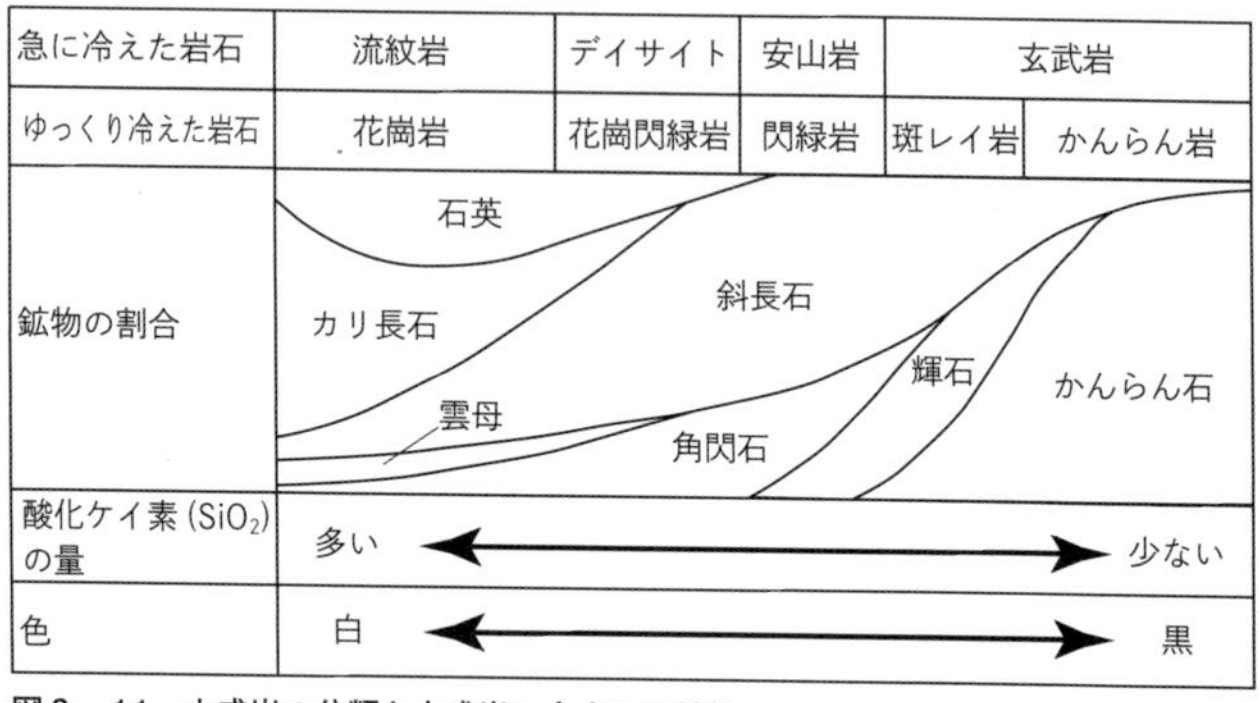

図3－11　火成岩の分類と火成岩に含まれる鉱物

冷えて固まってできた岩石を火成岩といいます。

火成岩の種類とその中に含まれているケイ酸塩鉱物を図3－11に表しました。図3－11の1行目にある流紋岩、デイサイト、安山岩、玄武岩は、地表で急に冷えて固まった岩石です。このためにこれらの岩石は鉱物の粒が小さかったり結晶とならなかった部分がガラスとして残っていたりします。2行目にある花崗岩、花崗閃緑岩、閃緑岩、斑レイ岩、かんらん岩は、地下の深い場所でゆっくり冷えて固まった岩石です。このために、これらの岩石は鉱物の粒が大きくなっています。

また、図3－11では、酸化ケイ素（SiO_2）の量で岩石の種類を分けています。酸化ケイ素の量は、左側で多く、右側に行くほど少なくなります。逆に、酸化マグネシウムや酸化カルシウムや酸化鉄の量は、左側で少なく、右側に行くほど多くなっています。

化学組成の変化にともない、岩石に含まれる鉱物の種類や量も変化します。図3－11の左側は、石英、カリ長石が多くなっています。これらの鉱物には酸化マグネシウムや酸化カルシウムや酸化鉄が入っていません。中間では、斜長石や角閃石が多く、さらに右側に行くと、輝石やかんらん石が増えます。右側に行くにしたがい、酸化マグネシウムや酸化カルシウムや酸化鉄を多く含む鉱物が増えます。

岩石の色は、図3－11において、左側に行くほど白く、右側に行くほど黒くなります。これは、左側に行くほど鉄の量が減り、右側に行くほど鉄の量が増えるからです。岩石の色の95％は鉄が原因なのです。

熱い場所でできた鉱物の特徴を見てみましょう。表3－2に熱い場所でできた鉱物の化学組成を示します。熱い場所でできた鉱物は、水素、炭素、イオウなどの元素をほとんど含んでいません。つまり、水蒸気や二酸化炭素や二酸化イオウなどの揮発性物質が欠如しているのです。

鉱物	化学式
石英	SiO_2
カリ長石	$KAlSi_3O_8$
斜長石	$(Nax,Ca_{1-x})Al_{2-x}Si_{2+x}O_8$
白雲母	$KAl_2(AlSi_3O_{10})(OH)_2$
黒雲母	$K(Mg,Fe)_3(AlSi_3O_{10})(OH)_2$
普通角閃石	$NaCa_2(Mg,Fe^{2}+,Al)_5(Si,Al)_8O_{22}(OH)_2$
輝石	$(Ca,Mg,Fe)SiO_3$
かんらん石	$(Mg,Fe)_2SiO_4$

表3－2　熱い場所でできた鉱物

鉱物名	化学式	揮発性物質
オパール(シリカ)	$SiO_2 \cdot nH_2O$	H_2O
カオリナイト	$Al_4Si_4O_{10}(OH)_8$	H_2O
蛇紋石	$Mg_6Si_4O_{10}(OH)_8$	H_2O
緑泥石	$Mg_5Al_2Si_3O_{10}(OH)_8$	H_2O
モンモリロナイト	$Na_{0.33}(Al_{1.67}Mg_{0.33})Si_4O_{10}(OH)_2 \cdot nH_2O$	H_2O
フェリハイドライト	$5Fe_2O_3 \cdot 9H_2O$	H_2O
針鉄鉱	$FeOOH$	H_2O
石膏	$CaSO_4 \cdot 2H_2O$	H_2O, SO_2, O_2
黄鉄鉱	FeS_2	SO_2, H_2S
方解石	$CaCO_3$	CO_2
苦灰石	$CaMg(CO_3)_2$	CO_2

表３－３ 冷たい場所でできた鉱物と鉱物に含まれている揮発性物質

低温でできた鉱物

次に、低温でできた鉱物を見てみましょう。低温の場所とは地表や海底、あるいは地下の浅い場所です。日常生活の中で低温といえば10℃以下くらいを思い浮かべますが、ここでいう低温とはもう少し温度の高いところ（３００℃くらい）までを含めます。

地球の低温でできた主な鉱物を、表３－３に表しました。高温でできた鉱物はほとんどがケイ酸塩鉱物ですが、低温でできた鉱物には、ケイ酸塩鉱物以外に、酸化水酸化鉱物、硫酸塩鉱物、硫化鉱物、炭酸塩鉱物があります。

低温でできたケイ酸塩鉱物には、オパール、カオリナイト、蛇紋石、緑泥石、モンモリロナイトがあります。これらのケイ酸塩鉱物は多量の水酸基（OH^-）や水を含んでいます。このために、これらのケイ酸塩鉱物を熱すると水蒸気が出てきます。

(1) $SiO_2 \cdot nH_2O \rightarrow SiO_2 + nH_2O\ (g)$
オパール　石英

(2) $Al_4Si_4O_{10}(OH)_8 \rightarrow 2Al_2SiO_5 + 2SiO_2 + 4H_2O\ (g)$
カオリナイト　紅柱石　石英

(3) $Mg_6Si_4O_{10}(OH)_8 \rightarrow 2Mg_2SiO_4 + 2MgSiO_3 + 4H_2O\ (g)$
蛇紋石　かんらん石　輝石

(4) $5Fe_2O_3 \cdot 9H_2O \rightarrow 5Fe_2O_3 + 9H_2O\ (g)$
フェリハイドライト　赤鉄鉱

(5) $2CaSO_4 \cdot 4H_2O \rightarrow 2CaO + 2SO_2\ (g) + 4H_2O\ (g) + O_2\ (g)$
石膏　酸化カルシウム

(6) $3FeS_2 + 5H_2O\ (g) \rightarrow 3FeO + SO_2\ (g) + 5H_2S\ (g)$
黄鉄鉱　ケイ酸塩中の酸化鉄

(7) $CaCO_3 \rightarrow CaO + CO_2\ (g)$
方解石　酸化カルシウム

ここで、(g)は気体(gas)であることを表しています。

式3－1　冷たい場所でできた鉱物を熱した時の反応

酸化水酸化鉱物には、フェリハイドライトや針鉄鉱や赤鉄鉱があります。フェリハイドライトは水を含んでいるために、温度を上げると水蒸気が出てきます。針鉄鉱は、水酸基を含んでいるために、温度を上げると水蒸気が出てきます。

イオウを含む鉱物には、硫酸塩鉱物と硫化鉱物があります。表3－3には硫酸塩鉱物の代表として石膏を、硫化鉱物の代表として黄鉄鉱を載せました。これらの鉱物の温度を上げると、石膏は二酸化イオウと水蒸気と酸素を出し、黄鉄鉱は二酸化イオウと硫化水素を出します。炭酸塩鉱物には、方解石や苦灰石があります。方解石や苦灰石も高温にすると二酸化炭素を出します。

冷たい場所でできた鉱物は気体となる元素をたくさん含んでおり高温になると気体を排出するとの特徴があります。表3－3にあるいくつかの鉱物について、これらの鉱物が熱い場所に来たときに、どのような反応で揮発性物質を排出するかを式3－1に示します。

物質循環と物質反応

物質が熱い場所に来ると高温で安定な物質の組み合わせになります。すなわち、揮発性物質（気体になりやすい物質）が固体から抜けて、固体と気体（または超臨界流体）の組み合わせになります。このとき、固体は難揮発性物質（気体になりにくい物質）だけになります。

これらの物質が冷たい場所に来ると、低温で安定な鉱物になるように反応が進行します。すなわち、揮発性物質が固体に戻ってくるように反応が進みます。このとき、固体は難揮発性物質と揮発性物質の両方を含みます。

以上の、揮発性物質が鉱物に出入りする物質循環と物質反応を単純化したモデルで見てみましょう。地球が酸化ケイ素（SiO_2）と水（H_2O）だけでできているとします。このモデルでは、酸化ケイ素が難揮発性物質であり、水が揮発性物質です。冷たい場所ではオパール（$SiO_2 \cdot nH_2O$）ができています。オパールが熱い場所に来ると水を吐き出して石英になります。この石英が冷たい場所に来ると、水を吸収しオパールになります。

図3－12に関連して留意しておきたいことがあります。それは、高温では反応が速いのですが、低温では反応が遅く、いくつかの段階を踏みながら長い時間をかけて反応が進行するという

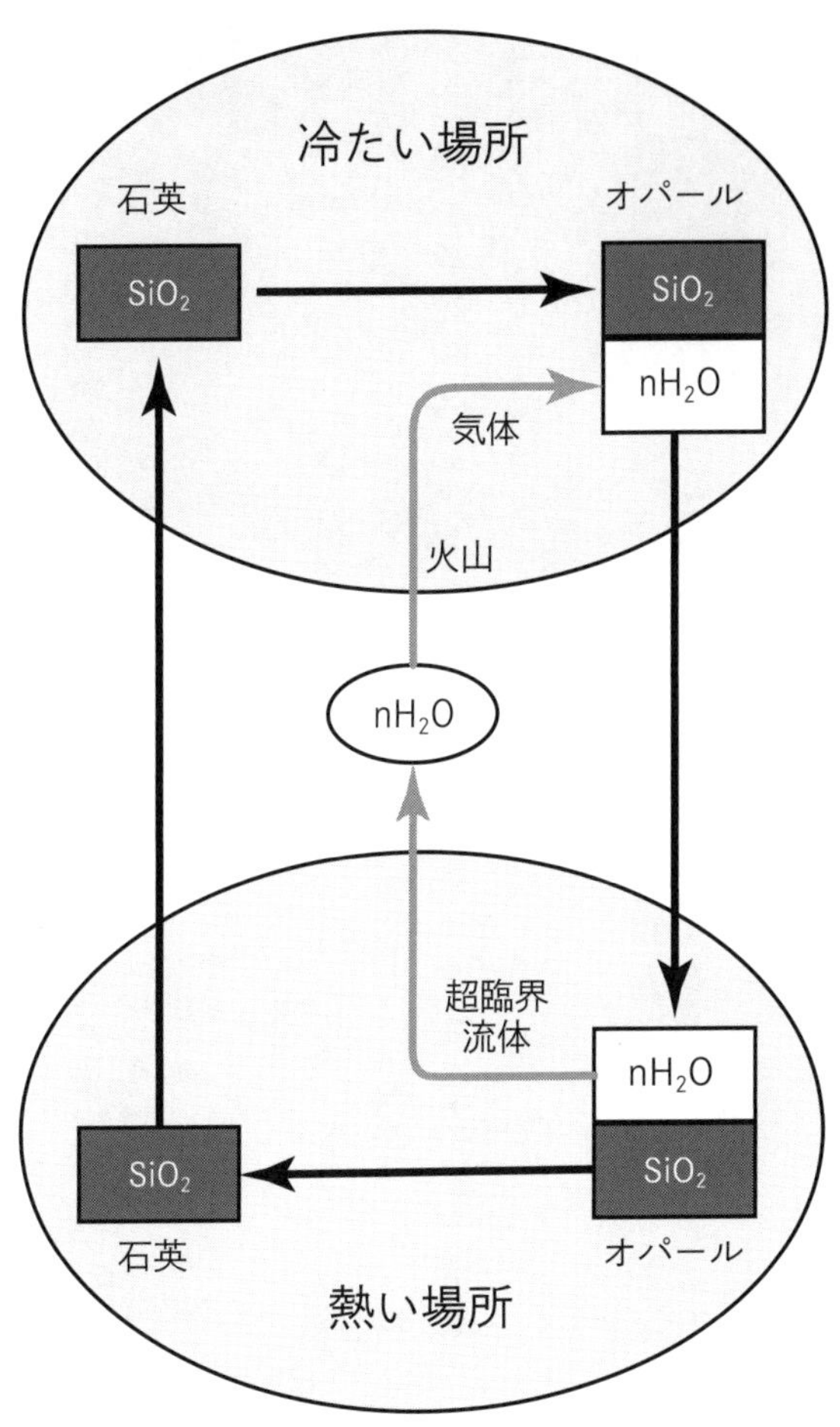

図３－12　地球の物質は冷たい場所と熱い場所を循環しながら反応している

ことです。低温では、最初に石英が水に溶け、次に水に溶けた石英の成分と水とが反応してオパールが沈殿します。また、低温では反応が遅いために、低温になっても高温で安定な状態のままだったり、反応が中途半端な状態で止まったりしていることも普通にあります。

3-4 地球での反応をエントロピーで理解しよう

本節では、エントロピーという概念や統計熱力学の考え方を見ていきます。地球で起きている反応の規則性をエントロピーという言葉を使って表現すると、「高温ではエントロピーが大きくなるように反応し、低温ではエントロピーが小さくなるように反応する」となります。この様子を簡単なモデルで見ていきます。

エントロピーとは何か

皆さんは、「エントロピー」という言葉を聞いたことがあるでしょうか。日常生活の中で稀に使用することがあるかもしれません。この「エントロピー」とは熱力学や統計熱力学での重要な概念であり、理科系の大学生は大学で習うことがあるかもしれません。この「エントロピー」は、学生にとって無味乾燥と思える数式が出てくる、理解しにくい概念といえます。

ここでは、数式を使わずにエントロピーのおおよその意味を知ってもらおうと思います。数式を用いて正確に理解する前に、おおよその意味をわかっておくことは重要です。

エントロピーとは乱雑さの程度を表す量です。図3－13の（1）のように、黒丸が完全に下に来て、白丸が完全に上に来ると、きれいに整頓された感じがします。きれいに整頓された状態はエントロピーが小さいのです。図3－13の（2）のように、黒丸が少しだけ上方に来て、白丸が少しだけ下方に来ると、やや乱雑な感じになってきました。こうなると、エントロピーはやや大きくなります。図3－13の（3）のように黒丸と白丸が完全に乱雑に並んでいると、エントロピ

(1)エントロピー：小

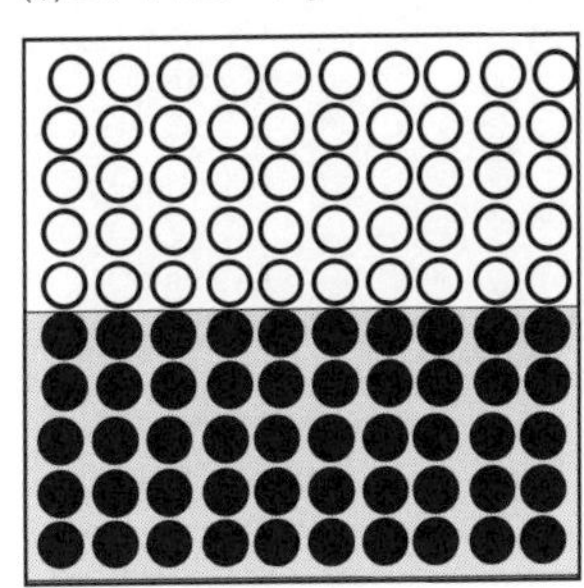

(2)エントロピー：中

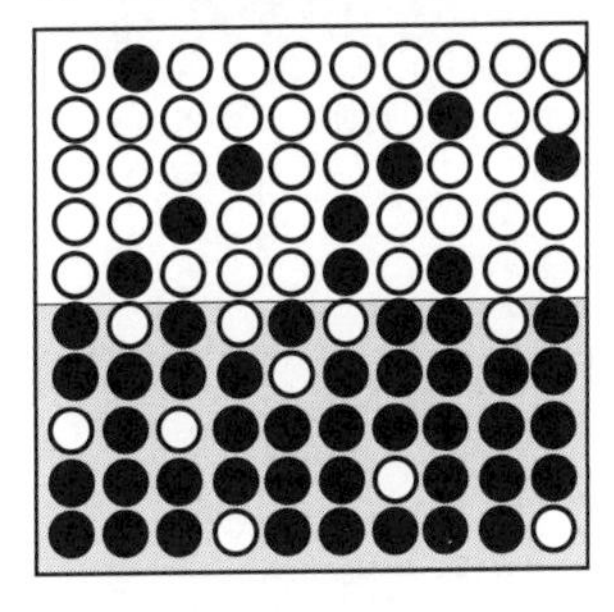

(3)エントロピー：大

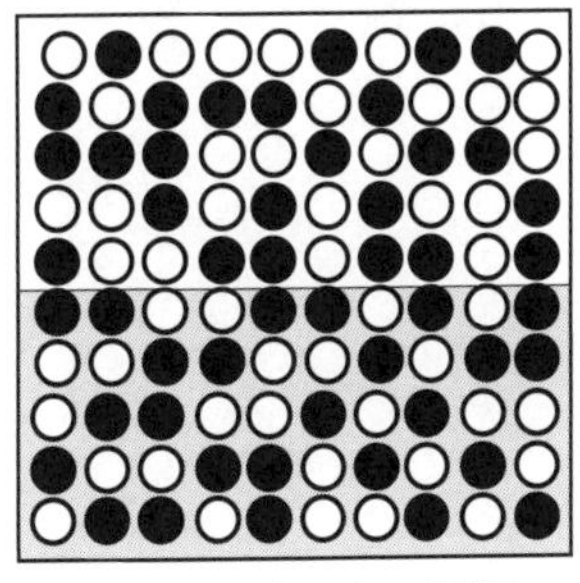

図3－13　エントロピー：乱雑さの程度

ーは最大になります。

エントロピーは、粒子の自由の程度を表す量とも言えます。図3－13の（1）では、黒丸は下半分しか行けないし、白丸は上半分しか行けないので、自由がありません。一方、（3）になると、黒丸も白丸も上半分でも下半分でも自由に行けます。（1）のように自由がない状態はエントロピーが小さく、（3）のように自由がたくさんある状態はエントロピーが大きいのです。そして、（2）は（1）と（3）の中間になります。

この感じをもう少し精密に表す方法があります。それは、それぞれの並び方を数える方法です。（1）のように上半分に白丸だけがあり、下半分に黒丸だけがあるような、黒丸と白丸の並び方は1通りしかありません。（3）のように上半分に25個が黒丸で25個が白丸になるような並び方は10の14乗個ほどあり、下半分に25個が黒丸で25個が白丸になるような並び方も10の14乗個ほどあります。全体の並び方は、上半分の並び方と下半分の並び方の掛け算になるので、10の28乗個ほどになります。

エントロピーが小さい（1）の並び方は1通りしかなく、エントロピーが大きい（3）の並び方は10の28乗個ほどもあります。実現の可能性は並び方の数に比例し、（3）の状態になるように配列の仕方が変化します。つまり、エントロピーが大きくなるように配列の仕方が変化するとも言えます。これは、統計熱力学の根本の原理であり、この原理に基づいて統計熱力学の理論が作られています。

統計熱力学の考え方

エントロピーが大きくなるように状態が変化することが、統計熱力学（あるいは熱力学）の根本原理と述べました。ここでは簡単にこの原理を見ていきます。

統計熱力学では、世界を系と外界とに分けて考えます。系とは実際に物質があり反応が進行している場所です。外界とは系に熱をあたえたり系から熱を奪ったりする場所です。外界は系に比べて非常に大きく、系から熱をもらったり系に熱をあたえたりしても、温度の変化がないとします。

図3-14に系と外界を表しました。（1）は系と外界で熱のやりとりがない場合です。この場合は、外界は関係なく、系のエントロピーが大きくなるよう系の状態が変化します。エントロピーが大きいほど系の状態の数が多いので実現する確率が上がるからです。このとき、系の温度は、発熱反応であれば高くなり、吸熱反応であれば低くなります。

図3-14の（2）は系と外界で熱の出入りがある場合です。この場合は系と外界とで熱のやりとりをしながら、系のエントロピーと外界のエントロピーの合計が大きくなるよう系が変化します。化学反応を考える場合は、このように系と外界とで熱のやりとりがある場合を考えます。そ

して、外界の温度を一定にして、系のエントロピーと外界のエントロピーの合計が最大になるのは、系がどのような状態であるかを考えるのです。

　次に、温度とはなにかを考えます。温度が高いと触ったときに熱く感じ、温度が低いと触ったときに冷たく感じます。温度計で測定できる値が温度という人もいるかもしれません。日常生活ではこれで十分です。科学の知識のある人なら、原子の動きの大きさと答えるかもしれません。

　統計熱力学では、エントロピーを用いて温度（絶対温度）を定義します。ここでは外界の温度

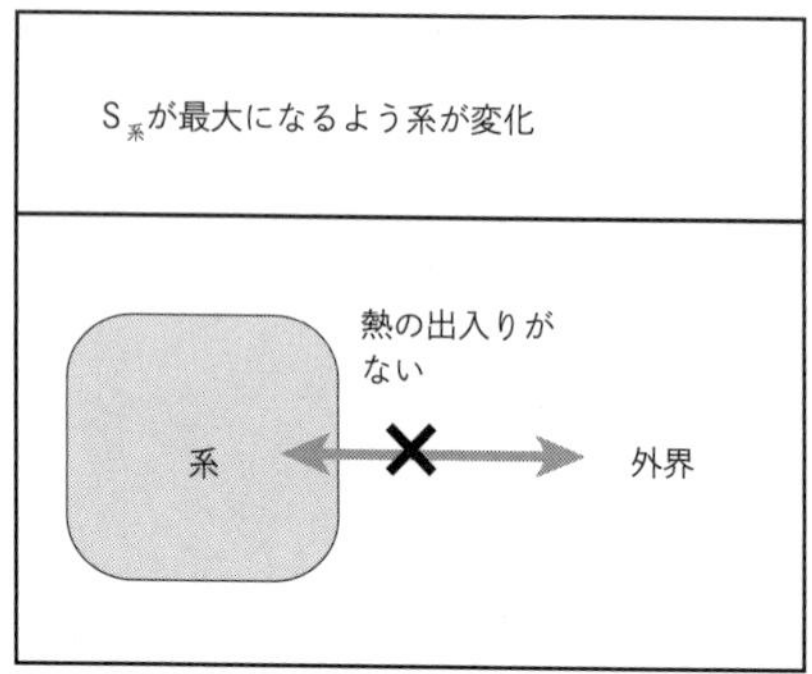

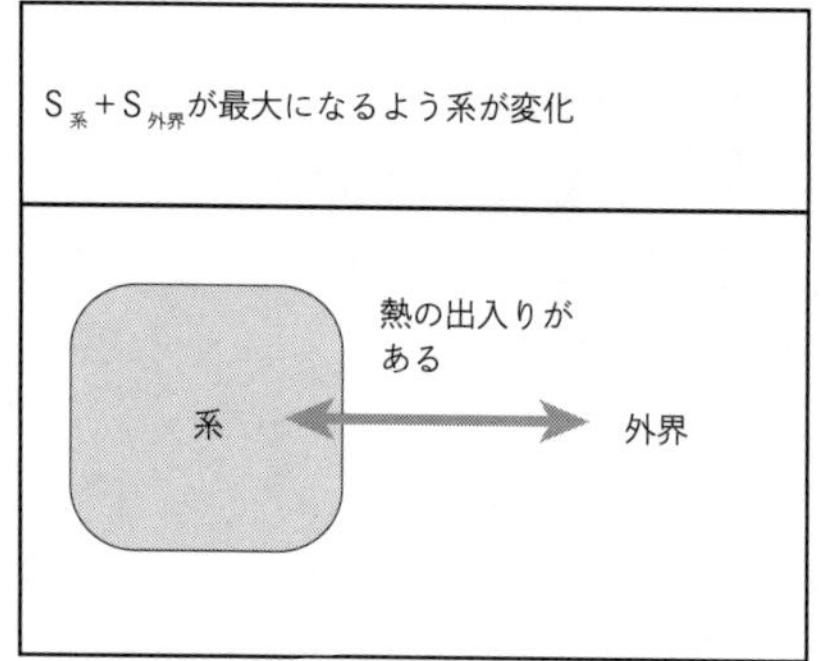

$S_{系}$：系のエントロピー
$S_{外界}$：外界のエントロピー

図3－14　系と外界

を考えます。系から外界に（外界から系に）微小な熱が移るとき外界のエントロピーがどれくらい増える（減る）かで温度を定義するのです。系から外界に（外界から系に）微小な熱が移ったとき、外界のエントロピーの増加量（減少量）が大きいとき温度が低いといい、外界のエントロピーの増加量（減少量）が小さいとき温度が高いというのです。

温度が高いと、外界が熱を有効に利用できない（熱を用いて外界のエントロピーをあまり大きくできない）ので、系で熱を利用してエントロピーを大きくしてくれと言っているのです。逆に、温度が低いと、外界が熱を有効に利用できる（熱を用いて外界のエントロピーを大きくできる）ので、系で熱を利用するなと言っているのです。つまり、温度が高いと系が熱をたくさんもらえてエントロピーが大きくなり、温度が低いと系が熱をあまりもらえずエントロピーが低くなるのです。

統計熱力学の基礎についての話はここまでとします。ここではエントロピーがいかに重要な概念であるかを感じていただくだけで十分です。

温度とエントロピーの関係を具体的なモデルで見る

ここでは、温度が高くなるとエントロピーが大きくなることを具体的な例で感じてもらいたいと思います。そのために、この現象を3個のモデルで見ていきます。第一は固体と液体間の変化

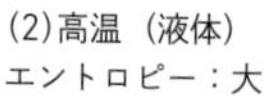
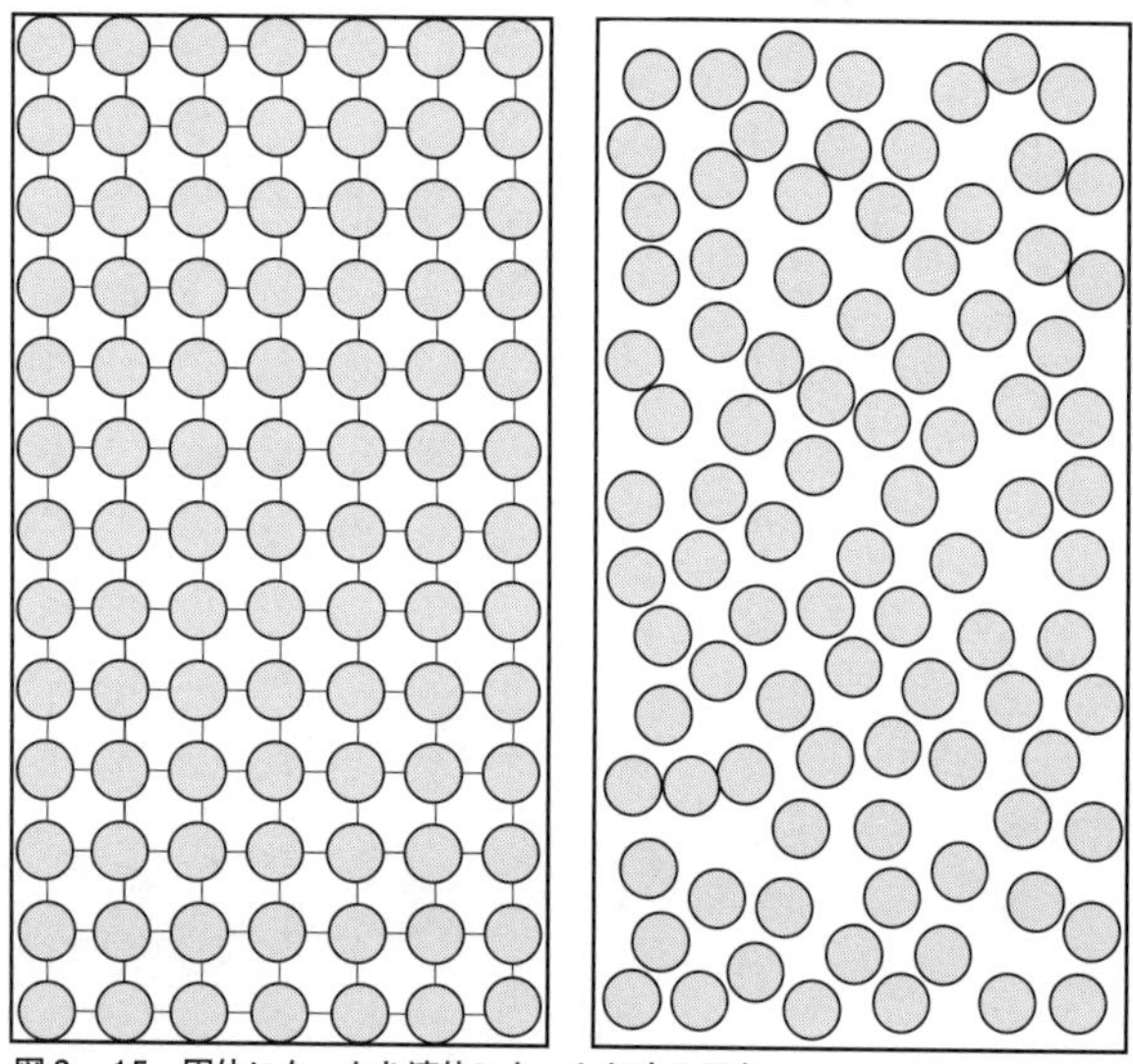

図3－15　固体になったり液体になったりする反応

であり、第二は揮発性物質が固体に出入りする反応であり、第三は気体同士の反応です。

第一のモデルは、1種類の原子でできている固体と液体間の変化です（図3－15）。水は、低温で固体（氷）となっていますが、高温になると液体になります。岩石は、低温では固体ですが、温度が上がると一部が液体となりマグマになります。

低温ではエネルギーが少なく原子の動きは小さいために固体となっています。つまり、固体では原子がきれいに整列しており、エントロピーが小さい感じがします。

いっぽう、高温ではエネルギーが

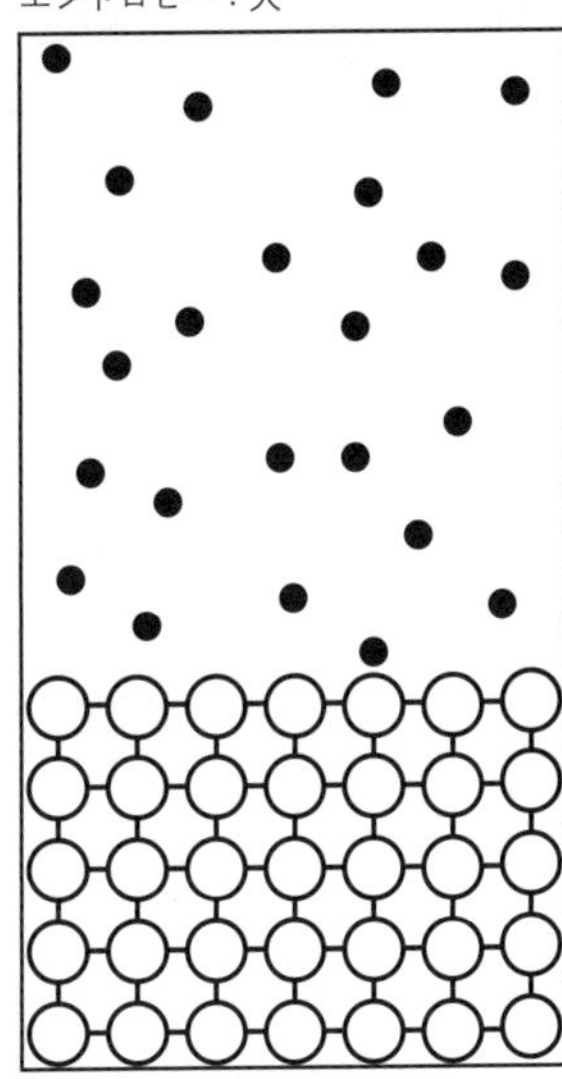

図3－16　揮発性物質が固体に出入りする反応

たくさんあるので、原子は激しく動き、隣同士の結合が弱くなり液体となります。つまり、液体では原子が乱れて並んでおりエントロピーが大きい感じがします。

第二のモデルは、揮発性物質が固体に入ったり固体から出たりする反応です（図3－16）。低温では水や二酸化炭素が鉱物に入っていますが、高温になると水や二酸化炭素は鉱物から出て気体になります。

低温ではエネルギーがあまりないので、揮発性物質の分子はあまり動くことができません。そこで、低温では揮発性物質の分子は固体の中に入っておりほとんど身動きが取れない状態にあります。きちんと並んでおりエントロピーが小さい感じがします。取りうる分子の位置が制限されているので、低温ではエントロピーが小さいことが推察できます。

いっぽう、高温ではエネルギーがたくさんあるので、分子は動きやすくなります。そこで、高温では分子は固体から出て気体となり広い空間内を自由に動きます。位置や動き方は乱雑でありエントロピーが大きい感じがします。取りうる気体分子の位置や動き方もたくさんあるので、エントロピーが大きいと推察できます。このモデルでも、低温ではエントロピーが小さく、高温ではエントロピーが大きいことがわかります。

第三のモデルは、気体同士の反応であり、低温でアンモニア分子2モルが、高温で水素分子3モルと窒素分子1モルになる反応です（図3－17）。

低温では分子が2モルですが、高温では分子が4モルと倍増しています。低温では分子の数が少ないので整理された感じがしますが、高温では分子の数が多くなり乱雑な感じがします。つまり、エントロピーは低温で小さく高温で大きくなっています。

気体同士の反応には、アンモニアと窒素の反応以外にも、メタンと二酸化炭素との反応や硫化水素と二酸化イオウとの反応があります。これらの反応は、生命の起源や親銅元素の循環に深く関係しています。生命の起源は第5章で、親銅元素の循環は第8章でお話しします。

以上3つのモデルで、低温ではエントロピーが小さく、高温ではエントロピーが大きくなるこ

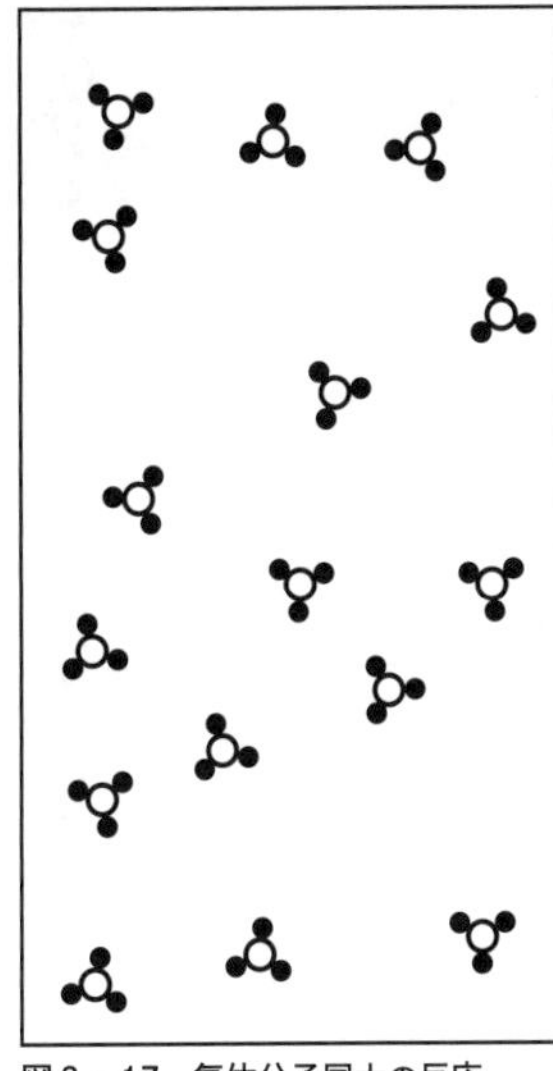

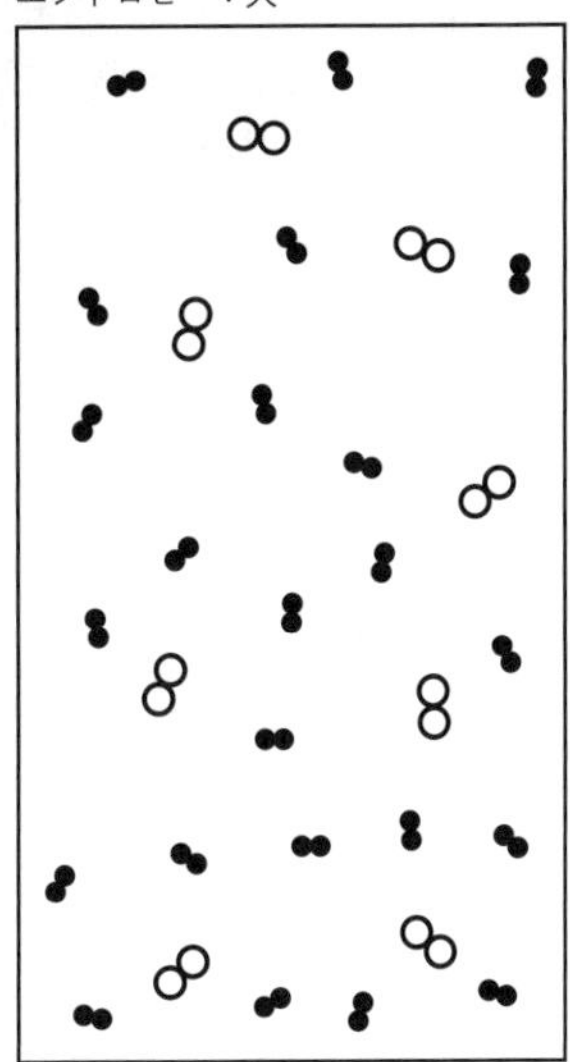

図3－17　気体分子同士の反応

とを見てきました。地球の物質は低温の場所（地表や海洋底、地下浅部）と高温の場所（地下深部）を循環しており、低温になるとエントロピーが低くなるように変化し、高温になるとエントロピーが高くなるよう変化しているのです。

コラム

「酸化アルミニウム」と「水」の物質循環

物質であり、水が揮発性物質です。地球の物質が熱い場所と冷たい場所を循環しているとします。

冷たい場所でできたギブサイトが地下深くの熱い場所にくると、ギブサイトから水が抜けてコランダムができます。熱い場所でできたコランダムが地表付近の冷たい場所にくると、コランダムに水が入ってギブサイトができます。

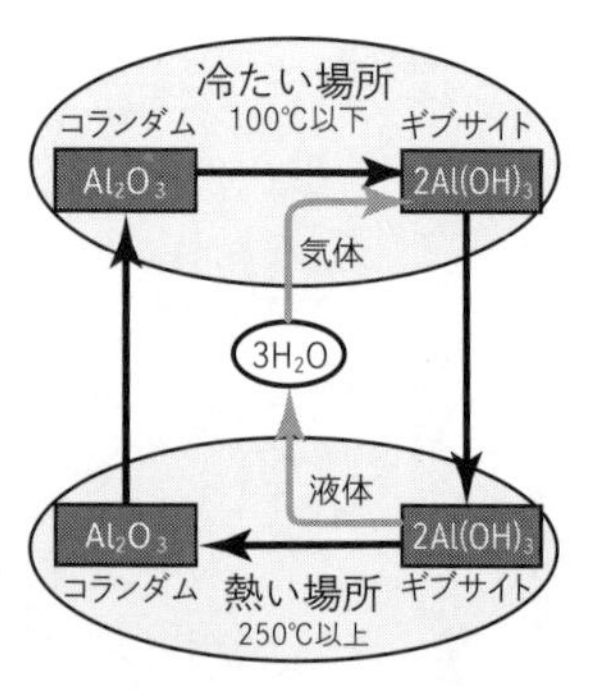

もう一つの冷たい場所と熱い場所の物質循環の例として、アルミニウムの酸化水酸化鉱物での水の出入りを見てみましょう。アルミニウムの酸化水酸化鉱物には、コランダム(Al_2O_3)やギブサイト($Al(OH)_3$)があります。コランダムは、石英を含まない変成岩や火成岩の副成分鉱物です。また、宝石としてルビーやサファイアの名でも知られています。赤い結晶をルビーといい、その他の色の結晶をサファイアといいます。ギブサイトは、室温付近で反応した土壌中にあります。ボーキサイトの主要鉱物となっており、アルミニウムの資源となる鉱物です。

実際の物質循環はもっと複雑ですが、モデルを単純化して、酸化アルミニウムと水の物質循環反応を考えてみます。酸化アルミニウムが難揮発性

第4章

Slowly changed earth

ゆっくり変化した地球

◉地球が冷えると、海中の二酸化炭素は海洋地殻に取り込まれ、大気中の二酸化炭素はそのぶん海に吸収され、大気の二酸化炭素濃度は大きく減少した。

◉海洋中の二酸化炭素濃度が高かった太古代に、二酸化炭素は海洋地殻の玄武岩を変質させた。

◉海洋地殻の変質玄武岩は、沈み込み帯で地下深部まで行くと温度が上がり、変質玄武岩の上部は溶けて花崗岩または安山岩組成のマグマとなる。

◉そのマグマが固まると花崗岩または安山岩ができ、大陸地殻となる。

38億年前になり巨大隕石が地球に落下しなくなると、地球の表面は冷えた状態が継続するようになりました。その後の地球は、ゆっくりと静かに変化することになりました。地球が冷えると、大気中の二酸化炭素濃度が大きく減少しました。そして、初期の段階から少なくとも5億年前まで、大陸は少しずつ成長していきました。また、38億年前から18億年前までの間に、縞状鉄鉱床が海底にできました。本章では、「消えた二酸化炭素」、「成長を続けた大陸地殻」、「縞状鉄鉱床」を見ていきます。

「消えた二酸化炭素」では、大気に多量にあった二酸化炭素が大気から大きく減少する様子を見ます。38億年前に最後の巨大隕石が落下した直後に温度が低下すると、一部が海に溶けて、大気中の二酸化炭素分圧は31バールほどになりました。地球が冷えてから数千万年経過すると、大気の二酸化炭素分圧は1バールほどまで低下しました。金星や火星とは異なり、地球では初期の段階で、大気から二酸化炭素濃度が大きく減少したのです。ここでは大気の二酸化炭素がどのように減少したかを考えていきます。

「成長を続けた大陸地殻」では、大陸の成長を見ていきます。地球に大陸があったからこそ、植物が上陸し有効に太陽光を利用して、たくさんの有機物と酸素を生産できました。さらに、その有機物と酸素を利用して動物も繁栄し、ついには人類が生まれました。しかし、地球ができたばかりの頃には、大陸はありませんでした。ここでは、大陸が時代とともに成長していく様子を見るとともに、大陸成長のメカニズムを考えます。

「縞状鉄鉱床」では、38億年前から18億年前に鉄が海底に沈殿してできた縞状鉄鉱床のなりたちについて考えてみます。現在では縞状鉄鉱床からの鉄が全世界の消費量の90％を占めています。ここで縞状鉄鉱床を取り上げたのは、鉄の重要な資源であることもありますが、縞状鉄鉱床の存在からそれができた時代の酸化還元状態を推定できるからでもあります。ここでは、鉄がどのように使われているかを見るとともに、縞状鉄鉱床とはどのような鉱床であり、縞状鉄鉱床がどのようにできたかを見ていきます。そして、縞状鉄鉱床ができた当時の海底の酸化還元状態を見ます。これは次の章で議論する生命誕生の謎を解くことにつながっていきます。

4－1 消えた二酸化炭素

地球では、金星や火星とは異なり、初期の段階で大気から二酸化炭素濃度が大きく減少しました。ここでは地球の大気中の二酸化炭素がどのようにして減少したかを見ていきます。

二酸化炭素はどこに消えたか

一般に、揮発性物質は熱い場所で気体ですが、冷たい場所では鉱物に取り込まれます。二酸化炭素も冷たい場所で鉱物に取り込まれたと考えられます。

二酸化炭素が取り込まれた冷たい場所とはどこでしょうか？　現在の地球には、冷たい場所が3つあります。それは、大陸地殻の表面、大陸地殻物質が堆積した海底、海嶺付近の海洋地殻の地下です。

しかし、初期地球では冷たい場所は一つに限られます。マグマオーシャンが固まってできた地殻は平らなので地表は一面海になっており、大陸はありませんでした。したがって、大陸地殻の表面は候補から外れます。また、大陸がなかったので、大陸地殻物質が堆積した海底も候補から外れます。以上から、その時代にあった反応が起こる冷たい場所は海嶺付近の海洋地殻の地下に限られます。次に、海嶺付近の海洋地殻の地下で実際に二酸化炭素が取り込まれる反応が進行するかを検討してみましょう。

海嶺付近の海洋地殻は、マントルから高温のマグマが上昇しているため割れ目が発達しており、海水は割れ目に浸透します。割れ目に浸透した海水は、高温のマグマに温められて海洋地殻の中を大規模に対流します。そして、その海水は海嶺の中心付近から海に戻ってきます。

海嶺付近の海洋地殻に浸透した海水は、海洋地殻中の鉱物と反応します。現在の海洋地殻中では海水と鉱物との反応があまり進行していませんが、太古代（40億年前から25億年前）の海洋地殻は、現在の海洋地殻の100倍以上も反応が進行していました。太古代の海洋地殻を観察すると、輝石と斜長石が溶解して、緑泥石と方解石と石英ができていたことがわかります。この反応は、式4－1のようになります。ただし、この反応式では、斜長石はカルシウムだけを含む灰長石（表4－1）とし、輝石はマグネシウムだけを含む頑火輝石（表4－2）と単純化しています。

式4－1の反応式の両辺で気体分子のモル数を数えると、どちら側が低温で安定であるかがわかります。式4－1の左辺には気体が水4分子と二酸化炭素1分子と合計5分子ありますが、右辺には気

熱い場所で安定

$CaAl_2Si_2O_8 + 5MgSiO_3 + 4H_2O(g) + CO_2(g)$

灰長石　　頑火輝石

冷たい場所で安定

$\rightarrow Mg_5Al_2Si_3O_{10}(OH)_8 + CaCO_3 + 4\ SiO_2$

緑泥石　　方解石　　石英

(g)は気体(gas)であることを表します。

式4－1　海洋地殻の変質反応

鉱物名	化学組成
カリ長石	$KAlSi_3O_8$
斜長石	$(Na_x,Ca_{1-x})Al_{2-x}Si_{2+x}O_8$
曹長石	$NaAlSi_3O_8$
灰長石	$CaAl_2Si_2O_8$

表4－1　長石の種類

鉱物名	化学組成
頑火輝石	$MgSiO_3$
鉄珪輝石	$FeSiO_3$
ピジョン輝石	$(Mg,Fe,Ca)SiO_3$
透輝石	$CaMgSi_2O_6$
灰鉄輝石	$CaFeSi_2O_6$
普通輝石	$(Ca,Mg,Fe)_2Si_2O_6$

表4－2　輝石の種類

体分子はありません。したがって、冷たい場所では、気体分子のない右辺へ反応が進行します。この変質反応でも、水や二酸化炭素などの気体が鉱物に吸収される方向に反応が進行していきます。

鉱物と二酸化炭素の反応実験

ここで、式4－1の反応がどちらに向かうかを決める実験を頭の中で行ってみましょう（図4－1）。こうすることで、温度と二酸化炭素分圧をある値にしたとき、どちらに反応が進行するかがわかります。ただし、ここでは、実際に実験をするのではなく、頭の中で思考実験をします。

今回は、温度と二酸化炭素分圧をある値にしたときに、「頑火輝石＋灰長石」と「緑泥石＋方解石＋石英」のどちらが安定になるかを決める実験を行います。圧力容器の中に水と鉱物（「頑火輝石＋灰長石」または「緑泥石＋方解石＋石英」）を入れます。恒温槽内を所定の温度に保ち、圧力容器に二酸化炭素濃度を調整したガスを流して恒温槽内の二酸化炭素分圧を一定に保ちます。そして、長時間反応させて、どちらに反応が進むかを見てみましょう。

鉱物として「頑火輝石＋灰長石」を入れて、わずかでも「緑泥石＋方解石＋石英」ができていれば、「緑泥石＋方解石＋石英」ができる方向に反応が進んだことになります。逆に、鉱物とし

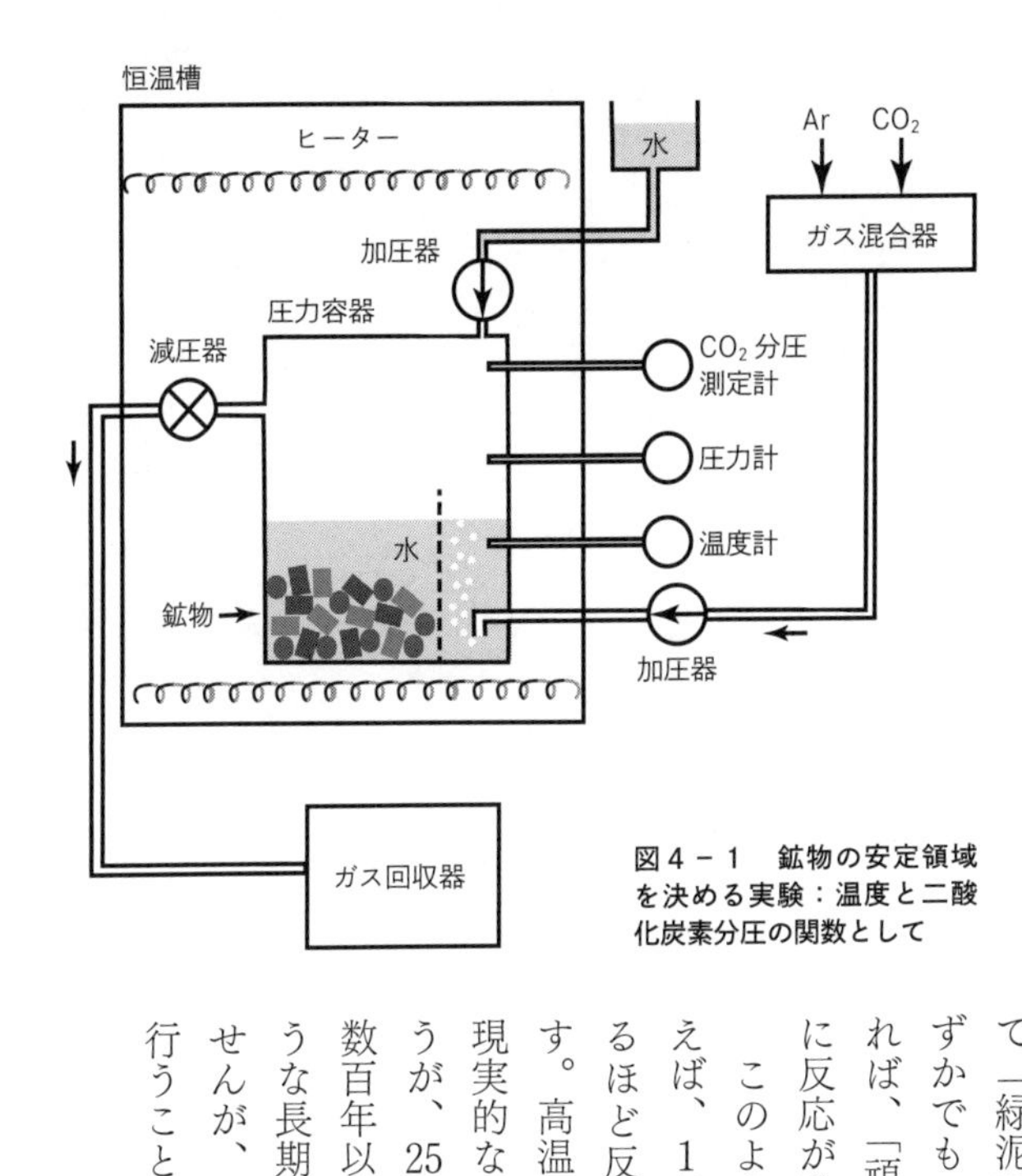

図４－１　鉱物の安定領域を決める実験：温度と二酸化炭素分圧の関数として

て「緑泥石＋方解石＋石英」を入れて、わずかでも「頑火輝石＋灰長石」ができていれば、「頑火輝石＋灰長石」ができる方向に反応が進んだことになります。

このような実験が現実的な時間内（たとえば、1年以内）で反応生成物を検知できるほど反応が進行するかは温度によります。高温（たとえば、150℃以上）では現実的な時間内で反応を検知できるでしょうが、25℃では検知できるようになるまで数百年以上かかるかもしれません。このような長期の実験を実際に行うことはできませんが、ここではそのような長期の実験を行うことを頭で想定します。

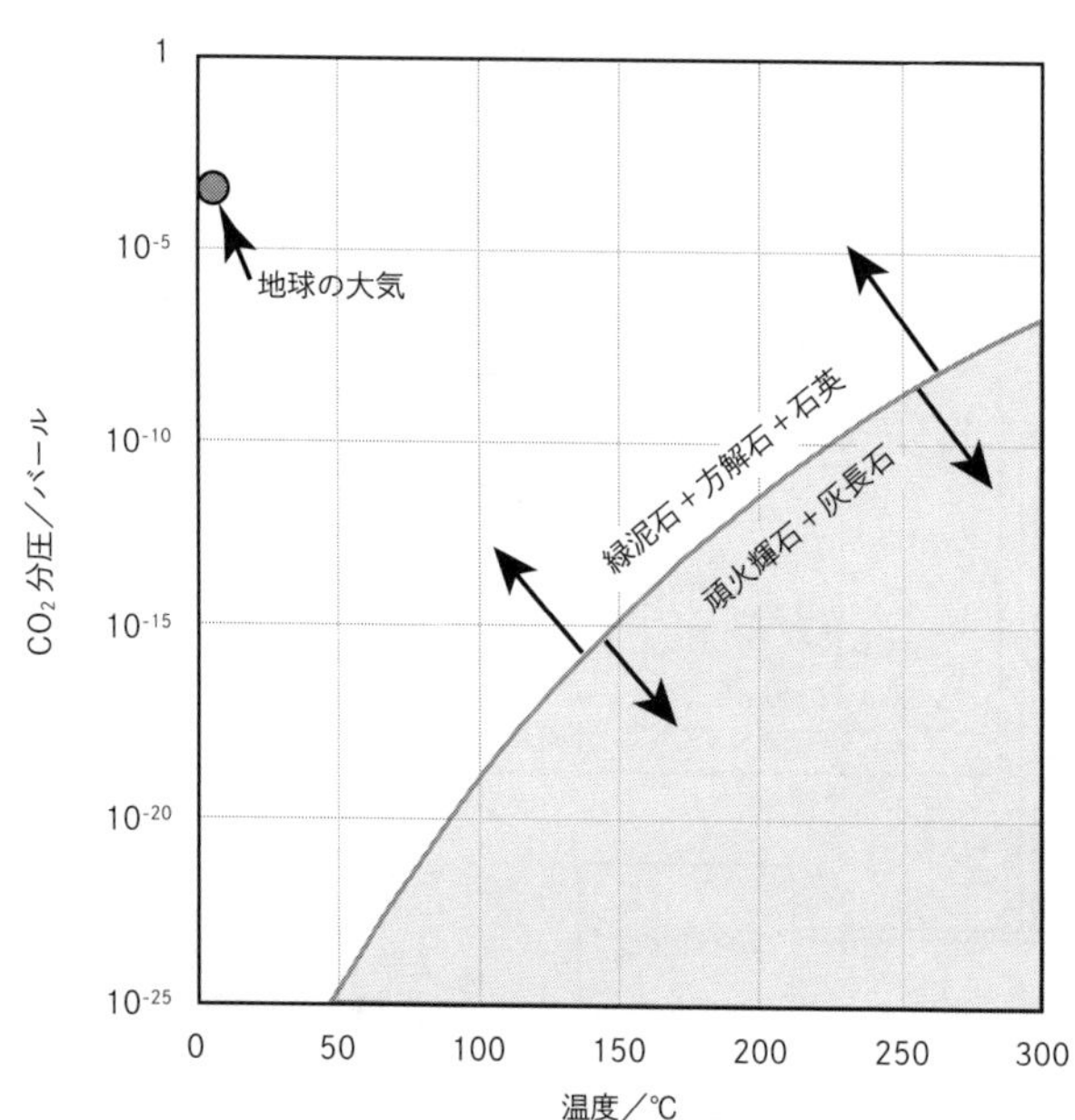

図4－2　海洋地殻物質における鉱物組み合わせの安定領域

二酸化炭素が鉱物に取り込まれる温度

図4－1の実験を行ったとしたらどのような結果になるかを図4－2に表します。この図は、実際に実験を行って作成したものではなく、熱力学データから計算したものです。ただし、熱力学データ自体は実験から求めたものなので、図4－2は間接的に実験で求めたものとも言えます。

図4－2は、温度と二酸化炭素分圧の関数として、どちらに反応が進むかを表しています。「緑泥石＋方解石＋石英」とある領域では、「頑火輝石＋灰長石」が水と

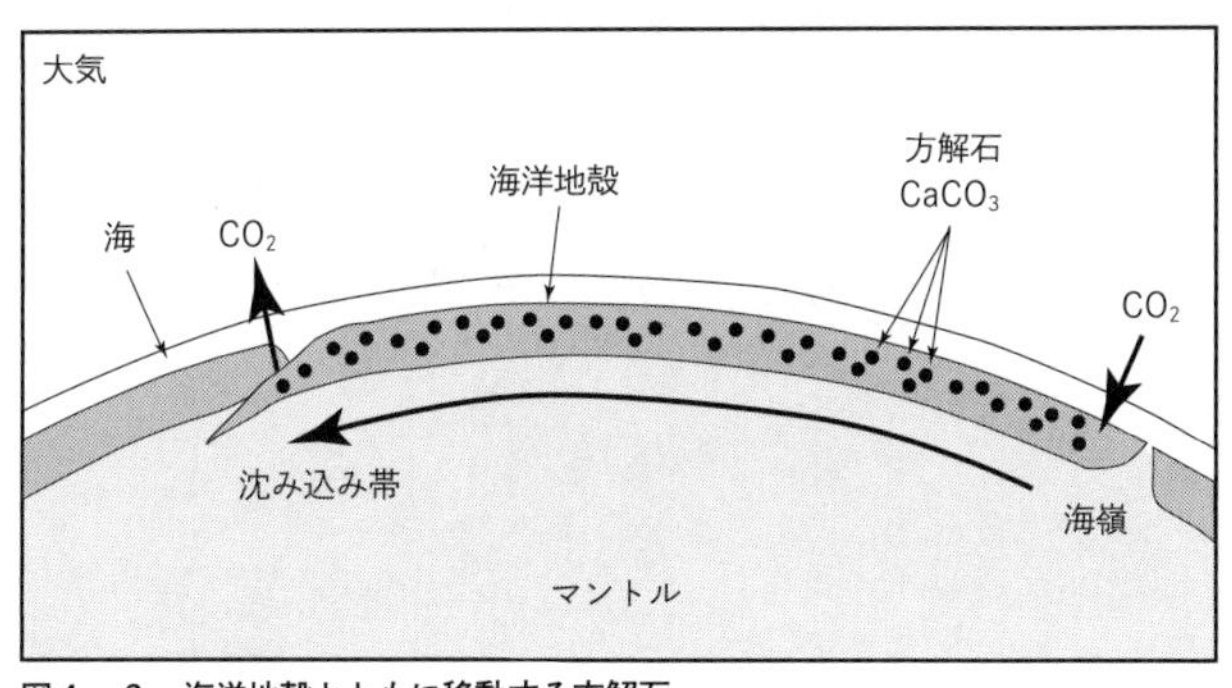

図4－3　海洋地殻とともに移動する方解石

二酸化炭素を吸収して「緑泥石＋方解石＋石英」となることを表しています。２００℃以下であれば、鉱物が二酸化炭素を吸収して、二酸化炭素分圧が10のマイナス11乗までは低下しうることがわかります。

海嶺付近の地下では１００℃から２００℃くらいまで温度が上昇するので、十分に反応が進行して、二酸化炭素を鉱物が取り込みます。この結果、地下に浸透した海水中の二酸化炭素や炭酸の濃度は大幅に低下します。熱水噴出孔からは、二酸化炭素濃度の低下した海水が、海に戻ってきます。

この結果、海水中の二酸化炭素や炭酸の濃度は低くなっていきます。それにともない大気中の二酸化炭素は海に溶けるので、大気中の二酸化炭素濃度も減少します。

図４－３に海洋地殻に沈殿した方解石はその後どのようになるかを示しました。方解石を含んだ海洋地殻はプレートの動きで水平方向に移動します。そして、数千万年から１億年ほど動いた後に他の海洋地殻と出会います。そこで水平方向

に動けなくなり斜め下方に移動しマントルに戻っていきます。このマントルに戻る場所を沈み込み帯といいます。

沈み込み帯では海洋地殻が地下深くに沈み込み温度が上がるために、式4-1とは逆の反応が起こります。すなわち、「緑泥石＋方解石＋石英」が、水や二酸化炭素を吐き出し、「頑火輝石＋灰長石」となるのです。これは、鉱物から気体が吐き出される熱い場所で起こる反応です。この水や二酸化炭素は海底火山を通じて海に排出されます。

海嶺で海洋地殻に取り込まれる二酸化炭素の量と、沈み込み帯で火山を通じて海に排出される二酸化炭素の量とが同じになったときに、大気の二酸化炭素濃度の低下が止まります。その結果、大気中の二酸化炭素分圧は1バールくらいになったと考えられます。

4-2 成長を続けた大陸地殻

地球ができたばかりのときに大陸はありませんでしたが、地球の初期の段階からほぼ現在に至るまで、大陸は時代とともに少しずつ成長してきました。ここでは、大陸が時代とともに成長していく様子を見るとともに、大陸成長のメカニズムを考えます。

海洋地殻と大陸地殻

地球の表面を覆っている薄い固体部分を地殻といいます。地殻には海洋地殻と大陸地殻があります。海洋地殻とは海底にある地殻であり、大陸地殻とは陸地にある地殻です。海洋地殻は7㎞と薄く、大陸地殻は30―60㎞と厚くなっています。海洋地殻は玄武岩でできており均質ですが、大陸地殻は堆積岩や変成岩や火成岩などのさまざまな岩石でできており不均質です。海洋地殻の比重は3・0と重いのに対して大陸地殻の比重は2・6と軽くなっています。このため、海洋地殻と大陸地殻が衝突すると、比重が大きい海洋地殻は大陸地殻の下に沈み込みます。沈み込んだ海洋地殻はマントルに戻っていきます。

大陸地殻がなければ、地表はすべてが海に覆われ、人類を含め陸上生物は存在できません。地球に陸があったので、植物は上陸でき効率的に太陽エネルギーを利用して繁栄できたのです。動物も陸上の植物がつくった有機物や酸素を利用し陸上で繁栄しました。そして、最後に知的生物である人類が生まれました。

大陸地殻は地球重量の0・35％を占めるだけですが、セシウム、ルビジウム、カリウム、ウラン、トリウムの重要な貯蔵庫となっており、地球にあるこれらの元素のうち30％以上が大陸地殻中にあります。これらの元素が大陸地殻に濃集していることは、これらの元素がマントルに戻らないことを意味しています。さらに、大陸地殻全体もマントルには戻りにくいことを示唆しています。

表4－3に海洋地殻と大陸地殻の化学組成を示しました。海洋地殻でも大陸地殻でも、最も量が多いのは酸化ケイ素です。その割合は、海洋地殻が46・6％、大陸地殻が59・8％と、大陸地殻のほうが13％ほど多くなっています。酸化ケイ素の次に量が多いのが酸化アルミニウムです。酸化アルミニウムの割合は、海洋地殻が15・0％で、大陸地殻が15・5％と、海洋地殻と大陸地殻とがほとんど同じです。

酸化ケイ素と酸化アルミニウムに次いで多いのが、酸化鉄、酸化マグネシウム、酸化カルシウムです。これらの酸化物の割合は海洋地殻と大陸地殻で大きく異なります。酸化鉄（FeOとFe_2O_3）は、海洋地殻が11・8％で、大陸地殻が7・2％です。酸化マグネシウムは、海洋地殻が7・8％で、大陸地殻が4・1％です。酸化カルシウムは、海洋地殻が11・9％で、大陸地殻が6・4％です。これらの酸化物は海洋地殻のほうが大陸地殻に比べて2倍ほど多くなっています。海洋地殻から酸化鉄と酸化マグネシウムと酸化カルシウムを半分ほど取り去り、それらが抜けた分だけ酸化ケイ素を付け加えるとほぼ大陸地殻になります。鉄は酸化鉄になりやすく、マグネシウムとカルシウムは、炭酸塩鉱物になりやすい性質があります。海洋地殻から鉄やマグネシウムやカルシウムを取りのぞき、鉄は酸化鉄として、マグネシウムやカルシウムは炭酸塩鉱物として別の場所に沈殿させると、残りが大陸地殻の化学組成に近づきます。以上は大陸地殻がどのようにできたかのヒントになりそうです。

大陸地殻の代表的な岩石として、花崗岩があります。花崗岩は火成岩であり、主に石英と長石と雲母からできています。花崗岩は、鳥居や石垣や石橋に使用されており、御影石とも呼ばれています。表4－3に代表的な花崗岩の化学組成を示しました。この花崗岩は、岐阜県の苗木花崗岩であり、産業技術総合研究所が標準試料（JG-2）として提供しています。苗木花崗岩では、酸化ケイ素の割合が76・8％、酸化カリウムの割合が4・7％と高くなっています。このように酸化ケイ素や酸化カリウムの割合が高いのが花崗岩の特徴です。海洋地殻と花崗岩を同量混ぜると、大陸地殻とほぼ同じ化学組成になります。

	海洋地殻／重量%	大陸地殻／重量%	花崗岩／重量%
SiO_2 酸化ケイ素	46.6	59.8	76.8
TiO_2 酸化チタン	2.9	1.2	0.0
Al_2O_3 酸化アルミニウム	15.0	15.5	12.5
Fe_2O_3 酸化鉄(III)	3.8	2.1	0.3
FeO 酸化鉄(II)	8.0	5.1	0.6
MnO 酸化マンガン	0.2	0.1	0.0
MgO 酸化マグネシウム	7.8	4.1	0.0
CaO 酸化カルシウム	11.9	6.4	0.7
Na_2O 酸化ナトリウム	2.5	3.1	3.5
K_2O 酸化カリウム	1.0	2.4	4.7
P_2O_5 酸化リン	0.3	0.2	0.0

Poldervaart (1955), Imai et al. (1995)

表4－3　化学組成(重量%)：海洋地殻と大陸地殻

成長を続けた大陸

大陸は45億年前頃から少なくとも5億年前頃まで、少しずつ時代とともに成長したことが、堆積物中の砕屑性ジルコン（$ZrSiO_4$）という鉱物の年代測定から推定されています。

ジルコンは微量のウランやルテチウムを含んでおり、それぞれが鉛やハフニウムに放射性崩壊します。ジルコンができたばかりのときは鉛やハフニウムを含んでいないので、ウランやルテチウムが鉛やハフニウムに放射性崩壊した割合を分析することによって、ジルコンができた年代がわかります。

いっぽう、ジルコンは風化・変質しにくい性質があります。そのため、岩石が風化変質を受けたとしても、ジルコンは風化変質せず砕屑物として残ります。このジルコンが地下に沈み込むと新たな岩石の一部となります。また、ジルコンは融点が２５５０℃もあり、少なくとも大陸地殻の中では融解しません。したがって、ジルコンの年代は岩石ができた年代ではなく、ジルコンが大陸地殻中に最初にできた年代を表しています。

ジルコンによる年代測定データは21世紀になってから急激に増加しました。それらのデータを集めて解析することにより大陸地殻成長曲線モデルが２０１０年頃から公表され始めました。

ジルコンの年代測定値により推定された大陸地殻成長曲線モデルは、図４－４にあるように2つあります。これらのモデルによると、大陸地殻は地球が生成したばかりの初期から現在にいたるまで増え続けています。また、増える速度は年代とともに徐々に減速しています。ベルソバの

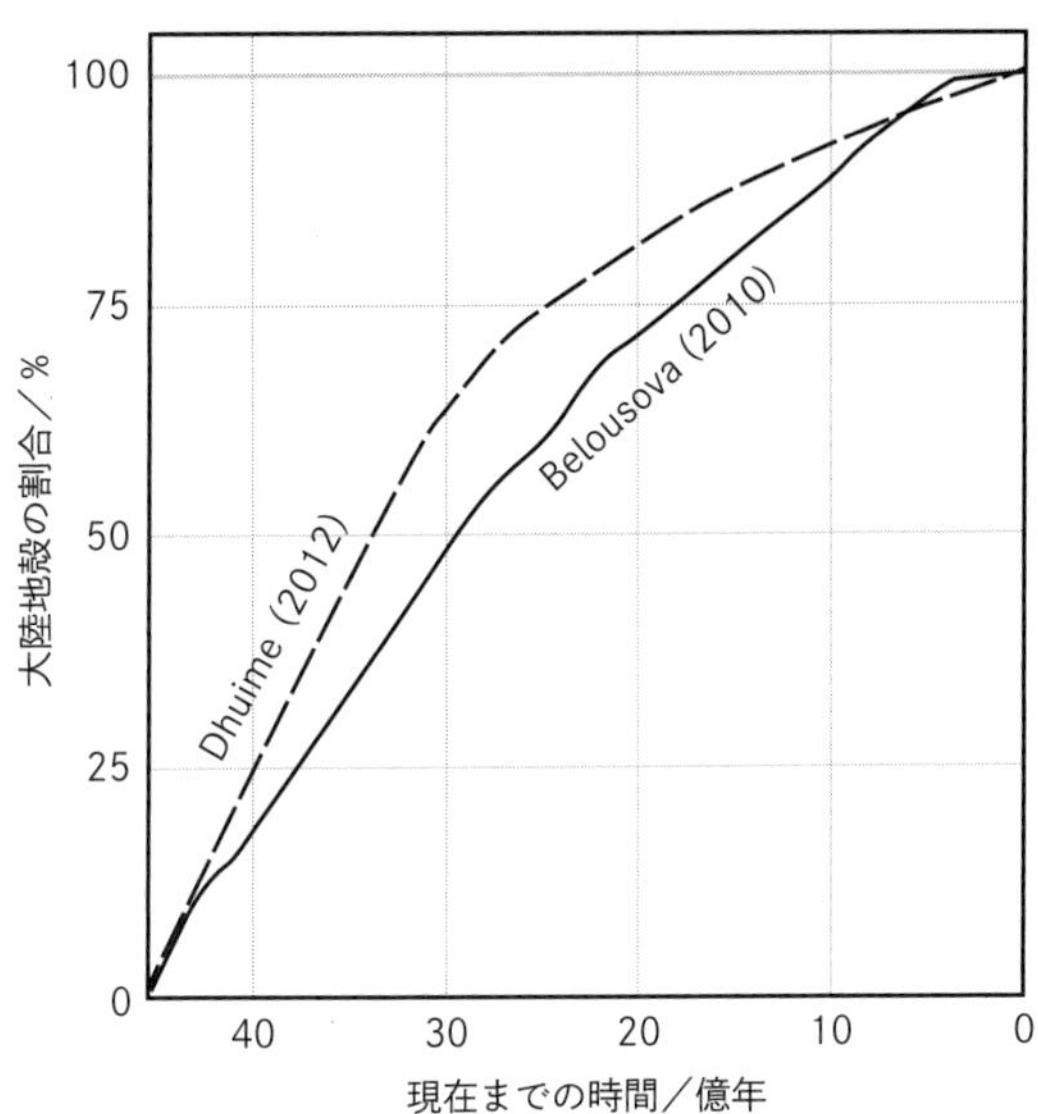

図4－4　大陸地殻の成長　Belousova et al. (2010) および Dhuime et al. (2017) から作成。

モデルでは5億年前から大陸の成長が停止しています。デュアイムのモデルでは28億年前に成長曲線が折れており、28億年前までは成長が速く、28億年前以後は成長が遅くなっています。

大陸地殻成長機構の従来の説

現在の大陸地殻物質は循環しています。大陸地殻の表層にある物質は風化し、風化した物質は川に流されて海に行き、海底に沈殿して堆積物になります。その堆積物は海洋地殻に乗って水平に動き海洋地殻が大陸地殻に衝突すると、堆積物と海洋地殻は大陸地殻の下に沈み込みます。そして、堆積物が地下に沈み込むと圧力がかかり堆積岩へと変化します。そして、もっと深く沈み込み温度圧力が高くなると変成岩になります。このように海底に溜まった堆積物が大陸の岩石となった部分を付加体と呼びます。

大陸に付加された岩石がさらに深くまで沈み込み温度圧力が８００℃を超えると岩石は溶けマグマとなります。なお、マグマとは、岩石の一部が溶けて、固体と液体の混合物となったものです。このマグマが冷えて固まると火成岩となります。堆積岩、変成岩、火成岩となって大陸地殻に戻った物質は、新たに地下に沈み込んだ岩石によって下から押し上げられて大陸地殻の表層に現れ風化します。以上のように大陸地殻の物質は循環しています。

しかし、大陸地殻が循環しているだけでは、大陸地殻は増えません。大陸地殻は時代とともにどのようにして増えたのでしょうか。

多くの研究者が信じている大陸地殻の増え方は以下のようなものです。海洋地殻が沈み込み帯で地下深くに沈み込んだときに、海洋地殻の岩石（玄武岩）が溶けマグマとなり、そのマグマが冷えて固まるときに軽い成分と重い成分が分離して、この軽い成分が大陸地殻の岩石となるというものです。

プレートが沈み込む場所で玄武岩が溶けてできたマグマを本源マグマと呼びます。本源マグマが冷えるにしたがい、いろいろな種類の鉱物が晶出します。重い鉱物結晶は下に沈み、軽い鉱物結晶は上に浮かびます。これを結晶分化作用といいます。なお、ここでいう分化とは、巨視的スケール（たとえば、岩石の場合は少なくとも1m以上）での不均質化のことです。この作用によりさまざまな化学組成のマグマや岩石ができたと多くの岩石学者は考えていました。

この説を最初に提案したのはボーエンです。カナダ生まれのボーエンは、1900年代初頭に米国ワシントンDCにあるカーネギー地球物理学研究所でメルトからの鉱物の晶出実験を開始しました。そして、1920年代にこの実験をもとに「反応原理」を提唱しました。この「反応原理」は、温度低下によって本源マグマからさまざまな鉱物ができるとしたものです。

実際に、玄武岩のでき方は、ボーエンの説でうまく説明できます。マントル物質が地表に近づくと、圧力が低下するのでマントルの一部が溶けてマグマとなります。圧力の低下は温度の上昇と同じ効果があるからです。マグマが1500℃から1300℃くらいのとき固体となっているのはかんらん石だけであり、残りは液体です。かんらん石はマグマ中の液体部分よりも重いので下に落ちます。その結果、かんらん石は、上部で少なく、下部で多くなります。温度が1300℃くらいになると輝石や斜長石ができ始めます。温度が1000℃まで下がるとマグマはすべて固まって岩石となります。その結果、上部は輝石や斜長石が多い玄武岩になり、下部はかんらん石が多いかんらん岩になります。このような結晶分化作用で玄武岩のでき方はうまく説明できました。

大陸地殻が成長する謎

しかし、現在では、大陸地殻がボーエン流の結晶分化作用でできたとの説に疑義を持つ研究者は多いのです。今でもボーエンの反応原理を説明している地球科学の教科書もありますが、ボーエンの反応原理は歴史的な価値しかないとしている教科書もあります。実際、ボーエンの反応原理にはいくつかの問題があります。

玄武岩組成のマグマからは玄武岩を構成する鉱物しかできません。すなわち、玄武岩の主要な鉱物はかんらん石、輝石、斜長石であり、玄武岩にはこれ以外の鉱物はほとんどありません。それが、結晶分化作用で重い鉱物が下に行き軽い鉱物が上に行ったとしても、かんらん石が下部に濃集し、輝石と斜長石が上部に濃集するだけで、かんらん石、輝石、斜長石以外の鉱物はほとんどできることはありません。しかし、大陸地殻を構成する鉱物は、角閃石、雲母、カリ長石、石英など玄武岩にない鉱物がたくさんあります。

もうひとつの問題は、海嶺でマグマができたときに結晶分化作用で玄武岩以外の岩石ができていない点です。もし沈み込み帯で玄武岩が溶けて結晶分化作用で玄武岩以外の岩石ができるのなら、海嶺付近で玄武岩組成のマグマが固まるときにも、結晶分化作用で玄武岩以外の岩石ができてもよさそうです。

また、2種類のマグマが混合して中間組成の岩石ができていることが大陸地殻で観察されています。大陸地殻の化学組成だとマグマは分化しておらず、逆に、混合しているという反応が観察されています。

高温ではエントロピーが大きくなる方向に反応が進行し、低温ではエントロピーが小さくなる方向に反応が進行することを第3章で見てきました。つまり、高温では物質が混ざりやすく、低温では物質が分離しやすいのです。

以上から、海洋地殻から大陸地殻が分離するのは、低温で起こったのではないかとの考えが思い浮かびます。このような考えに基づく大陸地殻の成長のメカニズムを次に紹介しましょう。

なお、海嶺でマントルの物質が玄武岩とかんらん岩とに分化したのも、温度が下がったからだと考えられます。温度が高いマントル内では、玄武岩となる物質もかんらん岩となる物質も混ざっていたのです。それが地表付近に来て温度が下がったので、玄武岩とかんらん岩に分化したと考えられます。ここでも低温になるとエントロピーが下がる方向に反応が進行していることがわかります。

海洋地殻の変質が大陸地殻を成長させたとする説

大陸の成長も、二酸化炭素の大気からの消滅と同じメカニズムで説明できます。実際、大陸地殻の成長は、海洋地殻の変質が関係しているという説があります。ここでは、その説に至る背景と結果をお話ししていきます。

沈み込み帯の地下で、海洋地殻の一部が大陸地殻に付加したことはまちがいないでしょう。海洋地殻と大陸地殻が接している場所は、沈み込み帯しかないからです。しかし、海洋地殻にある玄武岩を、高温で溶かしても分化させるのは難しいのですが、沈み込み帯に来た時点で、すでに玄武岩が分化していると考えれば問題が解決します。

太古代（40億年前から25億年前）にできた変質玄武岩を観察すると、その時代の玄武岩は変質するときに分化していることがわかります。西オーストラリア北西部の、ピルバラ花崗岩緑色岩帯の西部にある変質玄武岩の様子を詳しく観察した北島らの研究を紹介しましょう。

この変質玄武岩は、輝石や斜長石が変質して、緑泥石や方解石や石英ができています。緑泥石はほぼ普遍的に沈殿していますが、方解石と石英は沈殿している場所と沈殿していない場所があります。石英は、輝石や斜長石があった場所からかなり離れた大きな割れ目に沈殿しており、地下水に溶けて移動しているようです。また、海底にはオパール（水を含んだ非晶質のシリカ）が沈殿しています。このオパールは、シリカ分を多量に含んだ地下水が海に噴き出し、温度の低下とpHの低下によりオパールの溶解度が下がって海底に沈殿したものです。

この太古代の変質玄武岩は現在の変質玄武岩よりも100倍以上の量の変質鉱物でできています。玄武岩の変質は、海洋中に含まれる二酸化炭素によって反応が進むので、その時代の二酸化炭素分圧は現在よりも100倍以上高かったと推定できます。現在では二酸化炭素分圧が低いために海洋地殻はほとんど変質していませんが、太古代や原生代（25億年前から5億4000万年前）の二酸化炭素分圧が100倍以上高かったために、海洋地殻の変質した鉱物の量が現在の100倍またはそれ以上にあったと推測できます。

太古代に変質した海洋地殻を見ると分化が進行していることはわかりますが、地層を観察するだけでは風化変質の機構や分化の様子を見ることはできません。そこで、太古代の海洋地殻の風化変質の機構や分化の様子を理論的に考察しました。ここでは考察した結果を簡単に紹介します。

太古代海洋地殻の変質の理論的考察

海嶺付近では熱水が大循環しています。海嶺付近で熱水が循環していることは現在でも観察されていますが、太古代や原生代でも熱水が循環していたと考えられています。

海水は海嶺の周辺部から海洋地殻に浸透します。この海水は地下水となって下方に流動し深部に行くにしたがい海嶺の中心部方向に進行方向を変えていきます。深部に行くにしたがい高温のマグマや岩石に近づくので、マグマや岩石に熱せられて、熱水（100℃以上の地下水）となります。熱水の温度は、100℃から200℃くらいまでになります。そして、進行方向を徐々に

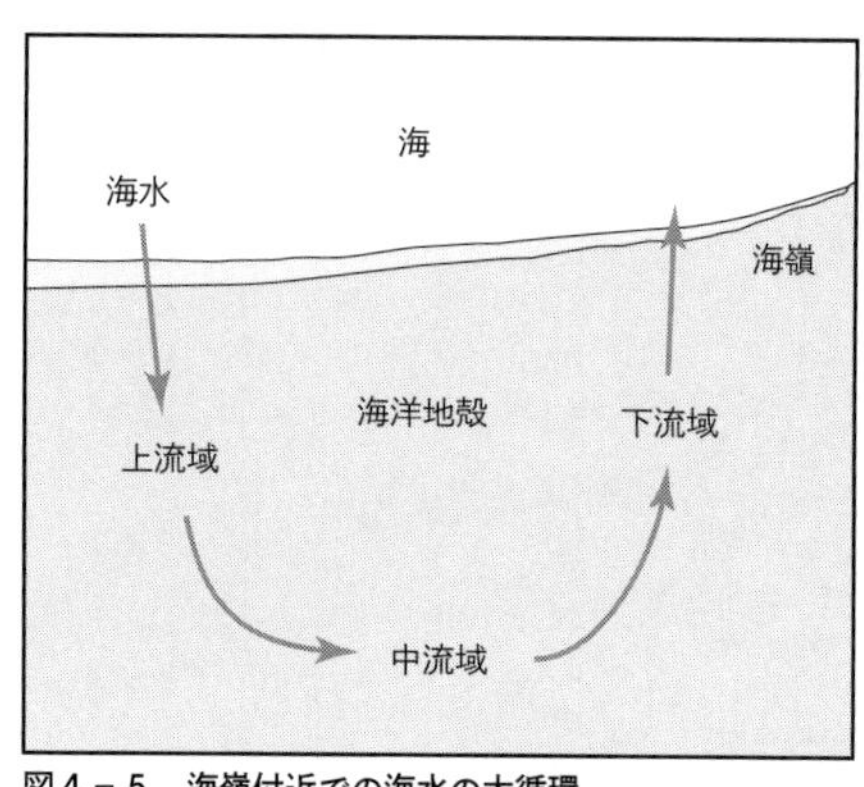

図4－5　海嶺付近での海水の大循環

上方に変えていき、海嶺の中心部付近から海に噴出します。海に熱水が噴出している場所を熱水噴出孔といいます。

ここで、熱水の流動している場所を、上流域、中流域、下流域に分けて話を進めます（図4－5）。このように分類することにより海洋地殻の変質反応が理解しやすくなると思います。上流域は、地下水が海から海洋地殻に入り下方に流れている場所です。中流域は地下水が十分に深くまで浸透し、ほぼ水平に流れている場所です。下流域は地下水が海嶺の中心部に近づき上方に流れている場所です。

海洋地殻に浸透した海水は、海洋地殻の鉱物を溶解させ、新たに変質鉱物を沈殿させます。ここでは太古代や原生代の二酸化炭素分圧が今よりも100倍程度もあったときに、どのような変質鉱物が沈殿するかを上流域、中流域、下流域に分けてみていきます。

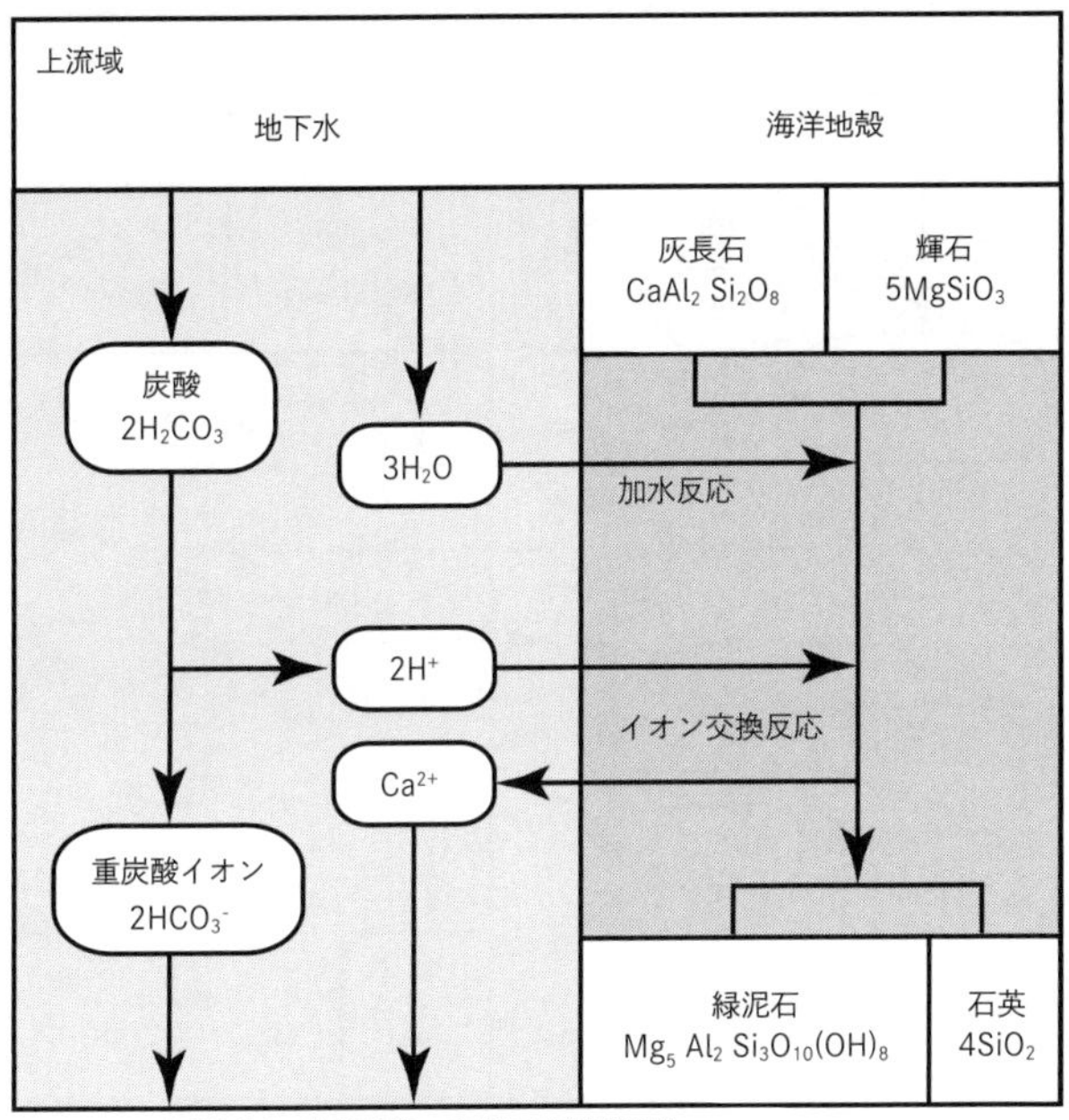

図4－6　海嶺付近の海洋地殻の変質反応（上流域）

上流域には、炭酸をたくさん含んだ海水が流れ込みます。炭酸は水素イオンを解離するため、地下水は水素イオンをたくさん含んでいます。このために、この地下水は海洋地殻の岩石（玄武岩）とよく反応します。この反応で海洋地殻の岩石は水素イオンを地下水から吸収し、カルシウムイオンを出します。その結果、地下水は徐々にpHを上げていき、炭酸は重炭酸イオンになっていきます。いっぽう、岩石側では灰長石と輝石が溶解し緑泥石と石英が沈殿していきます。なお、理論的考察では、一般的な斜長石の代わりに、化学組成

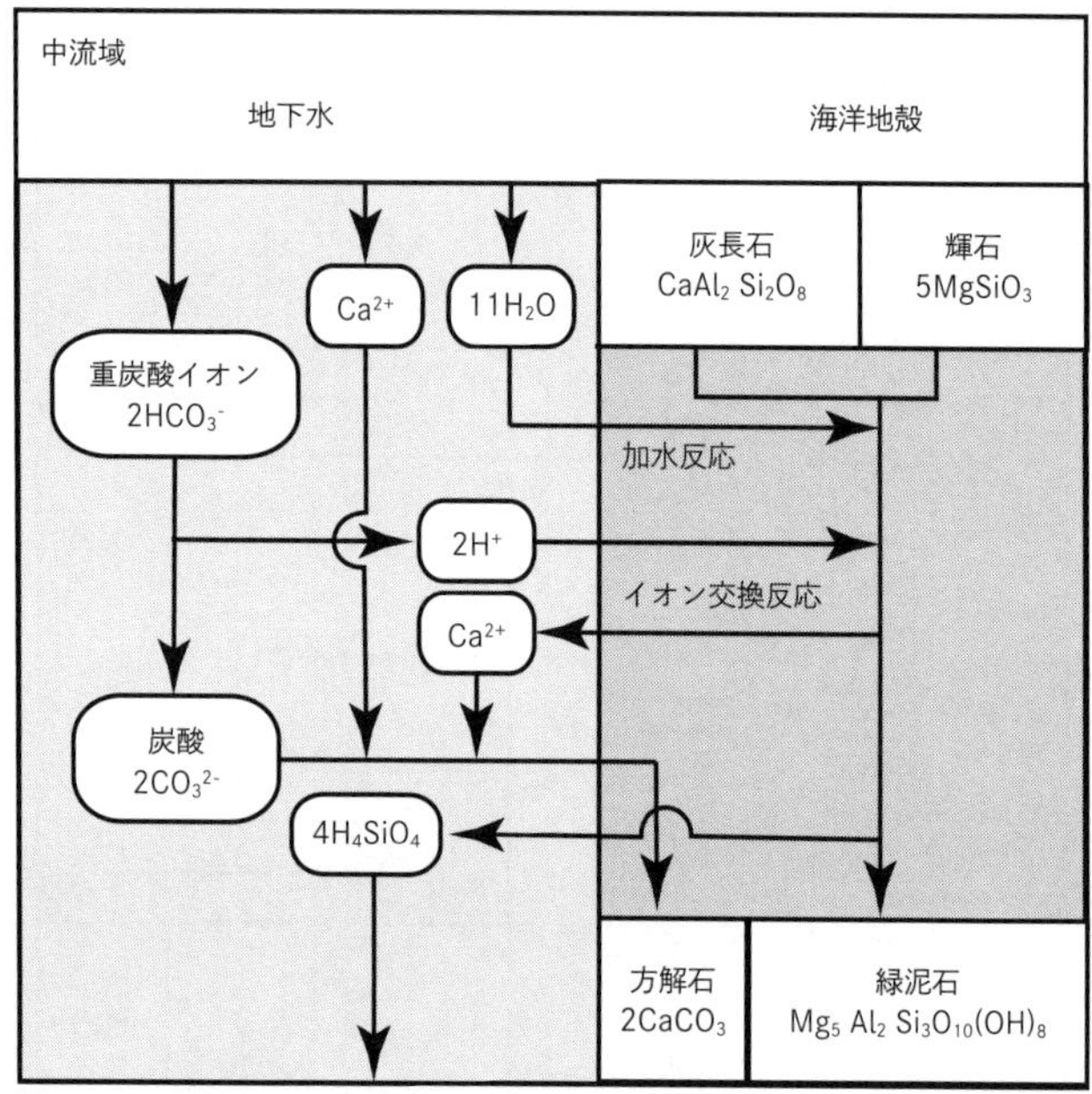

図4－7　海嶺付近での海洋地殻の変質反応（中流域）

が単純な灰長石（ナトリウムを含まない斜長石）で化学的風化を見ていきます。以上を図4－6で確認してください。

中流域には、重炭酸イオンをたくさん含んだ中性からアルカリ性の海水が流れ込みます。重炭酸イオンは、水素イオンを解離し炭酸イオンになります。岩石はその水素イオンを地下水から吸収し、その代わりにカルシウムイオンを地下水に溶かすので、海水はpHを上げていきます。その結果、炭酸イオンとカルシウムイオンが結合して方解石が沈殿し、炭酸イオンの濃度は低下します。岩石側は灰長

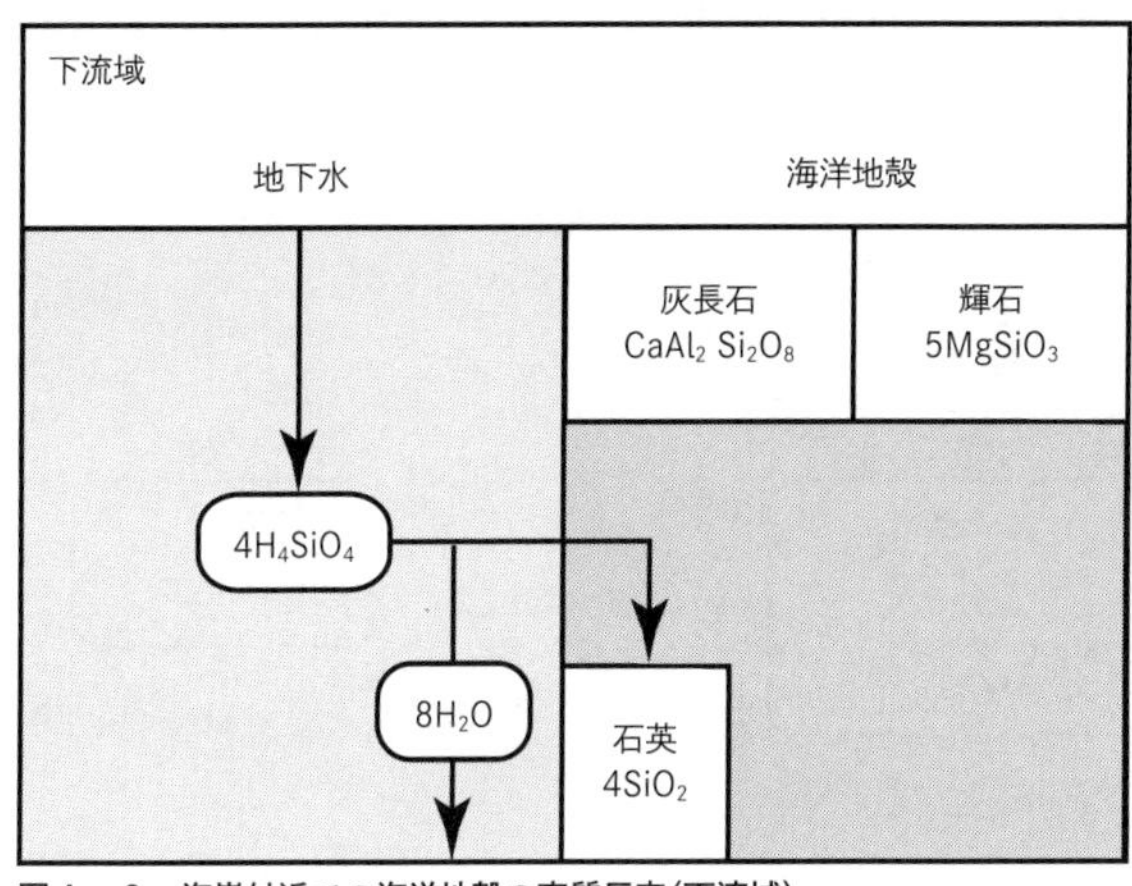

図4－8　海嶺付近での海洋地殻の変質反応（下流域）

石と輝石が溶解し緑泥石と方解石が沈殿しています。

上流域と中流域では沈殿している鉱物が異なることに注意してください。石英は、上流域で沈殿していますが、中流域で沈殿していません。これは、中流域ではアルカリ性となり温度が上昇したために石英の溶解度が上昇したためです。逆に、方解石は、上流域で沈殿していませんが、中流域で沈殿しています。これはアルカリ性となったので炭酸イオンの量が増えかつ温度が上がったので、方解石が沈殿しやすくなったからです。

下流域に流れ込む海水は、pHが高くなっており、岩石とはほとんど反応しなくなります。下流域では、温度が徐々に低下するので、地下水に溶けていたケイ酸が石英として沈殿します。

以上をまとめたのが図4－9です。海洋地殻の

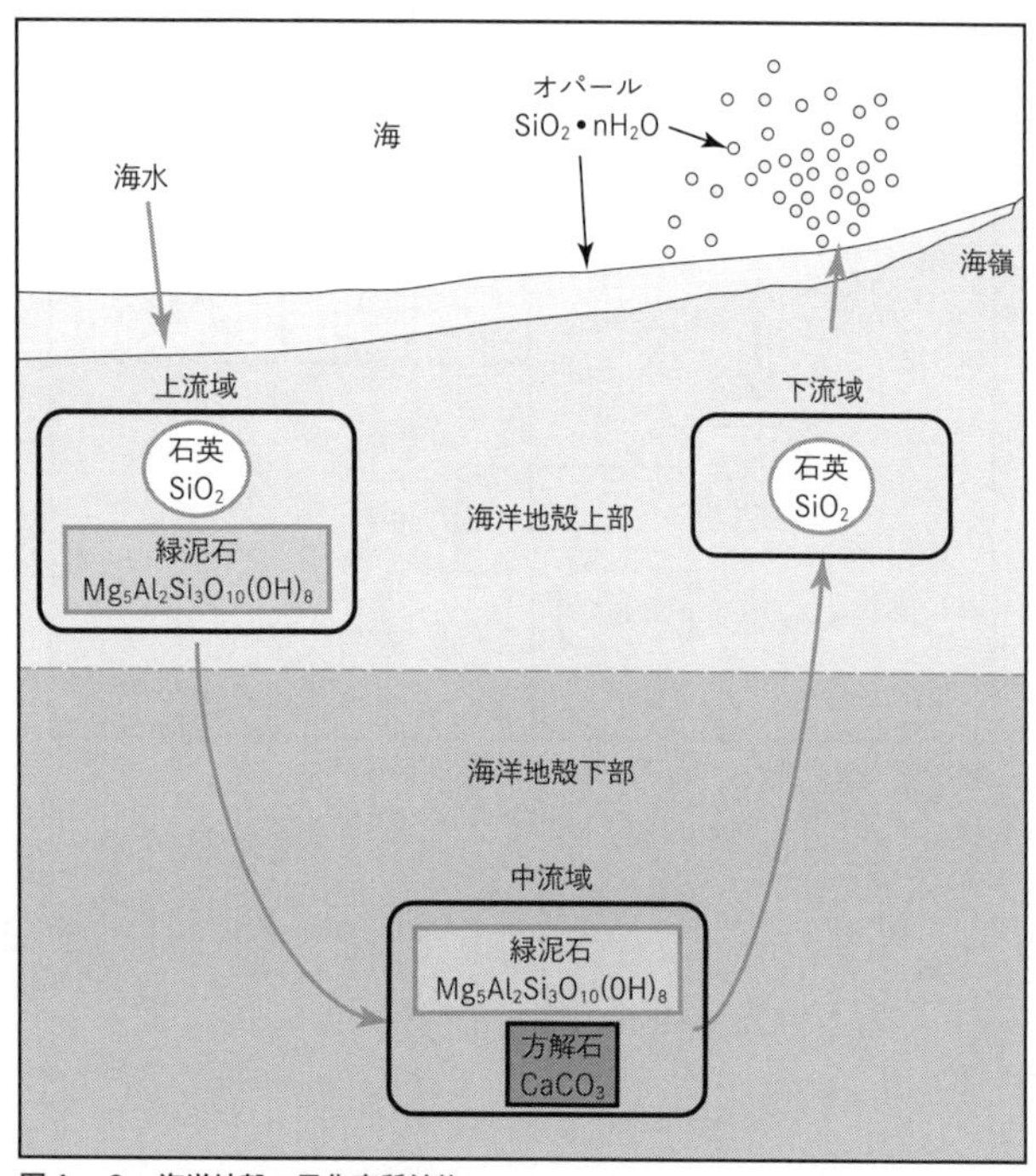

図4－9　海洋地殻の風化変質鉱物

上部では、石英やオパールが沈殿しており方解石が沈殿していません。この結果、上部では、酸化ケイ素が多くなっており、酸化カルシウムが少なくなっています。逆に、海洋地殻下部では、方解石が沈殿しており、石英やオパールが沈殿していません。この結果、下部では、酸化ケイ素が少なくなっており、酸化カルシウムが多くなっています。

　ここでは、話を簡単にするためマグネシウムと鉄の挙動には触れませんでした。実は、マグネシウムや鉄もカルシウムと同じように中流域で沈殿しやすいのです。マグネシウムは菱苦土石（$MgCO_3$）として中流域でのみ沈殿します。菱苦土石が沈殿する機構は、方解石と同じです。鉄は輝石から溶解し磁鉄鉱となって沈殿します。磁鉄鉱の溶解度はアルカリ性になるほど低く、温度が高くなるにしたがい低くなります。したがって、磁鉄鉱もカルシウムと同じように中流域に沈殿しやすくなります。

以上から、上部では大陸地殻に近い化学組成を持ちますが、逆に下部ではカルシウムやマグネシウムや鉄に富むマントルに近い化学組成を持ちます。この変質玄武岩が沈み込み帯に行き、地下深くまで行って温度が上がると変質玄武岩の上部は溶けて花崗岩または安山岩組成のマグマとなり、それが固まると花崗岩または安山岩ができます。これらの花崗岩や安山岩が大陸地殻になると考えられます。また、変質玄武岩の下部は、温度が高くなると二酸化炭素を出して、酸化カルシウムや酸化鉄や酸化マグネシウムを残します。その結果、酸化ケイ素の割合が少なく、酸化カルシウムや酸化鉄や酸化マグネシウムが多い岩石になります。この岩石は比重が大きいためマントルに戻っていきます。以上のメカニズムで、大陸地殻が時代とともに増加していることが理解できます。

4-3 縞状鉄鉱床

ここでは、縞状鉄鉱床とはどのような鉱床であるかを見るとともに、縞状鉄鉱床のでき方を考えます。さらに、縞状鉄鉱床ができた当時（18億年前以前）の海底が還元（酸素のない）状態にあったことを見ていきます。なお、現在の海底は酸化（酸素のある）状態にあります。この海底が還元状態にあったことが第5章でお話しする生命誕生に関係してきます。

縞状鉄鉱床とは

縞状鉄鉱床とはどのような鉱床かを見ましょう。縞状鉄鉱床の規模は大きく、厚さが数十メートルから数百メートル、拡がりは数キロメートルにも及びます。このような規模の大きい縞状鉄鉱床が世界各地にあり、全世界の縞状鉄鉱床の資源量は膨大です。大きな鉱床が存在する地域には、カナダのラブラドール、米国のレイクスペリオル、ブラジルのミナス・ジェライス、ウクライナのクリヴォイログ、南アフリカのトランスバール、オーストラリアのハマースレーがあります（図4-10）。

最初にできた縞状鉄鉱床は、グリーンランドのイスアにある38億年前にできた地球最古の岩石

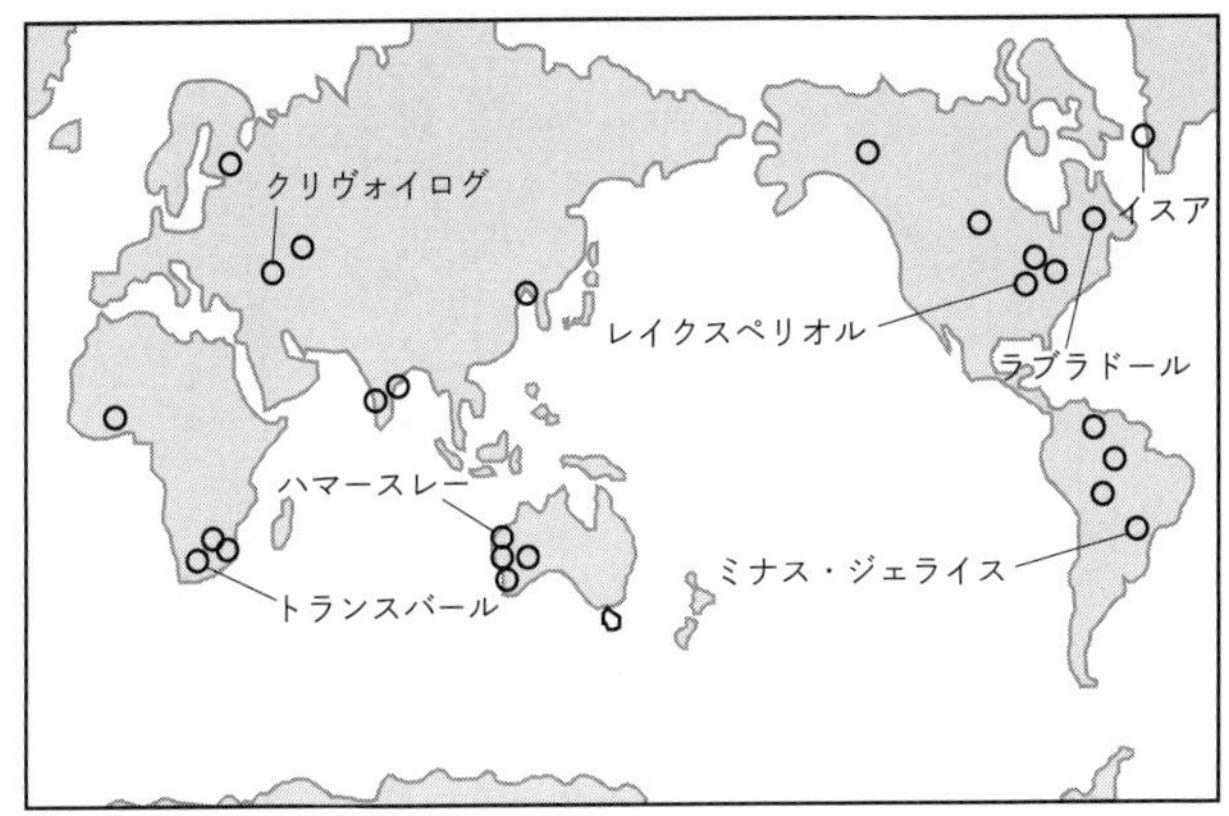

図4－10　縞状鉄鉱床の分布　Klein C (2005)から作成。

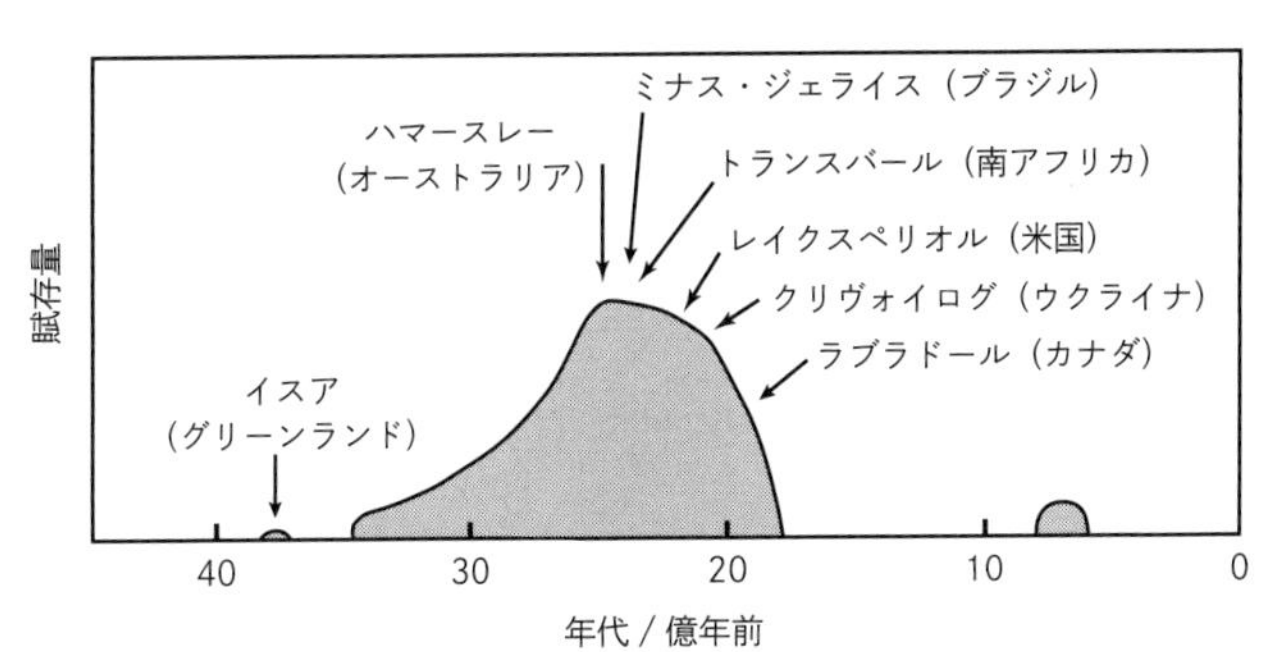

図4－11　縞状鉄鉱床の年代と賦存量

（変成岩）の中にあります。縞状鉄鉱床は、35億年前から増え始め、25億年前から20億年前に最大となり、その後急激に減少し18億年前には姿を消しています。その後しばらく縞状鉄鉱床はできていませんが、7億年前と6億年前にできた鉱床が若干あります。図4－11に縞状鉄鉱床の生成年代と賦存量を表しました。

縞状鉄鉱床にある鉄鉱物

縞状鉄鉱床は、酸化ケイ素の層と酸化鉄の層が交互に積み重なり縞のようになっている美しい鉱石でできています。縞状鉄鉱床にある主な鉄鉱物は、磁鉄鉱（Fe_3O_4）と赤鉄鉱（Fe_2O_3）です。現在の海底では、酸化ケイ素は大量に沈殿していますが、酸化鉄は赤鉄鉱だけが少量沈殿しています。磁鉄鉱と赤鉄鉱がどのような鉱物かを見てみましょう。

磁鉄鉱はほとんどの岩石に含まれています。磁石を砂場の砂に近づけるとくっついてくる黒い粒が磁鉄鉱であり、砂鉄とも呼ばれています。黒錆の一種であり、酸素がない状態で鉄が腐食するときにもできます。磁鉄鉱がゆっくりと成長すると、黒色に光る正八面体のきれいな結晶になります。

赤鉄鉱は、低温の変成岩や地表の風化物に広く存在します。赤鉄鉱は赤錆の一種であり、酸素がある状態で鉄が腐食したときにできます。赤鉄鉱は、塊だと銀色に光りますが、粉末になると赤くなります。

縞状鉄鉱床には、マータイトと呼ばれる赤鉄鉱が少なからずあります。マータイトは、化学組成や結晶構造が赤鉄鉱ですが、外形が磁鉄鉱と同じ正八面体の鉱物です。外形が磁鉄鉱と同じということは、最初に沈殿したときには磁鉄鉱だったのです。そして、後の時代に磁鉄鉱が酸素を吸収して、赤鉄鉱に変化したのです。現在の鉱石には赤鉄鉱が多いですが、縞状鉄鉱床ができたばかりのときは、磁鉄鉱も赤鉄鉱と同様に多量にありました。

縞状鉄鉱床には、磁鉄鉱や赤鉄鉱以外の鉄鉱物もあります。それは、菱鉄鉱（$FeCO_3$）や黄鉄鉱（FeS_2）や輝石（$(Ca,Mg,Fe)SiO_3$）です。これらの鉱物は磁鉄鉱と共存することが多いのです。

酸素分圧と水素分圧

ここからは、縞状鉄鉱床ができた時代の酸化還元状態の話をします。酸化還元状態を正確に議論するにはそれを数値で表す必要があります。ここでは、酸化還元状態を酸素分圧や水素分圧で表してみます。

酸化還元状態を酸素分圧で表すと、酸素分圧が高いほど酸化的であり、酸素分圧が低いほど還元的ということになります。室温付近での地球表面の酸化還元状態は、酸素分圧が０・２バール

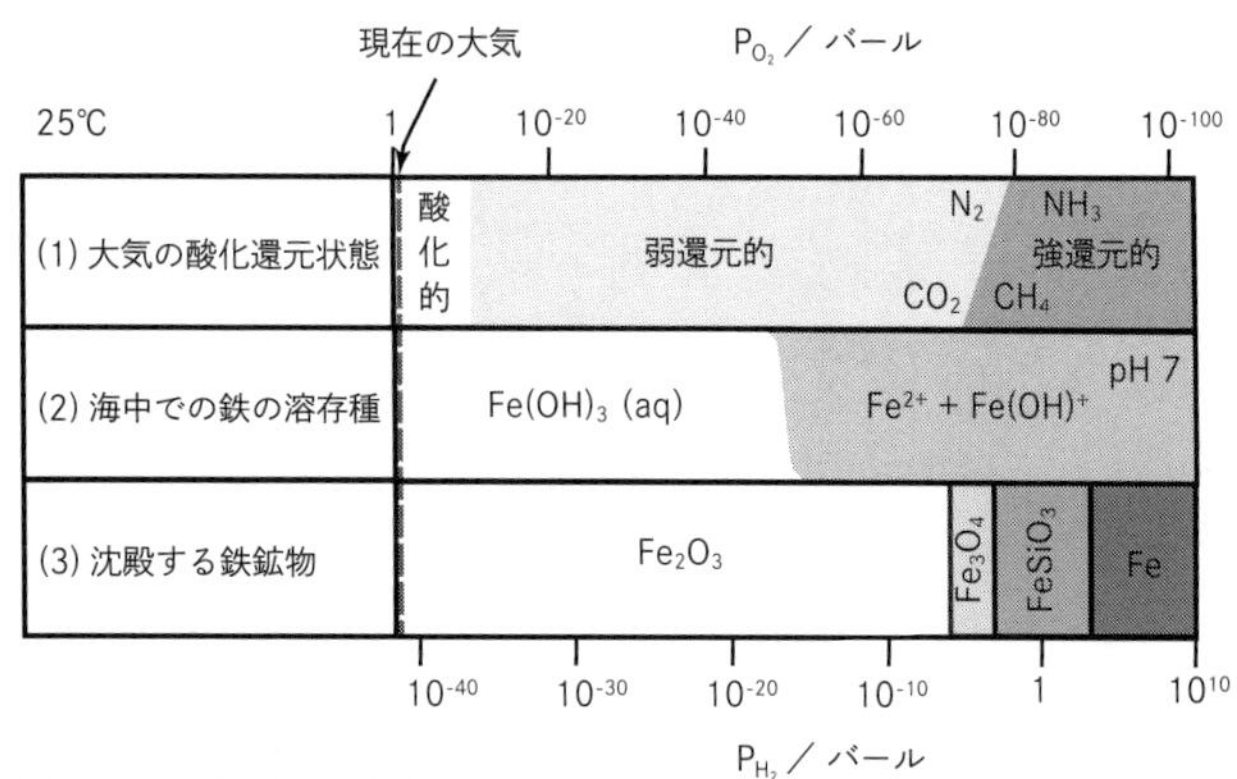

図4－12　酸素分圧と水素分圧で表す地球の酸化還元状態　Fe_2O_3: 赤鉄鉱、Fe_3O_4: 磁鉄鉱、$FeSiO_3$: 輝石

くらいから10のマイナス100乗バールくらいまでの範囲にあります。図4－12の上部にある目盛が酸素分圧です。

酸化還元状態を水素分圧で表す場合もあります。図4－12の下部にある目盛が水素分圧です。水素分圧が高いほど還元的であり、水素分圧が低いほど酸化的になります。室温付近の地球表面では、水素分圧が10の10乗バールくらいから10のマイナス40乗バールくらいまでの範囲になります。

ここでの酸素分圧や水素分圧は、無限の時間をかけたときに、酸素や水素の分圧がどのようになるかを表した、熱力学における理論的な数値です。酸素分圧が高いときは、実際の反応に酸素がかかわっており、反応も速いので、理論的な酸素分圧と実際の酸素分圧は等しくなります。しかし、酸素分圧が低くなると、酸素は反応にほとんどかかわらなくなり、理論的な酸素分圧と実際の酸素分圧がかけ離れた値となることがあります。この状況は水素分圧でも同じです。この理論的な数値で酸化還元状態を表すことはできるのですが、現実には実際の数値とは異なることがあります。

地球の酸化還元状態

酸化還元状態は、酸素分圧や水素分圧という理論的な変数で表されることを見てきました。この変数を用いて、地球の酸化還元状態を概観します。

図4-12の（1）に、大気の酸化還元状態を表しました。酸素がある状態を酸化的といい、酸素がない状態を還元的といいます。左端にある10％ほどが酸化的状態であり、右側の90％が還元的状態になります。

ここで、酸素がある状態と酸素がない状態との境界の酸素分圧を10のマイナス10乗バールとしました。酸素分圧が10のマイナス10乗バール以下でも極微量の酸素があるのですが、酸素が極微量しかないと分析しても検出できなかったり、反応速度が非常に遅く実質的に酸素が反応に関与していなかったりします。そこで、酸素分圧が10のマイナス10乗バール以下のときは酸素がないとします。

還元的な状態は、さらに、弱還元的と強還元的とに分けられます。弱還元的とは二酸化炭素や窒素がある状態をいい、強還元的とはメタンやアンモニアがある状態を言います。初期地球の大気は、当初強還元的でしたが、水素が宇宙に拡散することにより、二酸化炭素や窒素がある弱還元的大気になったことを第2章でお話ししました。

図4－12の（2）に、海水中に溶けている2価鉄と3価鉄を表しました。図4－12（2）の左半分が3価の鉄であり、右半分が2価鉄です。その境界は、酸素分圧で10のマイナス44乗バール、水素分圧で10のマイナス17乗バールくらいになります。現在の海洋は3価鉄だけが溶けていますが、縞状鉄鉱床ができた時代の海底付近はほとんどが2価鉄でした。

図4－12（3）に、酸化還元のそれぞれの状態で安定な鉄鉱物の種類を表しました。赤鉄鉱は、酸化的状態から弱還元的状態の広い範囲で安定です。磁鉄鉱は、弱還元的状態と強還元的状態の境界付近で安定です。赤鉄鉱と磁鉄鉱の境界は、水溶液中の2価鉄と3価鉄の境界よりもかなり還元的な位置にあります。また、輝石や金属鉄はさらに還元的な状態で安定となります。

地球大気の酸素分圧の変遷

地球の酸素分圧が、時代とともに上昇する様子を見てみましょう。ただし、酸素分圧の変遷に関しては研究者の間でさまざまな意見があります。ここでは、多くの研究者の意見がほぼ一致している大雑把な変化だけを見ていきます。

38億年前から24億年前までは、一部の浅海を除いて、大気中や海に酸素はなかったと考えられています。地球全体に酸素のなかった時代に縞状鉄鉱床はできていました。

24億年前になると、藍藻による光合成により酸素が放出され、大気中の酸素分圧はおおよそ0・0001バール程度になったと考えられています。これを大酸化事件と呼んでいます。このとき、大気中の酸素は海に溶けましたが、深海までは達していませんでした。このように深海に酸素がなかった時代に、縞状鉄鉱床は引き続きできていました。

18億年前になると、大気中の酸素分圧は、18億年前以前とほとんど同じでしたが、深海にも若干の酸素が溶け始めました。この結果、深海の鉄の溶解度が大幅に低下して、18億年前を境に縞状鉄鉱床はできなくなりました。

8億5000万年前になると、大気中の酸素分圧は現在の値にほぼ近づきました。浅海にはかなりの酸素が溶けていましたが、深海にはあまり溶けていなかったようです。

5億4000万年前から現在まで、浅海には引き続きかなりの酸素が溶けていましたが、深海には十分に酸素が溶けていた時代とあまり溶けていなかった時代があったとされています。

地球ができたばかりの頃の大気には酸素がなかったのですが、時代とともにその分圧は上がってきており、現在では大気中の酸素分圧は0・21バールにもなりました。このように酸素がある惑星は太陽系の中で地球だけであり、他の惑星には酸素はまったくないのです。

鉄鉱物の溶解度

還元的だと多量の鉄が水に溶け、酸化的だと少量の鉄しか水に溶けません。海水に溶けている鉄の量が、酸化還元状態によってどのように変化するかを見てみましょう。

図4－13に鉄鉱物の溶解度を酸素分圧または水素分圧の関数として表しました。ここで、pHは7に固定しました。酸素分圧が0・21バール（現在の大気の酸素分圧）のとき、安定して存在する鉄鉱物は赤鉄鉱です。このときの溶存している鉄は3価であり、その量は10のマイナス8乗モル／L以下と非常に少なくなっています。このように溶けている鉄の量が少ない状態は、酸素分圧が10のマイナス43乗バール（水素分圧が10のマイナス20乗バール）まで続きます。

この後は、水素分圧が大きい還元的状態の話になるので、水素分圧で酸化還元状態を表します。水素分圧が10のマイナス20乗バール以上になると、水素分圧が上昇するにしたがい、鉄の溶解度が上昇し始めます。これは海水中に2価鉄が増え始めるからです。水素分圧が10のマイナス6乗バールで、安定して存在する鉄鉱物は赤鉄鉱から磁鉄鉱に変わります。縞状鉄鉱床には、磁鉄鉱と赤鉄鉱があることから、この当時の海底の水素分圧は10のマイナス6乗バールに近かったと推定できます。このときの鉄が海水に溶けている量は、酸化的環境に比べて40万倍も高くなっています。つまり、縞状鉄鉱床ができた時代に海に溶けている鉄の量は、現在に比べて40万倍ほ

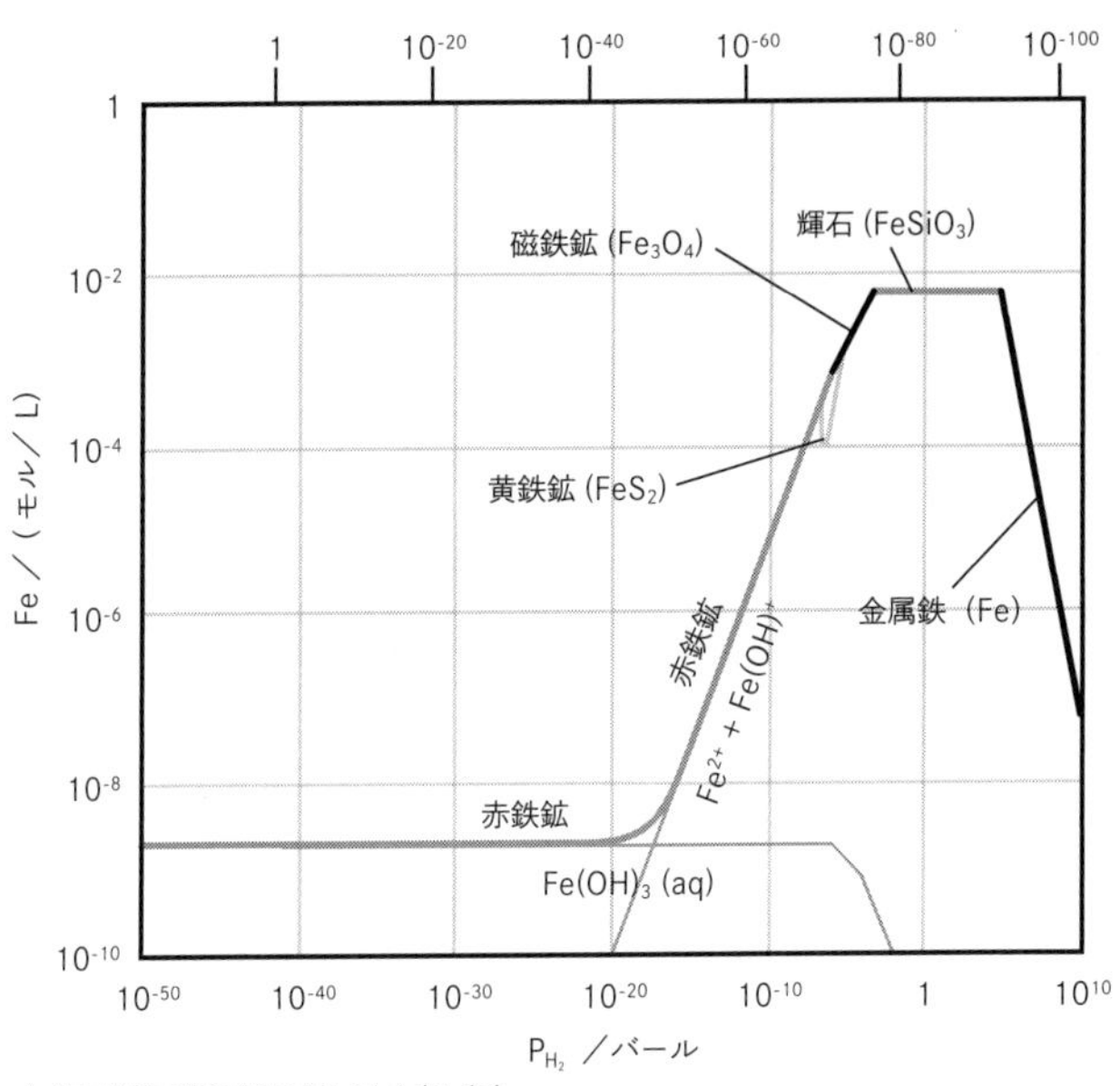

(aq)は水溶液の溶存成分であることを表します。

図4－13　酸化還元状態による鉄鉱物の溶解度

黄鉄鉱の溶解度は全イオウ量=1.0×10^{-9} モル／Lとして計算した。

ど多かったのです。

縞状鉄鉱床ができた時代は、海が還元的だったために、海に多量の鉄が溶けていました。このために多量の鉄が海水中を移動して海底に沈殿したのです。

なお、海水中に微量（10のマイナス9乗モル／Lくらい）のイオウが存在すると、水素分圧が10のマイナス6乗バールくらいで黄鉄鉱が沈殿します。海水に溶けているイオウの量が少しだけ増えると、黄鉄鉱が安定である領域が増えてしまい、磁鉄鉱が沈殿しなくなります。したがって、この当時の海水中のイオウの量は10のマイナス9乗モル／Lくらいだと推定できます。

海水中の2価鉄イオンを酸化させたのは酸素なのか

磁鉄鉱と赤鉄鉱が共存するような還元的状態では、ほとんどの鉄が2価として溶けています。そのような還元的な状態では、鉄が海水に多量に溶けていたので、大量の鉄が海水中を移動でき、海底に大量に沈殿できたのです。

海に溶けている2価鉄が磁鉄鉱や赤鉄鉱として沈殿するときには、鉄が2価から3価に酸化されなければなりません。磁鉄鉱では2価鉄と3価鉄の割合が1：2に対して、赤鉄鉱ではすべてが3価鉄です。磁鉄鉱が沈殿するときには3分の2の鉄が3価に酸化され、赤鉄鉱の場合はすべての鉄が3価に酸化されなければなりません。

ここで、鉄を酸化させた物質（酸化剤）を考えてみましょう。鉄を酸化させたのは酸素だと、多くの研究者は考えています。酸素によって2価鉄が酸化されて磁鉄鉱や赤鉄鉱となることを化学式で表すと、式4－2のようになります。

1972年にクラウド（1912―91年）は、微生物の光合成で酸素が発生したために縞状鉄鉱床ができたという仮説を発表しました。それ以後、縞状鉄鉱床ができたことは、その時代に光合成生物がいたという証拠だとする研究者が増えました。

しかし、図4－12を見ると、2価鉄を酸化させたのは、酸素ではないことがわかります。海水中に溶けている鉄が2価だとすると、酸素は存在しないからです。また、酸素があるとすると、赤鉄鉱はできても磁鉄鉱はできません。

最近になって、2価鉄を酸化したのは酸素であるとの説に疑義を唱える研究者が現れました。それは、24億年前頃に起きた大酸化事件以前は、大気中に酸素がなかったとされているからです。疑義を唱えた研究者は無酸素状態で2価鉄を酸化する実験の結果を2020年に発表しています。この実験では、磁鉄鉱や赤鉄鉱の存在は確認できませんでしたが、水素が発生したことを確認しています。水素が発生しているということは、水が酸化剤となって2価鉄を酸化させて3価鉄に変えたことを示しています。磁鉄鉱や赤鉄鉱が沈殿していないのは、実験時間が短かったためでしょう。3価鉄を含む固体を確認できなかったのは、3価鉄を含む物質がフェリハイドライト（$5Fe_2O_3 \cdot 9H_2O$）などの非晶質だったからでしょう。長時間（たとえば数ヵ月）の実験をすれば、非晶質が結晶化して磁鉄鉱や赤鉄鉱になったと考えられます。

(1)　磁鉄鉱の沈殿

$$6Fe^{2+} + O_2 + 6H_2O \rightarrow 2Fe_3O_4 + 12H^+$$

(2)　赤鉄鉱の沈殿

$$4Fe^{2+} + O_2 + 4H_2O \rightarrow 2Fe_2O_3 + 8H^+$$

式4－2　酸素による2価鉄の酸化

(1)　磁鉄鉱の沈殿

$$3Fe^{2+} + 4H_2O \rightarrow Fe_3O_4 + 6H^+ + H_2(g)$$

(2)　赤鉄鉱の沈殿

$$2Fe^{2+} + 3H_2O \rightarrow Fe_2O_3 + 4H^+ + H_2(g)$$

(g)は気体(gas)であることを表します。

式4－3　水による2価鉄の酸化

図4－12からも、水が酸化剤となって、2価鉄を酸化させ赤鉄鉱や磁鉄鉱を沈殿させることがわかります（式4－3）。このとき、水は酸素を取られて水素となります。また、酸素があると磁鉄鉱が沈殿しないこともわかります。

そう考えると、「縞状鉄鉱床の存在が光合成生物の存在していることの証拠になる」とするクラウドの説には無理があることがわかります。海水に溶けている2価鉄を酸化させて赤鉄鉱や磁鉄鉱を沈殿させるには、酸素がある必要はありません。水が酸化剤となって赤鉄鉱や磁鉄鉱を沈殿させることができます。むしろ、海底付近の海中に酸素があると磁鉄鉱は沈殿しません。すなわち、縞状鉄鉱床ができたということは、その当時の海底付近の海中に酸素はなかったことを示しています。

しかし、逆に、縞状鉄鉱床ができたからと言って、海面近くに酸素の存在、すなわち光合成生物の存在を否定することにもなりません。海底に酸素が存在しなかったとしても、海面近くの海水中に酸素がないことにはならないからです。つまり、縞状鉄鉱床の存在は、光合成生物の存在を否定することにも肯定することにもならないのです。

縞状鉄鉱床の鉄の起源

縞状鉄鉱床の鉄がどこから来たかについては、大きく分けて2つの仮説があります。ひとつは鉄が大陸地殻から来たとする説であり、もうひとつは鉄が海洋地殻から来たとする説です。

鉄が大陸地殻から来たとの説は古くからあります。大気中に酸素があったとしても、その分圧が0・01バール以下と低ければ、2価鉄を酸化させて3価鉄とする速度が大きく下がることが実験でわかっています。大陸地殻の鉱物から溶けた2価鉄のうち、若干量は大陸地殻中で酸化されて3価鉄になりその場でフェリハイドライトや赤鉄鉱として沈殿したでしょう。しかし、大部分の鉄は酸化されずに2価鉄のまま河川を通じて海に流れたと考えられます。その結果、海中の2価鉄の濃度は高くなり、磁鉄鉱が沈殿するほど海が還元的になったと考えられます。35億年前から縞状鉄鉱床が増えたのは、大陸が成長したからだと説明することもできます。

海洋地殻から鉄が来たとする説もあります。この説では、海洋地殻中のケイ酸塩鉱物中の2価鉄が地下水に溶けて熱水噴出孔から海水中に噴き出すとしています。この説は、レアアースの濃度やケイ素や鉄の同位体組成を根拠としています。現在では、海洋地殻から来たとする説を支持する研究者が多いようです。しかし、この説ではなぜ35億年前から縞状鉄鉱床が増え始めたかを説明することができません。

縞状鉄鉱床は、大昔にできた鉱床です。そのために、明確に語れないことが多々あります。縞状鉄鉱床については、今後の研究に期待したいと思います。

コラム

酸素分圧

酸素分圧という言葉が出てきました。これは酸素の濃度を表します。熱力学では、気体の濃度を分圧で表しますが、日常生活ではあまり使われない言葉なので、何のことかわかりにくいかもしれません。そこで、分圧とは何かを具体例で見ていきましょう。

地球の大気中には、窒素が78・1％、酸素が20・9％、アルゴンが0・9％あります。これは、全気体分子のうち、それぞれの分子の個数の割合がどのくらいかを表しています。全体の分子の数が1000個だとすると、窒素が781個、酸素が209個、アルゴンが9個あるということです。

それぞれの気体分子の濃度をそれぞれの圧力で表すこともできます。それぞれの気体が寄与する圧力は分子の個数に比例するからです。地表での大気の圧力は1バールなので、それぞれの気体が寄与する分圧は、窒素が0・781バール、酸素が0・209バール、アルゴンが0・009バールとなります。

次に、火星の大気を考えてみます。火星の大気は、二酸化炭素が95％、窒素が3％、アルゴンが1・6％あります。火星の大気圧は0・0075バールなので、火星大気中にあるそれぞれの分子の濃度を分圧で表すと、二酸化炭素が0・007125バール、窒素が0・000225バール、アルゴンが0・00012バールとなります。

それぞれの分子の分圧は、それぞれの分子の濃度を表していることがわかります。

第5章

Origin of life in material circulation

物質循環の中の生命の誕生

- ◉アミノ酸ができるためには、メタンやアンモニアができる強還元的な環境が必要である。
- ◉初期地球でも、熱水噴出孔からはメタンやアンモニアが噴出し、アミノ酸が生成されていた。
- ◉金属鉄を含む巨大隕石が衝突すれば、大気が一時的に強還元的になった可能性もある。
- ◉太古代の微生物は、二酸化炭素(炭酸、重炭酸イオンも)を水素で還元してメタンをつくりエネルギーを得ていた。
- ◉エネルギーを得るには、酸化物質と還元物質が非平衡状態にあることが必要。熱機関である地球が、非平衡状態をつくりだしている。

生命はどのように誕生したのか？

太陽系の中で、生命の存在が確認されている惑星は地球だけです。この生命の存在が、地球の環境を大きく変えました。本章では、地球にどうして生命が誕生できたのか、という謎についてお話しします。第一の謎は、無生物状態で生命の材料となる有機物がどのようにしてできたかです。第二の謎は、初期生命がどのようにしてエネルギーを得ていたかです。ここでは、「初期地球に有機物ができた謎」、「初期生物のエネルギー源の謎」を見ていきます。

「初期地球に有機物ができた謎」では、生命がいない状態で、どのようにして有機物ができたかを考えてみます。地球に生命が誕生するためには、生命がいない状態で、タンパク質、炭水化物、核酸などの有機物ができなければなりません。ここでは、生命のいない地球で、タンパク質の原料となるアミノ酸がどのようにできたかを考えます。アミノ酸ができるためには、メタンやアンモニアができる強還元的な環境が必要です。この環境は、地球の揮発性物質が循環しており、冷たい（200℃以下）場所で鉱物と反応することで実現することがわかります。

「初期生物のエネルギー源の謎」では、最初の生物がどのようにエネルギーを得ていたかを考えます。生物が生きていくためには、何らかの方法でエネルギーを獲得しなければなりません。現在の生物の多くは、大元をたどれば太陽光からエネルギーをもらっていますが、初期生物は地球にある物質を反応させてエネルギーを得ていたと考えられています。ここでは、初期生物がどのような物質を反応させてエネルギーを得ていたかを考えるとともに、そのような物質がどのようにできたかを考えます。熱い場所で平衡だった物質の組み合わせが、物質循環によって冷たい場所に来るとその組み合わせが非平衡になって反応することによりエネルギーを得ていたことがわかります。

5-1 初期地球に有機物ができた謎

生命のいない地球で、タンパク質の原料となるアミノ酸がどのようにできたかを考えてみましょう。アミノ酸ができるためには、メタンやアンモニアができる強還元的な環境が必要です。地球のどこでそのような環境が実現するのかを見ていきます。

パスツールの実験

生命は自然発生すると、19世紀中頃まで信じられていました。この説は、紀元前4世紀のアリストテレスが提唱したものです。アリストテレスは、ミツバチやホタルは草の露からも生まれ、ウナギ・エビ・タコ・イカは海底の泥からも生まれるとしました。生命の基となる「生命の胚珠」が地球全体に広がっており、この「生命の胚珠」が物質を組織して生命をかたちづくると考えました。

これに対して、パスツール（1822―95年）は、生命は自然発生しないと考えました。パスツールはこれを証明するための実験を行い、その結果を1861年に発表しました。

この実験は「白鳥の首フラスコ実験」と呼ばれています。フラスコの口を熱して伸ばし白鳥の首のような形に曲げ、そのフラスコ内に有機物溶液を入れました（図5－1）。フラスコを熱して白鳥の首からしばらく有機物溶液の蒸気を逃して、フラスコ内の微生物を死滅させました。フラスコを室温に冷却してしばらく放置しましたが、微生物の増殖は見られませんでした。しかし、白鳥の首を折ると微生物の増殖が見られました。微生物が外部から侵入したのです。このことから、微生物は自然に発生しないことが確かめられました。

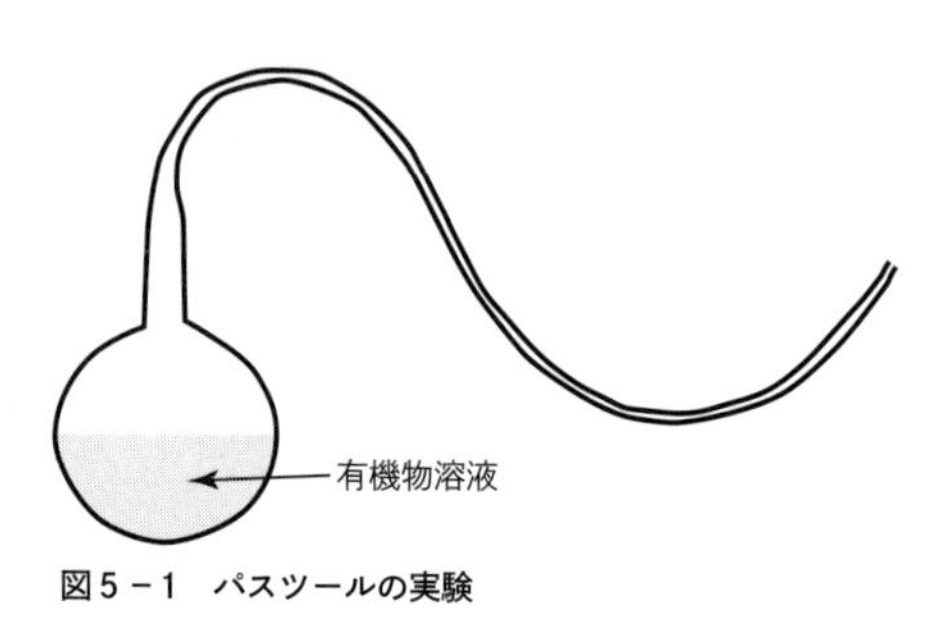

図5－1　パスツールの実験

ミラーの実験

パスツールの実験により生命は自然発生しないと考えられるようになりましたが、そうだとすると最初の生命はどのようにできたのかという疑問が湧いてきます。生命が発生するためには、生命の素材となるタンパク質、炭水化物、核酸という有機物が必要であり、これらの物質は生命がいないとできないとパスツールの時代には考えられていました。しかし、最初の生命は無生命状態からできたはずです。それでは、どのようにして無生命状態でタンパク質、炭水化物、核酸という有機物ができたのでしょうか。

この問題をタンパク質で考えてみましょう。タンパク質は、22種類のアミノ酸が数十個以上直列に結合してできています。アミノ酸とは、カルボキシ基とアミノ基がある有機化合物です（図5－2）。ひとつのアミノ酸分子のカルボキシ基と、別のアミノ酸分子のアミノ基が脱水結合することをペプチド結合といいます。ペプチド結合により多数のアミノ酸が結合して巨大分子になったのがタンパク質です。

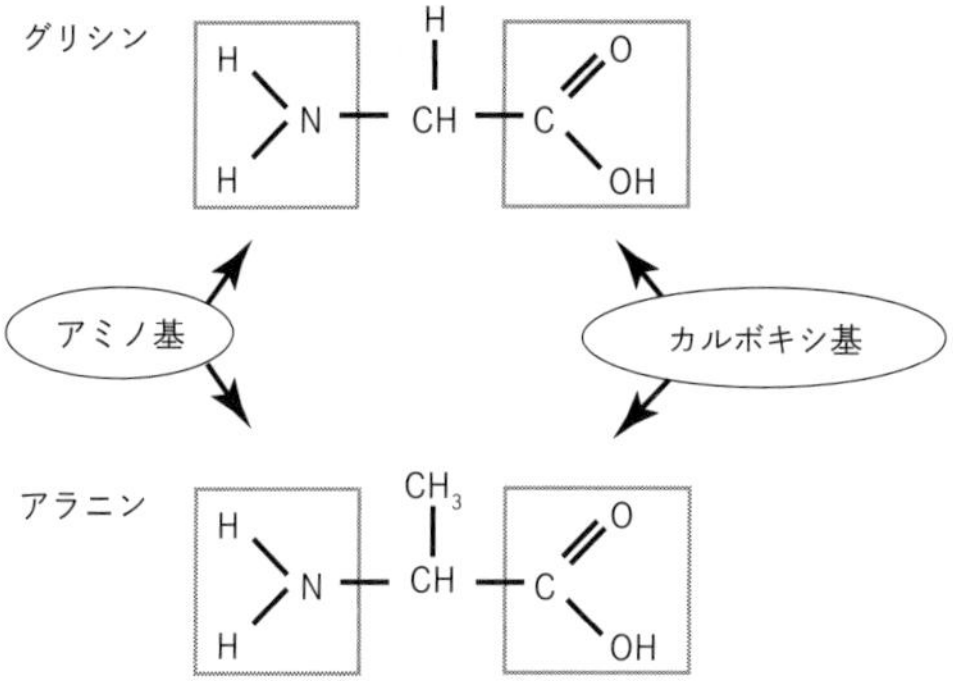

図5－2　アミノ酸の構造

タンパク質の素材となるアミノ酸も、20世紀の中頃までは生命が関与しないとできないと考えられていました。そのアミノ酸がないと、タンパク質ができないので生命も誕生しません。ですから、生命がいない状態から、どのようにアミノ酸ができたかという疑問をまずは解決しなければなりません。

ノーベル賞受賞者であるユーリーとその学生のミラーは、生命の関与がなくても、生命の構成要素であるアミノ酸が無機物からできるのではないかと考えました。ミラーは、これを実証するため、気体の混合物から生命の構成物質であるアミノ酸を生命の関与なしに合成する実験を行いました。

ミラーの実験での出発物質は、水、水素、アンモニア、メタンの混合物という木星の大気を模した強還元的な気体です。当時は、初期地球の大気は、現在の木星の大気と同じように強還元的だと考えられていたからです。この実験では二つのフラスコを用意しました(図5-3)。一つ目のフラスコには気体を溶かした水を入れ、もう一つのフラスコに気体を蓄えました。一つ目のフラスコを熱して水を蒸発させ、もう一つのフラスコに導入して、放電状態にさらしました。この実験では、多くのアミノ酸が合成できました。

この実験は画期的でした。それは、生命が関与しなくても生命の構成要素であるアミノ酸が合成されることを実証したからです。この結果は、1953年に『サイエンス』に発表されました。

しかし、この実験は現在ではあまり注目されていません。というのは、現在では、初期地球の大気は強還元的ではなく弱還元的だと考えられているからです。すなわち、初期地球は、水蒸気、水素、メタン、アンモニアを主成分とする強還元的な大気ではなく、水蒸気、二酸化炭素、窒素を主成分とする弱還元的な大気だったと考えられているのです。なお、大気が弱還元的になったのは水素が宇宙に拡散し水素濃度が低下したためだと、第2章「太陽系惑星と原始の地球」でお話ししました。

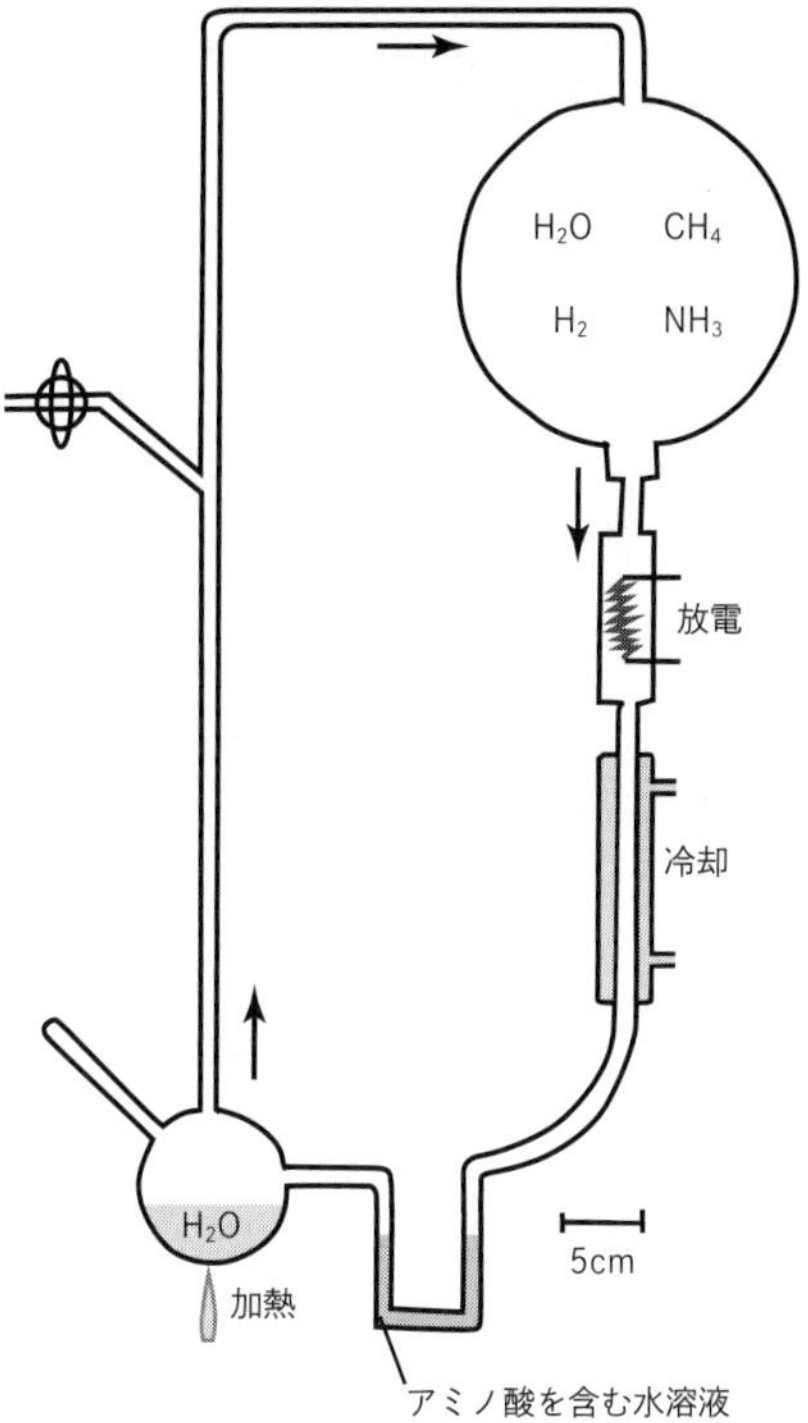

図5－3 ミラーのアミノ酸合成実験

ミラーの実験の後に、水と窒素と二酸化炭素などの弱還元的な混合気体を用いて放電実験を行った研究があります。しかし、これらの実験ではアミノ酸がほとんどできませんでした。いっぽう、水蒸気、水素、アンモニア、メタンを主成分とする強還元的な気体を水に溶かして、水熱条件下（100℃以上の水の中）に置けばアミノ酸が合成できることが熱力学的に予想されました。そして、水熱実験で強還元的な気体からアミノ酸が合成できることが実証されました。アミノ酸ができるためには、放電が重要なのではなく、強還元的な気体の存在が重要ということがわかります。弱還元的な地球の大気からはアミノ酸はできにくいのです。そこで次に、強還元的気体ができる場所が地球にあったかどうかを考えてみましょう。

気体の酸化還元状態

初期地球の大気は、水素が宇宙空間に逃げることによって、二酸化炭素と窒素を主成分とする弱還元的大気になりました。初期地球には、強還元的な大気や水ができる環境はなかったのでしょうか。そのような環境がないとすると、地球にアミノ酸はできず、地球から生命が誕生する道は閉ざされてしまいます。

大気は水素が宇宙に逃げるために弱還元的になったとしても、地下は強還元的である可能性があります。地下では鉱物中の2価鉄が磁鉄鉱になるときにできた水素により、強還元的環境になった可能性があるのです。

鉱物中の2価鉄が磁鉄鉱になるときに、水素が発生します。この水素が、気体中の二酸化炭素を還元してメタンにしたり（式5－1）、窒素を還元してアンモニアにしたり（式5－2）できるかを見ておきましょう。

$$12FeO(\text{ケイ酸塩中}) + CO_2\,(g) + 2H_2O(g) \rightleftarrows 4Fe_3O_4 + CH_4(g)$$

(g)は気体(gas)であることを表します。

式5－1　気体中の二酸化炭素／メタンと鉄鉱物との反応

$$9FeO(\text{ケイ酸塩中}) + N_2(g) + 3H_2O(g) \rightleftarrows 3Fe_3O_4 + 2NH_3(g)$$

式5－2　気体中の窒素／アンモニアと鉄鉱物との反応

実は、二酸化炭素を還元してメタンにしたり、窒素を還元してアンモニアにしたりできるかどうかには温度依存性があります。温度を低くすると、メタンやアンモニアができやすくなるのです。以上を反応式から見ておきましょう。

どのように温度に依存するかは、反応前と反応後の気体の分子数を見るとわかります。高温では気体分子が多いほうへ反応が進行し、低温では気体分子が少ないほうへ反応が進行します。それは、第3章でお話ししたように、高温になるとエントロピーが大きくなる方向に反応が進行しやすくなり、低温になるとエントロピーが小さくなるような方向に反応が進行しやすくなるからです。なお、気体分子が多いとエントロピーは大きく、気体分子が少ないとエントロピーは小さくなります。

式5－1の左辺と右辺の気体分子を数えてみましょう。二酸化炭素がある左辺には、二酸化炭素が1分子、水が2分子なので、合計3分子あるのに対して、メタンがある右辺にはメタンが1分子しかありません。以上から、低温では、気体分子が少ないメタンができる方向へ反応が進行しやすくなることがわかります。

次に、式5－2でも気体分子を数えてみましょう。窒素がある左辺には、窒素が1分子、水が3分子と、合計4分子あるのに対して、アンモニアがある右辺にはアンモニアが2分子しかありません。以上から、低温では、気体分子の数が少ないアンモニアができる方向へ反応が進行しやすくなることがわかります。

以上から、低温に行くにしたがい、式5－1はメタンがある右辺へ、式5－2もアンモニアがある右辺へ反応が進行することがわかります。つまり、低温になるほどメタンやアンモニアなど還元的な気体ができやすくなります。

水溶液に溶けている揮発性物質の酸化還元状態

ここまでは、気体と鉱物との反応を見てきましたが、この場合は気体と鉱物が接しており、反応する場所は陸地の表面あるいは陸地の地下浅い部分に限られます。陸地では、地下の浅い場所だと鉱物と鉱物との間に空気がありますが、深くなると空気はなくなり、鉱物と鉱物の間は水で満たされてきます。また、海底の地下では鉱物と鉱物の間は空気ではなく、海水で満たされています。鉱物と鉱物の隙間が水で満たされている場合、鉱物と反応するのは水に溶けている揮発性物質なのです。そこで、ケイ酸塩中の2価鉄が水溶液中に溶けている二酸化炭素や窒素を還元できるかを見ていきます。

海嶺で地下に浸透した海水中の揮発性物質は、海洋地殻にあるかんらん石や輝石などのケイ酸塩鉱物と反応します。これらのケイ酸塩鉱物中の2価鉄が磁鉄鉱となって、重炭酸イオンを還元してメタンにしたり（式5－3）、窒素を還元してアンモニウムイオンにしたり（式5－4）します。

これらの反応の温度依存性を見てみましょう。海洋地殻中では、かんらん石や輝石などの2価鉄を含むケイ酸塩鉱物と磁鉄鉱（Fe_3O_4）があるので、海洋地殻中に浸透している海水の水素分圧は両鉱物の安定領域の境界になります。図5－4の「海洋地殻中」とある部分が両鉱物の安定領域の境界です。この水素分圧がどのようになるかを高温から低温にたどっていきましょう。

最初に、メタンと炭酸（含む重炭酸イオン）のどちらが安定しているかを見ます。300℃では、2価鉄を含むケイ酸塩鉱物と磁鉄鉱の境界の水素分圧が、炭酸が多量にある領域にあります。これ以後、炭酸といった場合、炭酸だけでなく、二酸化炭素や重炭酸イオン（HCO_3^-）をも含むことにします。温度を下げ210℃になると、炭酸とメタンが同量となる線と交差し、

$$12FeO(\text{ケイ酸塩中}) + HCO_3^- + H^+ + H_2O \rightleftarrows 4Fe_3O_4 + CH_4(aq)$$

(aq)は水溶液の溶存成分であることを表します。

式5－3　水溶液中の二酸化炭素／メタンと鉄鉱物との反応

$$9FeO(\text{ケイ酸塩中}) + N_2(aq) + 3H_2O + 2H^+ \rightleftarrows 3Fe_3O_4 + 2NH_4^+(aq)$$

式5－4　水溶液中の窒素／アンモニアと鉄鉱物との反応

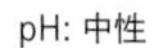

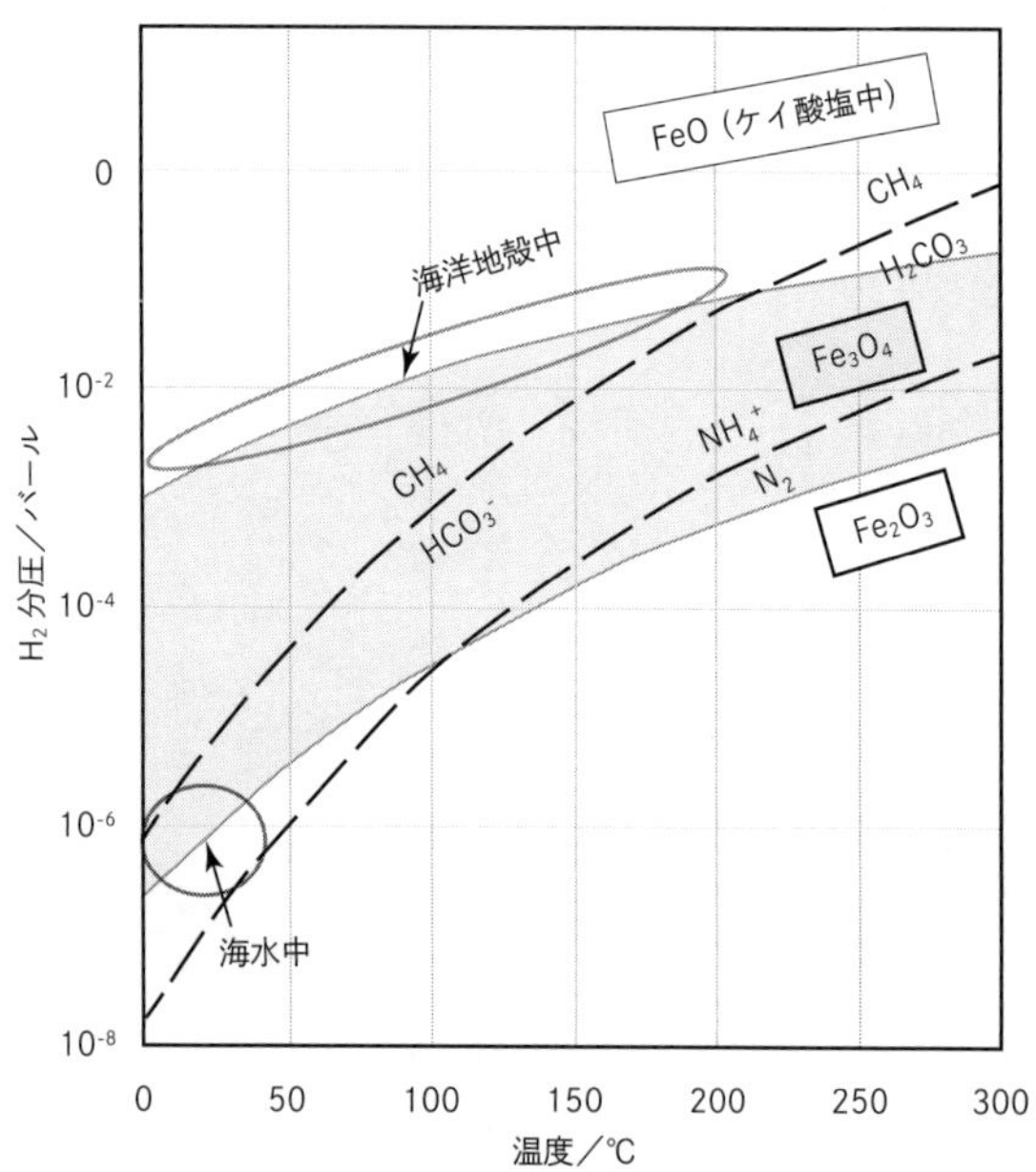

図5－4　鉄鉱物と揮発性物質の安定領域：酸化還元状態の温度による変化
点線は、点線の両側にある揮発性物質が同量ある水素分圧を表しています。

それ以下の温度ではメタンが多くなります。

次に、アンモニウムイオンと窒素のどちらができるかを見ます。300℃における2価鉄を含むケイ酸塩鉱物と磁鉄鉱の境界の水素分圧は、窒素よりもアンモニウムイオンが多量にある領域にあります。温度を下げてもアンモニウムイオンが多い状態になっています。アンモニウムイオンは、300℃以下のすべての温度で窒素よりもたくさんできるのです。

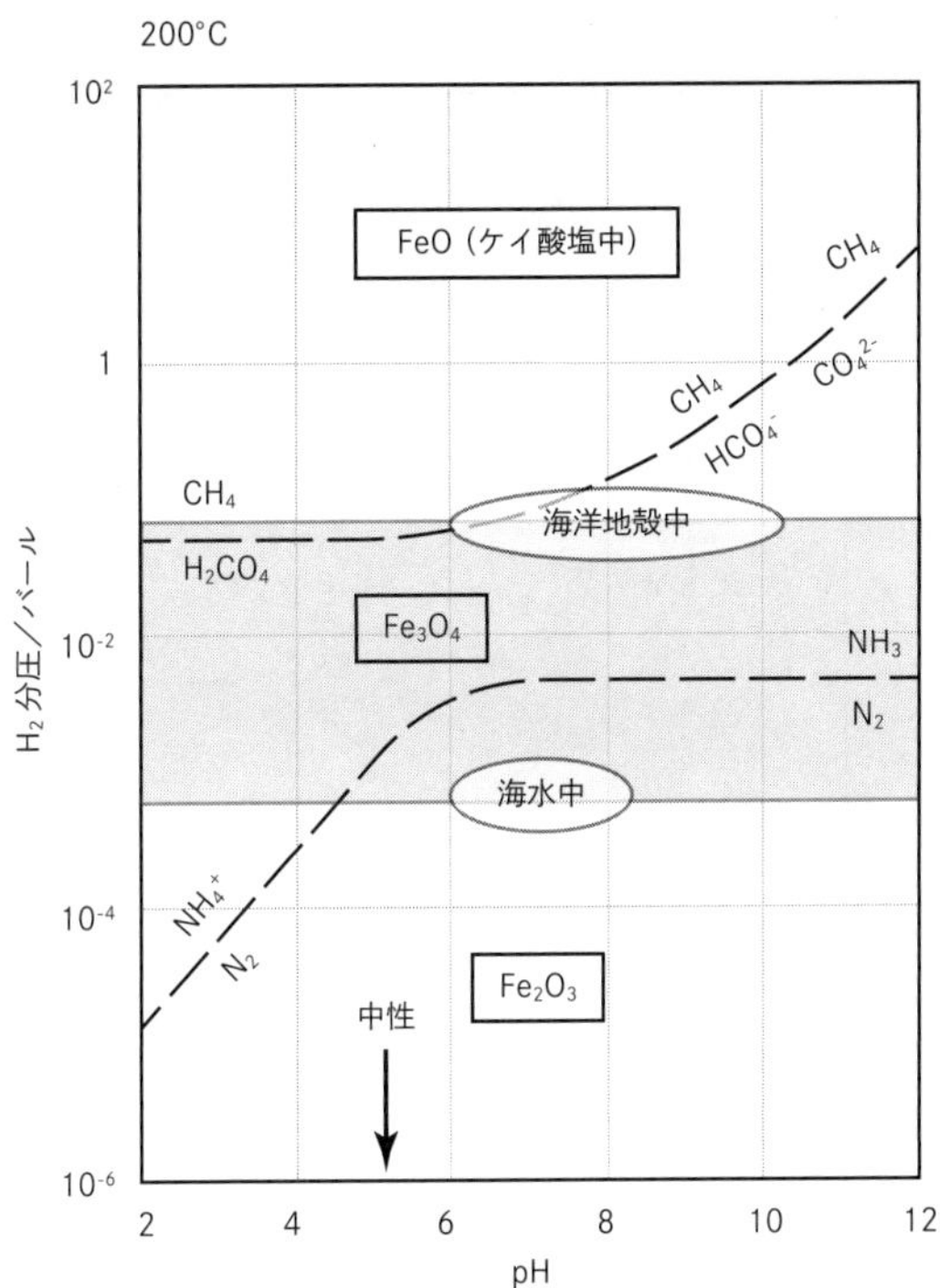

図5－5　鉄鉱物と揮発性物質の酸化還元状態

海洋地殻内では、アンモニウムイオンが300℃以下で窒素分子よりも多くなり、メタンが210℃以下で炭酸（含む重炭酸イオンおよび炭酸イオン）よりも多くなります。ただし、以上は地下水が中性にある場合です。水溶液中の分子やイオンの量比はpHによっても変化します。そこで、温度を200℃と25℃に固定して、pHが変化すると、分子やイオンの量比がどうなるかを見てみま

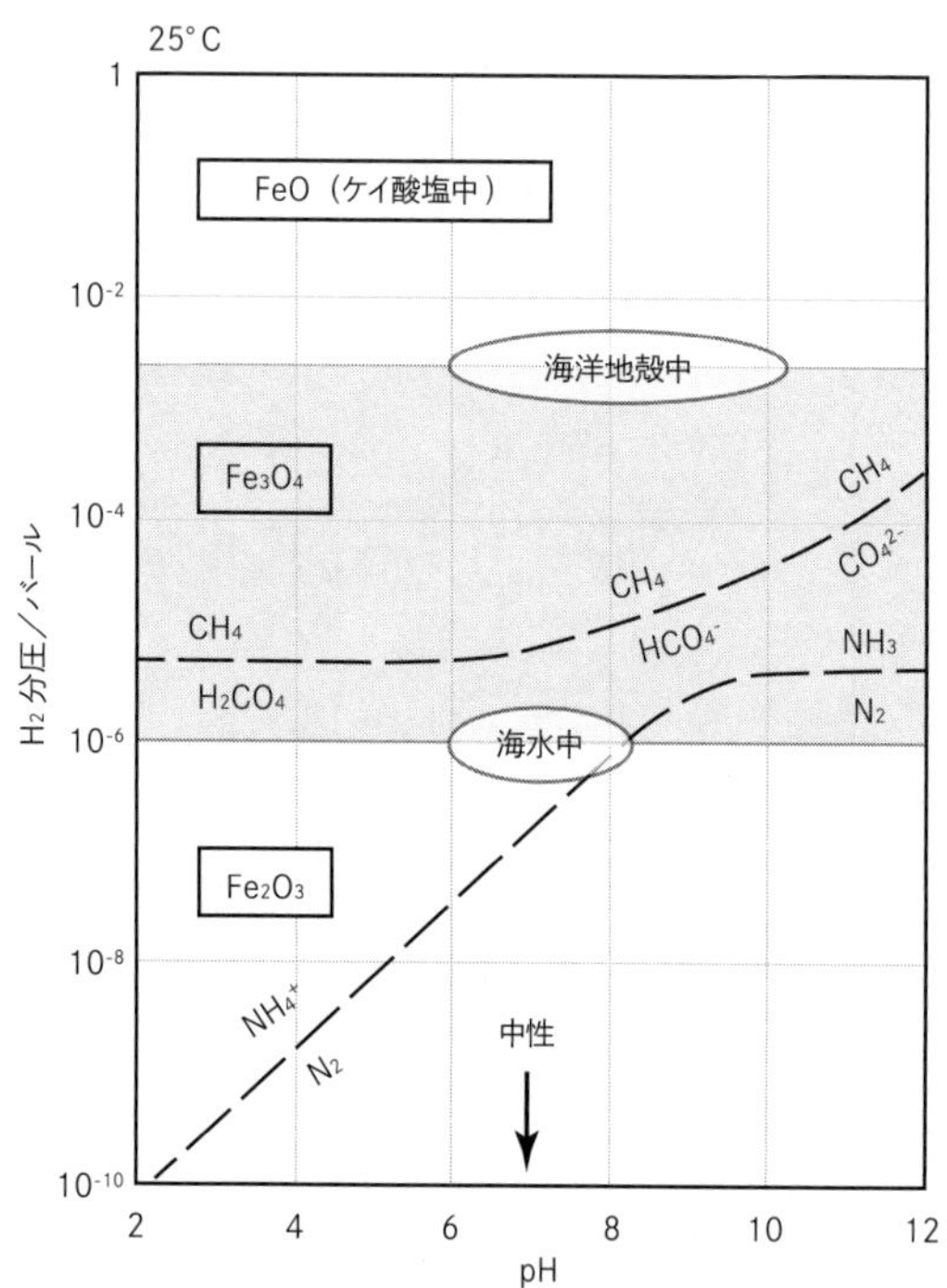

図５－６　鉄鉱物と揮発性物質の酸化還元状態

しょう。

最初に、２００℃の場合です（図５－５）。２００℃では、中性のpHは５近くになっています。

また、実際の海洋地殻内の地下水のpHは６から11程度になっていると推測されます。それは炭酸と重炭酸イオンが同量あるpHが５・９近くであり、重炭酸イオンと炭酸イオンが同量あるpHが10・４近くであり、pHもこの近辺にあると推測できるからです。

２００℃の海洋地殻中の地下水は、アンモニウムイオンが多量にある領域にはありますが、メタンは重炭酸と同量か少ない領域に入っています。pHが上がって炭酸イオンの領域に入ると、メタンよりも炭酸イオンが多くなります。２００℃でpHが高いとメタンができにくいのです。

次に、25℃の場合です（図５－６）。温度が25℃では中性のpHは7となります。25℃の海洋地殻中の地下水は、アンモニウムイオンおよびメタン分子が多量にある領域にあり、温度が下がるとアンモニウムイオンやメタン分子ができやすくなります。

以上をまとめると、海洋地殻内の地下水が２００℃であれば、アンモニウムイオンはできますが、メタンは少ししかできません。温度が25℃であれば、アンモニウムイオンもメタン分子も十分にできる領域にあります。この中間の温度、すなわち、１００℃くらいであれば、アンモニウムイオンもメタンも十分にできていたと推定できます。

実際、海嶺付近にある熱水噴出孔では、メタンやアンモニアが噴出しています。初期地球においても、海洋地殻の酸化還元環境は、現在と同じく、輝石と磁鉄鉱が決めていたと考えられるので、熱水噴出孔からメタンやアンモニアが噴出しており、アミノ酸が生成されていたと考えられます。

隕石衝突によるアミノ酸生成説

海嶺付近の海洋地殻の地下では強還元的な状態にあり、アミノ酸ができる環境にあることを見てきましたが、これとは異なる、最近提案された別の説を紹介します。それは隕石衝突によって、地表に強還元的状態が実現してアミノ酸ができるとした中沢の説です。

初期地球の大気は通常弱還元的ですが、一時的に強還元的になることがあります。それは、鉄を含む巨大隕石が地球へ落下したときです。巨大隕石が地球に落下すると、隕石の運動エネルギーが熱エネルギーに変換され、地表は高温になり、地表の岩石や隕石中の物質は気体や微粉末となり上空に飛ばされたり、マグマオーシャンに溶けたりします。このとき、巨大隕石中にあった金属鉄も気体や微粉末となったりマグマオーシャンに溶けたりしました。

71ページの図2－3に、鉄鉱物の安定領域と、炭素化合物や窒素化合物の安定領域を表しました。この図を元に600℃のときにどのような反応が起こるかを見てみましょう。金属鉄は水と反応して2価鉄としてケイ酸塩鉱物に入ります。このとき水素が発生します。水素分圧は水素が外部に漏れないとすると1万バールくらいまで上昇します。水素は宇宙に拡散するので1万バールにはなりませんが、水素が宇宙に拡散したとしても200バールくらいにはなります。600℃のときに水素分圧が200バールもあるとすれば、二酸化炭素はメタンになり、窒素はアンモニアになります。つまり、強還元的な大気ができるのです。

中沢が唱えたのは、金属鉄を含む巨大隕石が地球に落下すればメタンやアンモニアができるので、同時にアミノ酸ができる可能性があるという説です。この仮説を実証するために、鉄隕石が地球へ落下することを模した実験が行われました。金属鉄と窒素と二酸化炭素を金カプセルに入れ、その金カプセルを、火薬を爆発させて加速させ高速でターゲットに当てる実験です。この結果、金カプセルの中にアミノ酸が確認できました。これが生命の起源となるアミノ酸だと中沢達は主張しています。

しかし、このアミノ酸が生命の材料となったかどうかについては、議論の余地があります。巨大隕石の衝突によって、大気は一時的に強還元的となりアミノ酸ができることは実証されました。しかし、同時に大気は高温になったので、水素は宇宙に拡散し、大気は弱還元的に戻ってしまうことも否定できません。そうであると、高温状態（600℃以上）ではアミノ酸は分解されてしまう可能性があることも考慮しなければならないと考えます。

アミノ酸からタンパク質へ

熱水噴出孔で、水素、メタン、アンモニアからアミノ酸ができた話に戻りましょう。熱水噴出孔でアミノ酸ができたとしても、生命が生まれるためには、アミノ酸が結合してタンパク質ができなければなりません。タンパク質は数十個から数百万個のアミノ酸がペプチド結合してできています。ペプチド結合とは、ひとつのアミノ酸のアミノ基と、別のアミノ酸のカルボキシ基が結合することです。このとき、アミノ基の水素とカルボキシ基の水酸基がアミノ酸から外れて水ができます。つまり、ペプチド結合は脱水反応です。

ペプチド結合が脱水反応なので、温度の高い地下でタンパク質ができたと考える研究者もいます。ペプチド結合すると、気体または液体の水分子が増加します。したがって、温度を高めると水分子の数が増えるペプチド結合ができる方向へ反応が進行するはずです。そこで、水熱条件下（180―400℃）でアミノ酸がペプチド結合するかの実験が行われました。この結果、アミノ酸の重合が促進することが確認されました。これは、海嶺でできたアミノ酸が重合してタンパク質となりうることを示しています。

アミノ酸同士をペプチド結合させてタンパク質を作るには、干潟が有利と考える研究者もいます。干潟では海水が蒸発することによりアミノ酸濃度が高くなるからです。アミノ酸の濃度が高いと、アミノ酸同士が出会う確率が高くなり、アミノ酸同士がペプチド結合する可能性が高くなります。しかし、干潟ができるためには大陸が必要ですが、初期地球には大陸がありませんでした。また、たとえ大陸があり、そこに干潟が存在したとしても、地球の大気は弱還元的であるために、水素分圧が低すぎて、アミノ酸はできません。さらに、仮にタンパク質ができたとしても、それが生命に発展することは難しいのです。干潟には生命のエネルギー源となる物質が存在しないからです。生命のエネルギー源については次にお話しします。

タンパク質ができるまでの道筋までは見えてきましたが、生命ができるまでの道筋はまだまだ長そうです。すべての生命は細胞でできています。その細胞ができるためには糖質や脂質も必要だし、遺伝情報を伝達するための核酸も必要です。さらに、タンパク質や糖質や脂質や核酸があったとしてもそれだけで細胞ができることにはなりません。これらの物質が組織化してようやく細胞ができます。その道筋はいまだに未知な点が多いのです。

5-2 初期生物のエネルギー源の謎

ここでは、初期生物がどのような物質を反応させてエネルギーを得ていたかを見るとともに、そのような物質が地球でどのようにできたかを考えます。じつは、地球は熱機関なのです。熱い状態で平衡にあった物質が冷たい状態で非平衡となり、その非平衡にある物質を反応させることにより初期生物はエネルギーを得ていました。では、そのメカニズムを詳しく見ていきましょう。

生物は食べて息をする

動物は、食物を食べて息をして生きています。この食物は他の動物の肉や植物の実や茎や根であり、これらは有機物です。動物は息をして酸素を取り入れ、有機物と酸素を反応させてエネルギーを得ているともいえます。有機物は還元的な物質であり酸素は酸化的な物質です。動物は、還元的物質と酸化的物質を反応させてエネルギーを得ているともいえます。動物が食べた有機物は体の材料にもなります。動物が有機物を食べるのは、動物自らが有機物をつくることができないからでもあります。このように他の生物がつくった有機物を体の材料としている生物を従属栄養生物といいます。

植物も、有機物と酸素を反応させることによりエネルギーを得ています。ただし、植物は、水や二酸化炭素などの無機物を原料に、太陽からの光エネルギーを用いて有機物をつくります。これを光合成といいます。このとき、酸素が大気中に吐き出されます。これによって、大気中に酸素が増えます。植物がつくった有機物は、植物の体の材料にもなります。このように無機物から有機物をつくれる生物を独立栄養生物といいます。独立栄養生物のうち、光エネルギーを使って無機物から有機物をつくる生物を、光合成独立栄養生物といいます。

動物や植物などは多細胞生物ですが、それよりも原始的な生命として単細胞生物がいます。単細胞生物にも独立栄養生物と従属栄養生物がいます。単細胞生物の独立栄養生物には、ミドリムシやシアノバクテリアがいます。これらの独立栄養生物は、植物と同じように光合成により無機物から有機物をつくります。自らがつくった有機物と酸素を反応させてエネルギーを得るとともに、この有機物は自らの体の材料にもなります。単細胞生物の従属栄養生物には、アメーバやゾウリムシや大腸菌や乳酸菌がいます。これらの従属栄養生物は、動物と同じように独立栄養生物がつくった有機物を食べて生きています。

独立栄養生物の中には、光合成以外の方法でエネルギーを得ている生物もいます。これらの生物は、環境中にある還元的物質と酸化的物質を反応させてエネルギーを得ており、このエネルギーを使って環境中にある二酸化炭素を還元させて有機物を合成しています。このような生物を化学合成独立栄養生物といいます。これらの化学合成独立栄養生物は、ほとんどが古細菌や真正細菌という原始的な生物です。

海嶺付近の熱水噴出孔に生息する細菌

1970年代後半、海嶺付近に熱水噴出孔が発見され、そこに古細菌や真正細菌などの化学合成独立栄養細菌が生息していることがわかりました。これらの古細菌や真正細菌は、海底から噴出した還元的な物質を食料としていました。さらに、それらの細菌を食べる生命が熱水噴出孔の周囲に多数生息していました。海嶺付近の熱水噴出孔に生息する化学合成独立栄養細菌が発見さ

酸化する物質と酸化される物質	化学反応式	酸化的物質
酸素による酸化		
水素の酸化	$2H_2 + O_2 \rightarrow 2H_2O$	O_2
メタンの酸化	$CH_4 + 2O_2 \rightarrow HCO_3^- + H^+ + H_2O$	O_2
硫化水素イオンの酸化	$HS^- + 2O_2 \rightarrow SO_4^{2-} + H^+$	O_2
2価鉄の酸化	$4Fe^{2+} + O_2 + 4H^+$ $\rightarrow 4Fe^{3+} + 2H_2O$	O_2
2価マンガンの酸化	$2Mn^{2+} + O_2 + 2H_2O$ $\rightarrow 2MnO_2 + 4H^+$	O_2
有機物の酸化	$C_6H_{12}O_6 + 6O_2$ $\rightarrow 6CO_2 + 6H_2O$	O_2
硫酸イオンによる酸化		
メタンの酸化	$CH_4 + SO_4^{2-}$ $\rightarrow HS^- + HCO_3^- + H_2O$	SO_4^{2-}
水素の酸化	$4H_2 + SO_4^{2-} + H^+$ $\rightarrow HS^- + 4H_2O$	SO_4^{2-}
二酸化炭素による酸化		
水素の酸化	$4H_2 + CO_2 \rightarrow CH_4 + 2H_2O$	CO_2

表5－1　熱水噴出孔で見つかった微生物の代謝反応

れると、これらの細菌が地球最古の生物であると考える研究者が増えました。

独立栄養細菌のほうが従属栄養細菌よりも先に生まれたことはまちがいありません。従属栄養細菌は、独立栄養細菌がつくった有機物を食べなければ生きていけないからです。

独立栄養細菌には、化学合成独立栄養細菌と光合成独立栄養細菌があります。化学合成独立栄養細菌のほうが光合成独立栄養細菌よりも先にできたと考えられています。光合成独立栄養細菌は光の届く海面近くでしか生存できませんが、化学合成独立栄養細菌は光の届かない海底でも生存できます。特に、熱水噴出孔は生物の材料となる有機物ができやすい環境なので、そこに最初の生物が誕生したと考えるのは合理的です。光合成という複雑な機構を持たない点でも、化学合成独立栄養細菌のほうが光合成独立栄養細菌よりも先にできたと考えるほうが自然です。

現在の海嶺付近の熱水噴出孔で見つかった化学合成独立栄養細菌は、還元的物質と酸化的物質を反応させてエネルギーを得ています。これらの生物が利用する酸化的物質には、酸素、硫酸イオン、二酸化炭素があります。また、還元的な物質には、有機物、水素、メタン、硫化水素イオン、2価鉄、2価マンガンがあります。熱水噴出孔で見つかった微生物の代謝反応を表5－1に表します。

太古代の生物が利用できる酸化的物質は何か？

現在の熱水噴出孔にはさまざまな化学反応でエネルギーを得ている微生物が見つかっていますが、太古代の熱水噴出孔にも現在と同じ化学反応でエネルギーを得ていた微生物がいるとは限りません。それは太古代の熱水噴出孔では現在と同じ化学物質を利用できない可能性があるからです。

海嶺付近の熱水噴出孔から供給されている還元的物質は、太古代も現在も大きく変わりません。それは、海洋地殻内の酸化還元状態が、現在も太古代もほとんど同じだからです。つまり、太古代も現在も海洋地殻内の熱水の水素分圧は輝石ができる領域と磁鉄鉱ができる領域の境界になっており、その水素分圧でできる揮発性物質は同じだからです。現在の熱水噴出孔に生きている化学合成独立栄養細菌が利用している還元的物質と同じ還元的物質が、太古代の熱水噴出孔からも排出されていたと考えられます。現在でも太古代でも、水素やメタンなどの還元的物質が熱水噴出孔から出ているのです。図5-7からわかるように、海洋地殻の酸化還元状態では水素や硫化水素やメタンが安定に存在します。

いっぽう、酸化的物質は海から供給されますが、海の酸化的物質の化学種の量は現在と太古代では大きく異なります。現在の海は酸素が多量にありますが、太古代の海は酸素がまったくない還元的な状態だったからです。現在の熱水噴出孔に生きている化学合成独立栄養細菌が利用している酸化的物質は、酸素、硫酸イオン、二酸化炭素です。しかし、太古代の海では、これらの酸化的物質は現在と同じような濃度では存在していません。第4章の縞状鉄鉱床で見てきたように、太古代の海底付近の海に酸素はなく、海底付近の海水の水素分圧は、磁鉄鉱ができる領域と赤鉄鉱ができる領域の境界になっていました（図5-7）。

太古代の海には酸素はありません。第4章で論じたように、初期地球の深海には、酸素はまったく存在していませんでした。したがって、その時代に酸化的物質として酸素を利用することはできません。

硫酸イオンも、太古の海にはほとんどないので除外されます。第4章で、海底には磁鉄鉱と赤

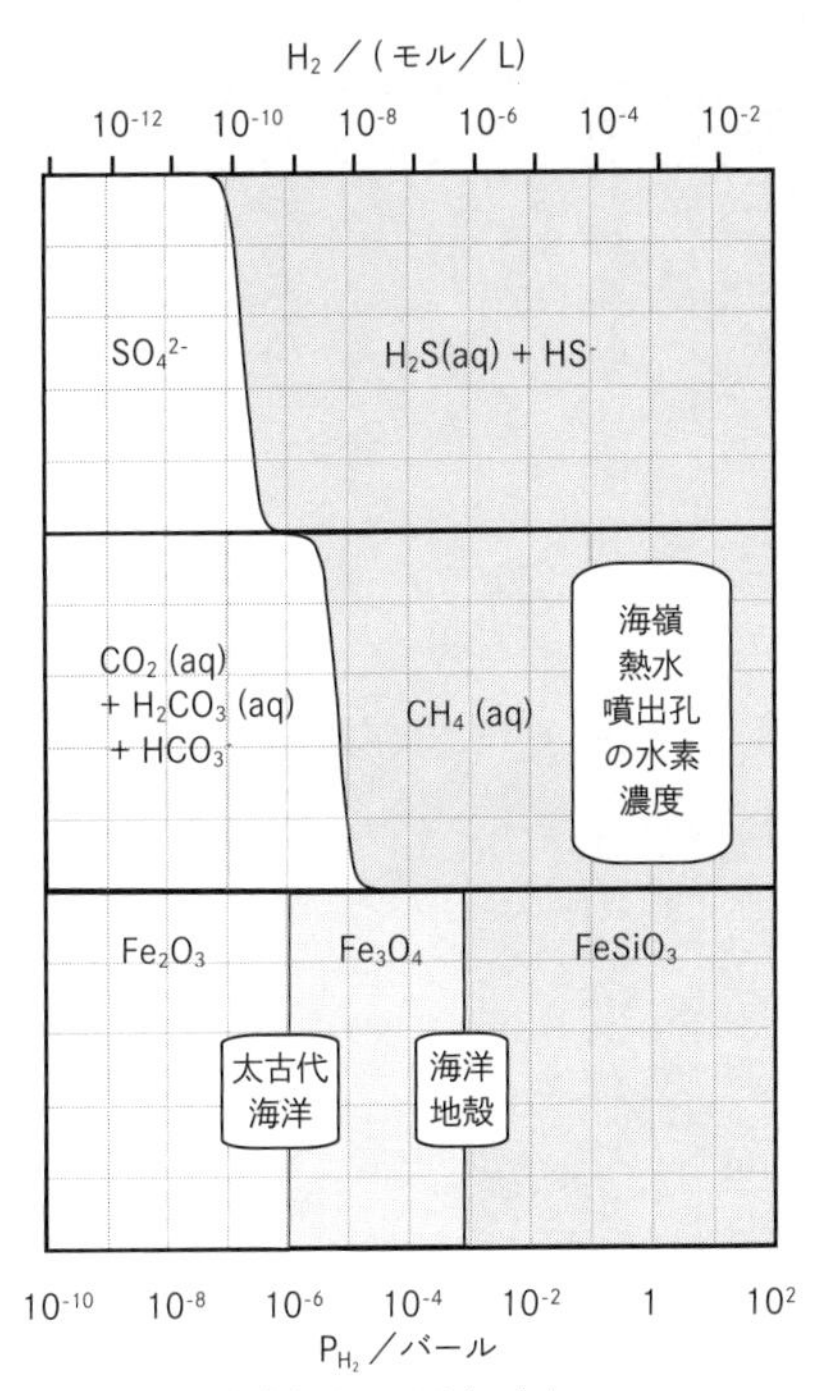

(aq)は水溶液の溶存成分であることを表します。

図5－7　水素分圧によるイオウと炭素の溶存種の量および安定な鉄鉱物(25℃)

鉄鉱が沈殿して縞状鉄鉱床ができていることをお話ししました。このときの、水素分圧は10のマイナス6乗バールくらいになります（図5－7）。

この水素分圧だと、硫酸イオンの量よりも、硫化水素と硫化水素イオンの合計量のほうが1000倍ほど多くなります。また、硫化水素と硫化水素イオンの合計量も10のマイナス9乗モル程度しかありません。以上から硫酸イオンは、10のマイナス12乗モル以下と、極微量しかありませんでした。したがって、硫酸イオンを酸化的物質として利用することはできませんでした。

二酸化炭素は太古代に、現在よりも多量にありました（第4章を参照）。大気中の二酸化炭素は海に溶け、半分ほどが炭酸となります。そして水素イオンを解離して重炭酸イオンとなります。炭酸も重炭酸イオンも、二酸化炭素と同じように酸化的物質として利用できます。

以上から、太古代には、二酸化炭素（含む炭酸や重炭酸イオン）だけが、酸化的物質として独立栄養細菌が利用できたことがわかります。現在の海にある酸化的物質である酸素、硫酸イオン、二酸化炭素（含む炭酸と重炭酸イオン）のうち、太古代の海には二酸化炭素しかなかったのです。

太古代の生物が利用できる還元的物質は何か？

酸化的物質として二酸化炭素（含む炭酸、重炭酸イオン、炭酸イオン）しか利用できないとすると、二酸化炭素が酸化できる還元的物質は水素に限られます。現在の海嶺に存在する水素以外の還元的物質は二酸化炭素で酸化することができないからです。水素以外の還元的物質のうち、有機物やメタンや硫化水素や2価鉄や2価マンガンは二酸化炭素で酸化することはできないことを確認してみましょう。

まずは、有機物とメタンは二酸化炭素と同じ炭素の化合物であるので排除されます。有機物やメタンを酸化すると二酸化炭素になるので、二酸化炭素そのものは酸化剤とならないのです。

硫化水素と2価鉄と2価マンガンは二酸化炭素では酸化することはできないことを見てみましょう。硫化水素は二酸化炭素と安定して共存するので、硫化水素を二酸化炭素が酸化することはできません（図5－7）。2価鉄イオンも二酸化炭素と安定して共存するので、2価鉄を二酸化炭素が酸化することはできません（図4－12）。2価マンガンイオンも二酸化炭素と安定して共存するので、2価マンガンイオンを二酸化炭素が酸化することはできません。

以上から、太古代には、二酸化炭素を水素で還元してメタンをつくるしかエネルギーを得る方法がなかったことになります（式5－5）。現在でも二酸化炭素を水素で還元してメタンをつくる細菌がいます。このような細菌をメタン細菌と呼んでいます。

太古代の海には多量の二酸化炭素があるので、太古代の化学合成独立栄養細菌は十分な二酸化炭素を利用できたと考えられます。あとは十分な量の水素が、太古代の熱水噴出孔から排出されていればよいことになります。

$$4H_2\,(aq) + CO_2\,(aq) \rightarrow 2H_2O + CH_4(aq)$$

(aq)は水溶液の溶存成分であることを表します。

式5－5　水素と二酸化炭素からメタンができる反応

海底噴出孔からの水素の濃度

現在の海嶺付近の熱水噴出孔は、相当な量の水素を含んでいます。海嶺付近の熱水噴出孔の熱水には、40マイクロモル／Lから16000マイクロモル／Lの水素が含まれていることが観測されています。この水素濃度は、25℃のとき輝石と磁鉄鉱とで緩衝される水素濃度（0・57マイクロモル／L）の70倍から28000倍にもなります。

現在の海嶺付近の熱水噴出孔から出てくる熱水は、十分な量の水素を含んでおり、この水素は、少なくとも200℃以下で二酸化炭素を還元してメタンにすることができます。それは、この水素濃度だと、200℃でメタンが安定になるからです（図5－8）。

太古代の熱水噴出孔から噴出している熱水も、現在と同等の水素を含んでいたと考えられます。それは太古代の海洋地殻の酸化還元状態や温度の状態が、現在とほとんど同じと考えられるからです。

熱水噴出孔からの熱水中の水素濃度が高い理由

熱水噴出孔からの熱水は、高い濃度の水素を含んでいることがわかりましたが、なぜ海嶺付近の熱水噴出孔から噴き出している熱水の水素濃度が高いのでしょうか。温度が上昇すると、気体の溶解度は低下することは、中学や高校で習いました。そうだとすると、高温下にある熱水のほ

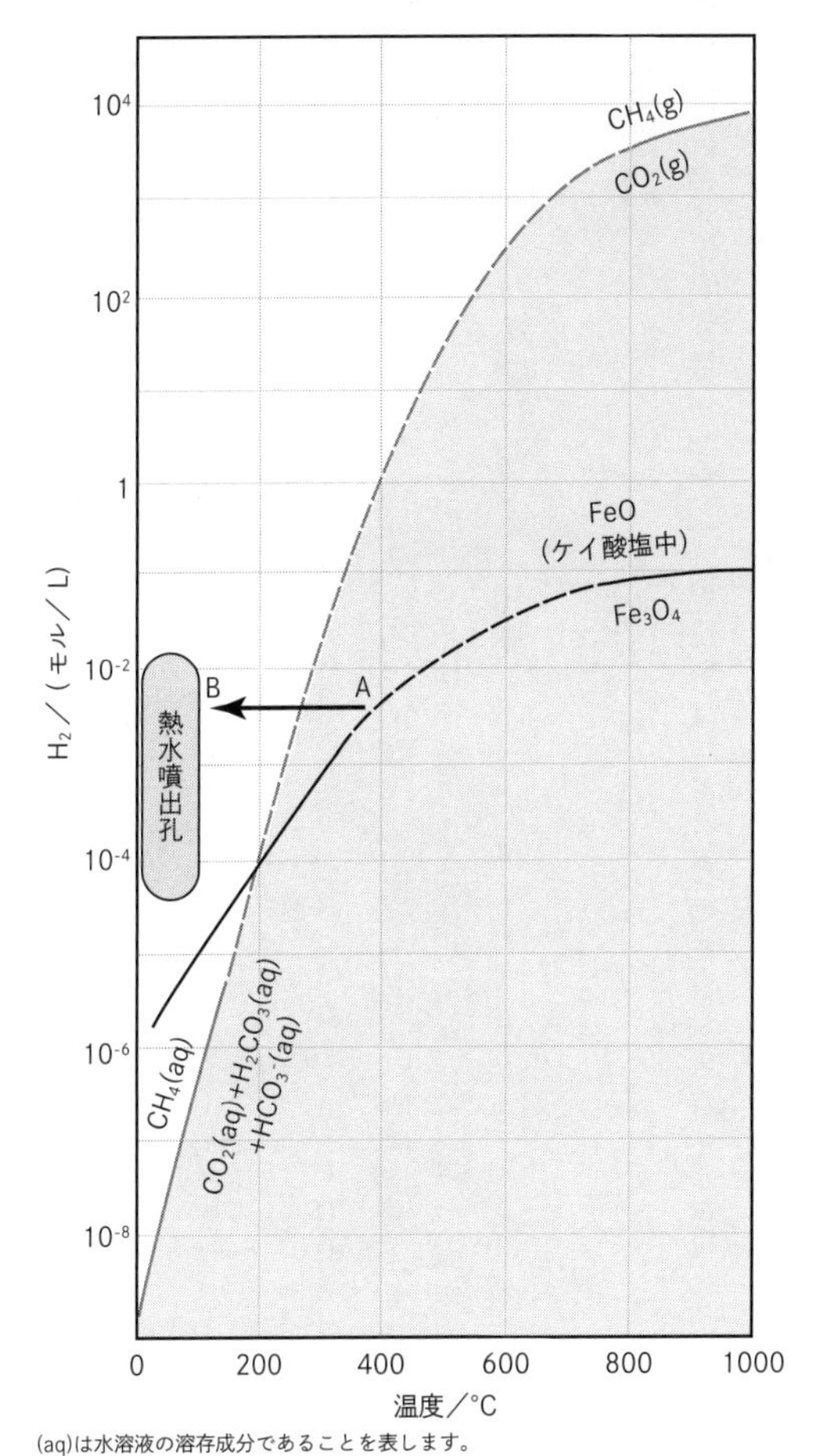

(aq)は水溶液の溶存成分であることを表します。

図5－8　FeO(ケイ酸塩中)－Fe_3O_4およびメタン－二酸化炭素の安定領域：室温に戻した時の水素濃度の関数として

うが室温下にある水よりも水素濃度が低くなるはずです。しかし、実際は逆になっています。

これについては、すでに第1章でお話ししました。水素の溶解度は、50℃以下で温度上昇とともに減少していますが、80℃以上で温度上昇とともに増大しています（図1－11）。

ケイ酸塩鉱物中の2価鉄と磁鉄鉱が共存するときの水素濃度を見てみましょう。図5－8からわかるように、この水素濃度は温度上昇とともに増加しており、200℃で約100マイクロモル／L、500℃で約13000マイクロモル／Lとなっています。

現在の海嶺の熱水噴出孔から出てくる熱水の水素濃度（40から1万6000マイクロモル／L）は、海洋地殻と熱水が180℃から520℃くらいで反応し、平衡に達したときの値に等しくなっています。つまり、この熱水は180℃から520℃くらいの高温で海洋地殻と反応した結果、高い水素濃度になったと考えられます。

地球は熱機関

還元的物質と酸化的物質が存在するだけでは、それらの物質からエネルギーを得られるとは限りません。還元的物質と酸化的物質の両者が反応しなければ、エネルギーを得ることができないのです。実際に、400℃では、5000マイクロモル／Lの水素があっても、二酸化炭素と水素は反応しません（図5－8のA）。このような状態を平衡状態といいます。

化学合成独立栄養細菌が還元的物質と酸化的物質とを反応させてエネルギーを得るためには、この還元的物質と酸化的物質が反応する状態になる必要があります。たとえば、100℃では、5000マイクロモル／Lの水素があると、二酸化炭素が還元されてメタンとなります（図5－8のB）。このように反応しうる状態を非平衡状態といいます。

化学合成独立栄養細菌は、環境中の非平衡状態にある酸化的な物質と還元的な物質を反応させ、そこからエネルギーを得て生きているのです。化学合成独立栄養細菌は地球にある化学エネルギーを消費しているということです。それでは、地球はどのようにして化学エネルギー（あるいは非平衡状態）を生み出しているのでしょうか。

じつは、地球は熱機関として働いています。つまり、海洋地殻内で海水が高温状態と低温状態とを循環することによって非平衡状態を作り出しているのです。海水が地下に浸透し400℃に温度が上がると、海洋地殻の鉄を含むケイ酸塩鉱物と水とが反応して高濃度（4000マイクロモル／L）の水素が発生します。この高濃度の水素は高温下では二酸化炭素と反応しません。つまり、高温（300℃以上）で高濃度水素と二酸化炭素は平衡状態にあります。

この熱水が熱水噴出孔から出て海水と混合して温度が低下すると、高濃度水素と二酸化炭素とは平衡状態から非平衡状態に変化します。この非平衡状態になった高濃度水素と二酸化炭素を反応させてメタン細菌はエネルギーを得ているのです。

熱水を高温状態から低温状態にしていることが、非平衡状態を作り出しており、メタン細菌が利用している化学エネルギーの源なのです。地下の高温状態は、ウランやトリウムやカリウムの核分裂エネルギーによる熱で生みだされています。海の低温状態は、宇宙へ熱を光エネルギーとして放射していることから生みだされています。結局、太古代の熱水噴出孔に生息していた化学合成独立栄養細菌も大元をたどれば、地球内部での核分裂エネルギーを利用しているということになります。

最近、地球外生命が注目されています。特に、火星に生命がいるのではないかという期待が高まっています。それは火星の地下に水があるからです。しかし、水があることは生命が存在するための十分条件ではありません。火星に化学合成独立栄養生物が存在するには、環境が非平衡状態である必要があります。非平衡状態を実現するためには、物質が高温状態と低温状態を循環していることが必要です。現在の火星では物質が循環していないので、少なくともここで議論したような化学合成独立栄養生物が存在することはないと考えます。

第6章

Carbon dioxide and the continental crust

二酸化炭素と大陸地殻

◉二酸化炭素は大気中だけではなく、大陸地殻中の鉱物とも反応しながら、大陸地殻の中を循環している。

◉地下深くの熱い場所では、大陸地殻は二酸化炭素を吐き出し、二酸化炭素は気体となる。地表などの冷たい場所では、二酸化炭素は大陸地殻物質に取り込まれる。

◉その結果、水と二酸化炭素の出入りによって、灰長石↔方解石＋カオリナイトという反応が起きる。

◉光合成によって、炭酸カルシウムが海底に沈殿する。

二酸化炭素と大陸地殻

前章では、初期生命が二酸化炭素を酸化物質としてエネルギーを得ていたという話をしました。われわれ生命にとっても重要物質である二酸化炭素は、大気中にあるだけでなく、大陸地殻中の鉱物とも反応しながら大陸地殻の中を循環しています。人間が化石燃料の燃焼で発生させる二酸化炭素の循環は100年以内の短期的な循環を論じていますが、ここで論じる循環は100万年以上の長期的な二酸化炭素の循環です。ここでは、「二酸化炭素と大陸地殻の循環反応モデル」、「大陸地殻表面での二酸化炭素と鉱物の反応」、「海での炭酸塩鉱物の沈殿」を見ていきます。

「二酸化炭素と大陸地殻の循環反応モデル」では、二酸化炭素と大陸地殻の循環反応を単純化したモデルで見てみます。大陸地殻が地下深くの熱い場所にあるとき、二酸化炭素は大陸地殻物質から吐き出されて気体となります。そして、大陸地殻物質が地表や海底のように冷たい場所にあるとき、二酸化炭素は大陸地殻物質に取り込まれます。

「大陸地殻表面での二酸化炭素と鉱物の反応」では、大陸の地表付近でゆっくり進行する冷たい場所での反応の様子を見てみます。大陸の地表付近で進行する冷たい場所での反応は遅いために、大陸地殻物質は、十分に反応しない状態で、侵食され水に流されて海底に堆積していきます。

「海での炭酸塩鉱物の沈殿」では、どのようにして海で炭酸カルシウムが沈殿するかを見ていきます。炭酸カルシウムは、ほとんどが大陸表面で沈殿せずに海で沈殿しています。炭酸カルシウムは、カルシウムイオンと炭酸イオンが結びついて沈殿します。海には、カルシウムイオンは多量にありますが、炭酸イオンが極微量しかないのに、どのようにして炭酸カルシウムが沈殿するかを見ていきます。

6-1 二酸化炭素と大陸地殻の循環反応モデル

二酸化炭素の循環は、大陸地殻の循環と密接な関係があります。ここでは、このような二酸化炭素と大陸地殻物質の循環反応を表す単純化したモデルを見ていきます。

ユーリーの二酸化炭素と大陸地殻の循環反応モデル

ユーリーは1952年に、二酸化炭素と大陸地殻物質の循環反応モデルを提案しています。これは大陸地殻物質の岩石が、ケイ灰石（$CaSiO_3$）でできているとしたモデルです。このモデルでは、岩石が地表近くの冷たい場所にくると、「ケイ灰石」と二酸化炭素が反応して「石英と方解石」ができ、地下深くの熱い場所にくると、「石英と方解石」から二酸化炭素が出て「ケイ灰石」ができるとしています。以上の関係を図6－1に示します。

ユーリーのモデルは大陸地殻物質中にほとんど存在しないケイ灰石をもとにした、相当に単純化したモデルです。ユーリーのいう「ケイ灰石」は、「ケイ灰石」そのものを表しているというよりも、ケイ酸塩鉱物全体の象徴であり、カルシウムがケイ酸塩鉱物に入っていることを表しています。

「ケイ灰石」だけの組み合わせ、および「方解石＋石英」の組み合わせの安定領域を、温度と二酸化炭素分圧で表すと図6－2のようになります。二酸化炭素分圧が高いと固体に二酸化炭素が入って「方解石＋石英」となり、二酸化炭素分圧が低いと固体から二酸化炭素が抜けて「ケイ灰石」となります。また、温度が低いと固体に二酸化炭素が入って「方解石＋石英」が安定となり、温度が高いと固体から二酸化炭素が抜けて「ケイ灰石」が安定となります。

ここで、「ケイ灰石」と「方解石＋石英」との境界を表す線が正の傾きを持っていることに注目してください。境界の線が正の傾きを持っていることは、温度が上がるほどケイ灰石の領域が増えていることを表しています。つまり、温度が上がるほど、ケイ灰石ができやすく、固体に二酸化炭素が入りにくいことを表しています。

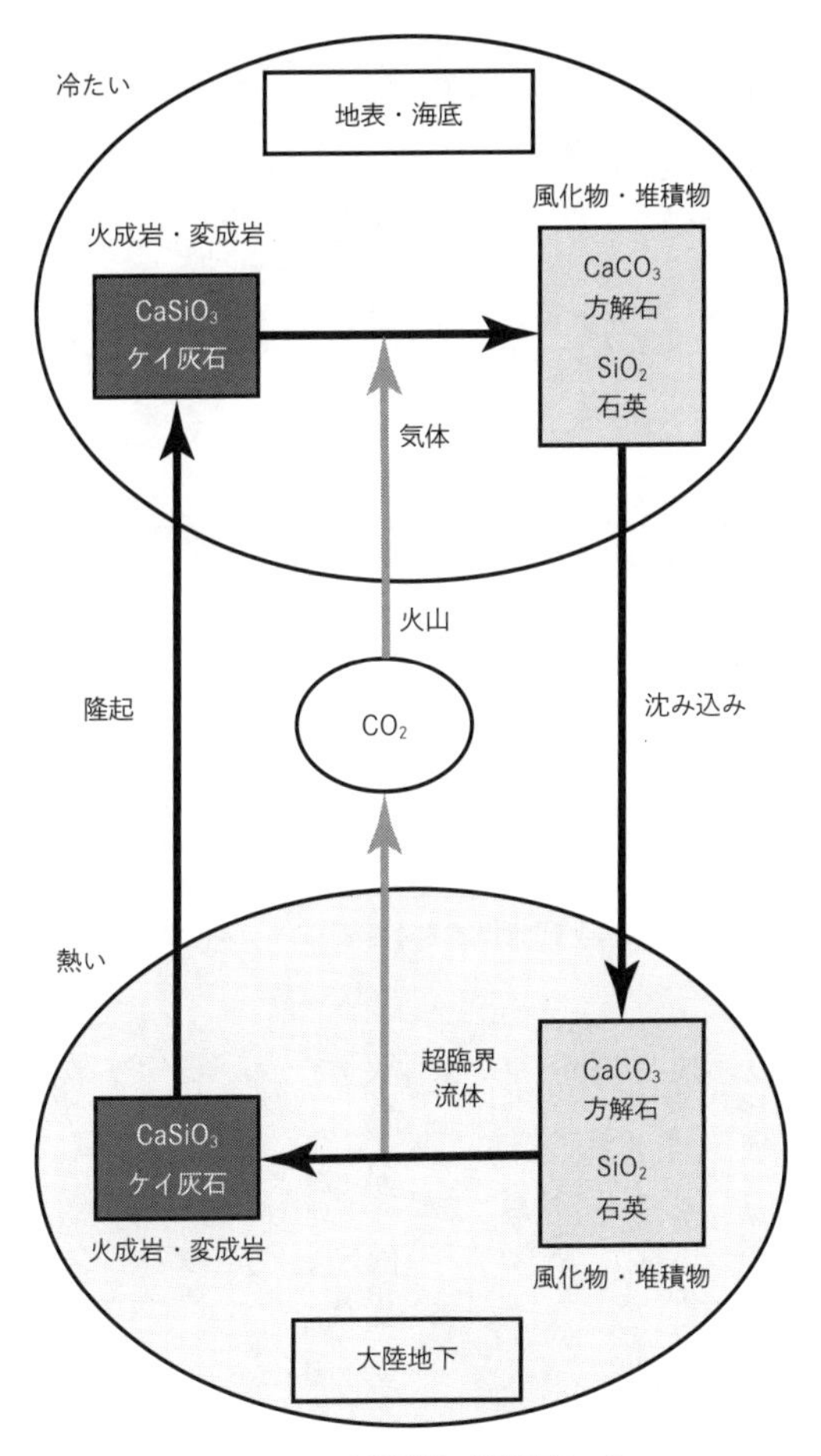

図6－1　ユーリーによる大陸地殻の循環反応モデル

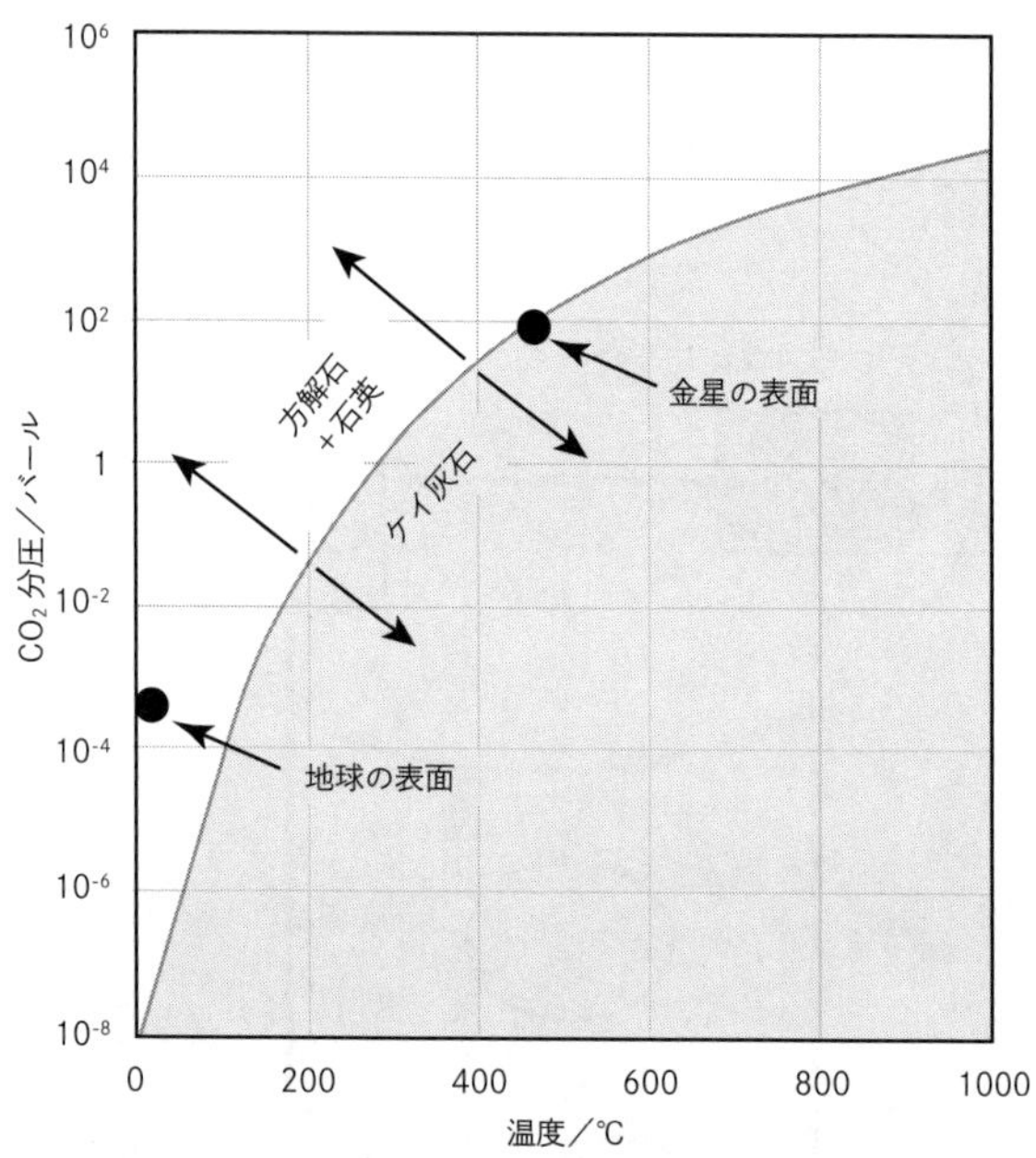

図6－2　ユーリーによる二酸化炭素の循環反応モデルにおける鉱物の安定領域

地球の表面は、平均温度が14℃前後であり、二酸化炭素分圧が400マイクロバール近くです。この条件では、「方解石＋石英」の組み合わせが安定であることが図6－2からわかります。すなわち、地表では「ケイ灰石」が二酸化炭素を吸い込んで、「方解石＋石英」ができる方向に反応が進行します。外部から二酸化炭素が入り込まない状態で、このまま反応が進行すれば、いずれは二酸化炭素分圧が10のマイナス8乗バール近くまで低下します。

しかし、大気中の二酸化炭素

は、400マイクロバールと高い値を保っています。それは、二酸化炭素が火山噴火や石油・石炭の燃焼で、大気に供給され続けているからです。外部から二酸化炭素が常に供給されているために、「ケイ灰石」が二酸化炭素を吸い込む反応が進行していても、大気は高い二酸化炭素分圧を維持しているのです。そして、二酸化炭素分圧が高い状態に常にあるので、「ケイ灰石＋二酸化炭素」が「方解石＋石英」になる反応が常に進行しています。また、この反応が常に進行するためには、大陸が隆起し表面が侵食され、新たな「ケイ灰石」が地表に供給され続けていることも必要です。

じつは、ユーリーのモデルは金星の様子を表すのにぴったりのモデルといえます。ユーリーのモデルを地球に適用するときに問題になるのは、水という重要な揮発成分が抜けている点です。この点は、水が多量にある地球では問題となっても、水がほとんどない金星では問題となりません。実際、金星の状態はユーリーのモデルでうまく説明できます。金星の地表は、温度が464℃で、二酸化炭素分圧が90バールです。この温度で、金星の二酸化炭素分圧は、「方解石＋石英」と「ケイ灰石」が共存する二酸化炭素分圧とぴったり一致します（図6－2）。ユーリーのモデルは、水がほとんどない金星のモデルともいえます。

実際に近い大陸地殻と二酸化炭素の循環反応モデル

大陸地殻が「ケイ灰石」でできているとしたかなり単純化したモデルを見てきました。このように単純化するのは、本質を理解するうえでは役に立ちますが、大陸地殻にほとんど存在しない鉱物を使っているという欠点もあります。方解石は天然にたくさんありますが、ケイ灰石は火成岩中にほとんどありません。また、気体として最も重要な水蒸気が入っていません。

そこでここでは、もう少し現実にある鉱物や揮発性物質を考慮して大陸地殻や二酸化炭素の循環を表すモデルを考えます。

大陸地殻で最もたくさんある鉱物は斜長石です。斜長石は大陸地殻のほとんどの岩石に含まれており、その量は多くの火成岩で30%から60%ほどにもなります。また、斜長石はカルシウムをたくさん含んでいるので、斜長石からカルシウムが水に溶けて、そのカルシウムが二酸化炭素と結びついて炭酸カルシウムが沈殿することも説明できます。その意味でも斜長石は二酸化炭素の循環と密接に関係する鉱物です。

天然にある斜長石のほとんどは、カルシウムとナトリウムの両方を含んでいます。カルシウムとナトリウムの割合に応じて、斜長石に含まれるアルミニウムとケイ素の割合も変化します。カルシウムだけを含む斜長石を灰長石、ナトリウムだけを含む斜長石を曹長石といいます。

ここでは、斜長石のうちの灰長石で大陸地殻ができているとして、大陸地殻や二酸化炭素の循環を考えます。実際、地表での風化反応の例として多くの教科書で「灰長石の風化」を取り上げています。大陸地殻が「灰長石」でできているとしたモデルもかなり単純化してはいますが、実際に存在している鉱物を基礎としたモデルであり、このモデルで大陸地殻の循環による化学反応の本質を見ることができます。このモデルは、地下深くの熱い場所で「灰長石」が安定していて、地表付近の冷たい場所では「方解石＋カオリナイト」が安定しているとするモデルです（式6－1）。以上の関係を図6－3に示します。ユーリーのモデルでは揮発性物質として二酸化炭素だけを考えていましたが、大陸地殻物質が「灰長石」でできているとしたモデルでは、揮発性物質として二酸化炭素と水蒸気の両方を考慮しています。

「灰長石」だけの鉱物組み合わせ、および「方解石＋カオリナイト」の鉱物組み合わせ、それぞれの安定領域を、温度と二酸化炭素分圧で表すと図6－4のようになります。二酸化炭素分圧が高いと固体に二酸化炭素が入って「方解石＋カオリナイト」が安定となり、二酸化炭素分圧が低いと固体から二酸化炭素が抜けて「灰長石」が安定となりま

鉱物名	化学組成
カリ長石	$KAlSi_3O_8$
斜長石	$(Na_x, Ca_{1-x})Al_{2-x}Si_{2+x}O_8$
灰長石	$CaAl_2Si_2O_8$ (x=0)
曹長石	$NaAlSi_3O_8$ (x=1)

表6－1　長石の化学組成

$CaAl_2Si_2O_8 + 2H_2O\ (g) + CO_2(g)$ （高温で安定）
灰長石
$\rightleftarrows CaCO_3 + Al_2Si_2O_5(OH)_4$ （低温で安定）
方解石　　カオリナイト

(g)は気体(gas)であることを表します。

式6－1　実際に近い循環反応モデルでの反応

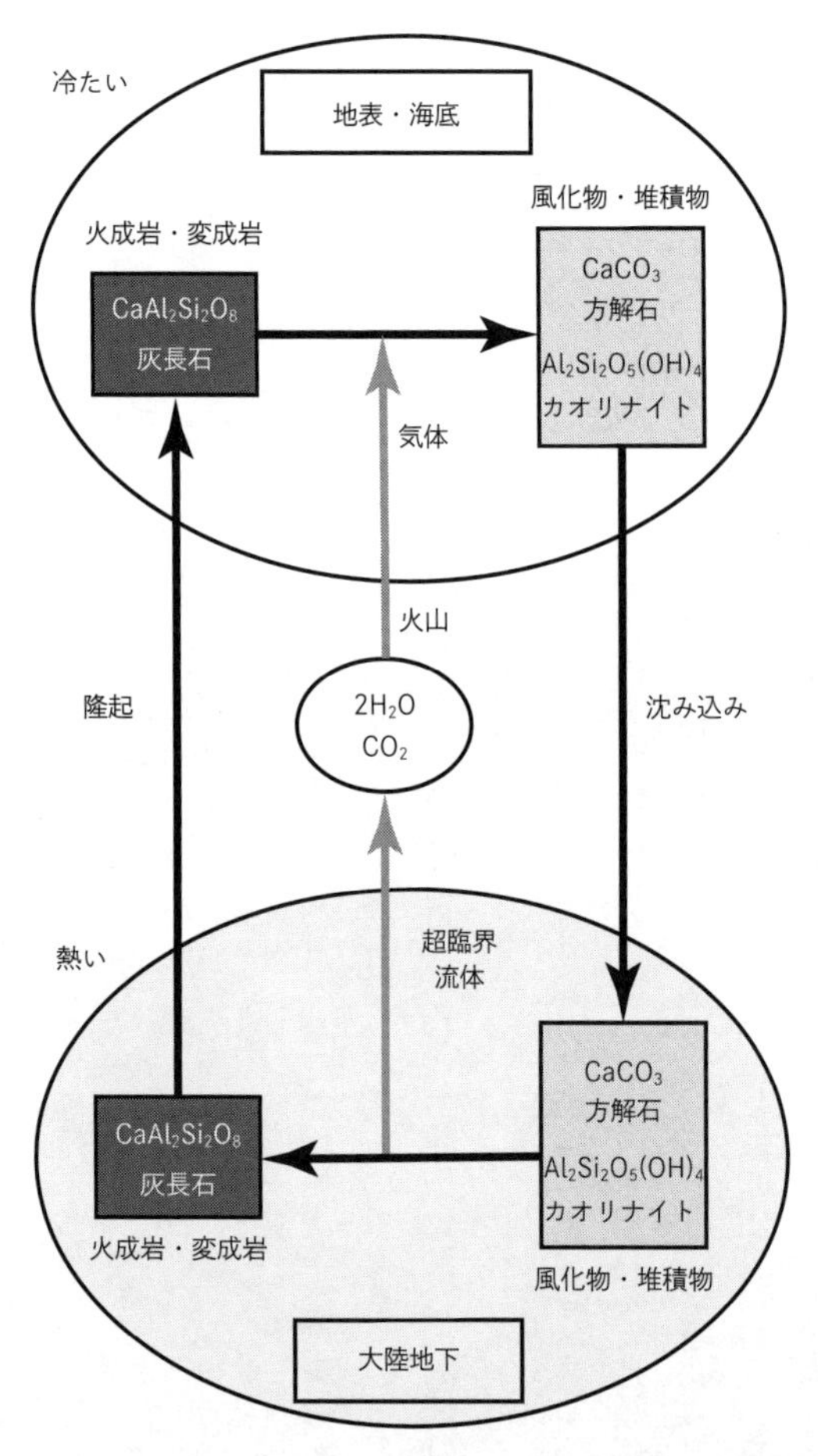

図６－３　実際の状態に近い二酸化炭素と大陸地殻物質の循環反応モデル

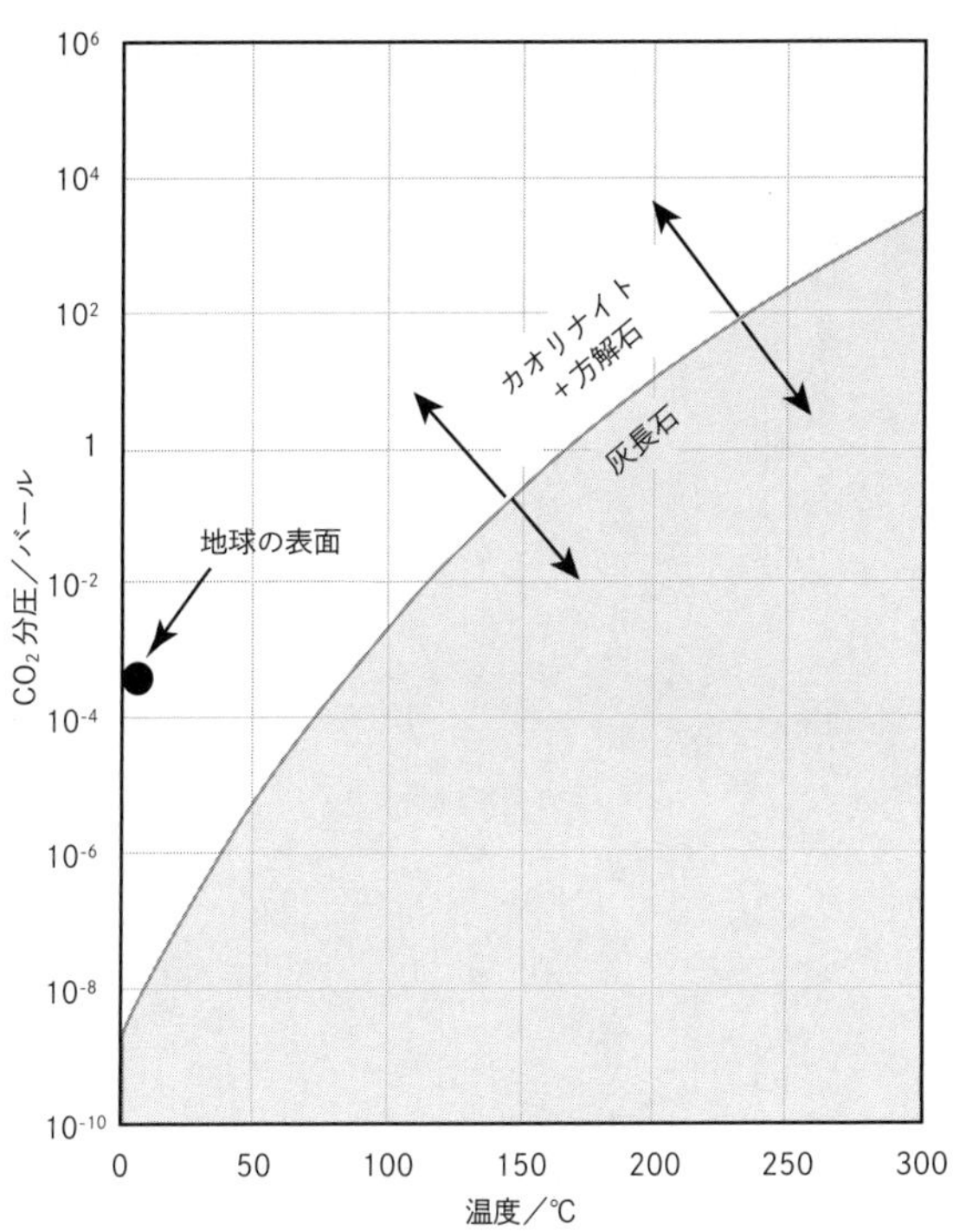

図6－4 実際の状態に近い二酸化炭素の循環反応モデルにおける鉱物の安定領域

す。また、温度が低いと固体に二酸化炭素が入って「方解石＋カオリナイト」が安定となり、温度が高いと固体から二酸化炭素が抜けて「灰長石」が安定となります。

ここで、「灰長石」の領域と「方解石＋カオリナイト」の領域の境界線は正の傾きを持つことに注意してください。この境界線が正の傾きを持つということは、揮発性物質が高温で気体になりやすく、低温で固体に入りやすいことを示しています。

大気の二酸化炭素分圧が現在と同じ（400マイクロバール近く）であれば、80℃以上で灰長石が安定となり、80℃以下で「方解石＋カオリナイト」が安定となります。地表は、温度が14℃付近なので、「方解石＋カオリナイト」の組み合わせが安定です。すなわち、地表では「灰長石」が二酸化炭素を吸い込んで、「方解石＋カオリナイト」になる反応が進行する非平衡状態にあります。外部から二酸化炭素が入り込まない状態で、このまま反応が進行すれば、いずれは二酸化炭素分圧が10のマイナス8乗バールまで低下し、安定な状態になって反応が止まります。しかし、二酸化炭素は、火山から大気に供給されたり、石油や石炭の燃焼により大気に供給されたりしているために、400マイクロバールと高い値を保っているのです。つまり、地表では常に「灰長石」が風化して「方解石＋カオリナイト」になる方向に反応が進行しているのです。

熱い場所（地下深く）に来ると、固体から水や二酸化炭素が抜け、冷たい場所（地表）に来ると、固体が水や二酸化炭素を吸収することがわかりました。ただし、これは平衡論の話であり、長い時間をかけると、どのような状態になるかという話です。あるいは反応がどの方向に進むかという話ともいえます。

地表のような低温では反応速度についても考慮しなければなりません。高温だと、反応速度が十分に速くて平衡状態にすぐに達するので、平衡論でどのような状態になるかがわかります。しかし、地表のように温度が低いと、反応速度が遅くなり、最後まで反応が進まなかったり、ほとんど反応が進まなかったりすることがあります。つまり実際には、低温での反応は、一つの場所で一挙に進行せずに、大陸地殻の表面（土壌）と海底（堆積物）の2ヵ所で段階を踏みながら徐々に進行することが普通です。次に、この2ヵ所での反応の様子を見ていきましょう。

6-2 大陸地殻表面での二酸化炭素と鉱物の反応

大陸の地表付近では、二酸化炭素と鉱物との反応は遅いために、十分に反応しない状態で浸食され流されて海底に堆積します。ここでは、大陸の地表付近でゆっくり進行する冷たい場所での反応の様子を見ていきます。

大陸の表面を覆う土壌

地表での二酸化炭素と鉱物が反応している場所は、主に大陸地殻の表面を覆っている土壌です。土壌の厚さは、通常数メートルから数十メートルあります。

土壌は上からA層、B層、C層に分類されます（図6-5）。A層とB層は風化がほぼ終了した層でありほとんどが風化物です。A層とB層との違いは、A層に有機物がありB層に有機物が

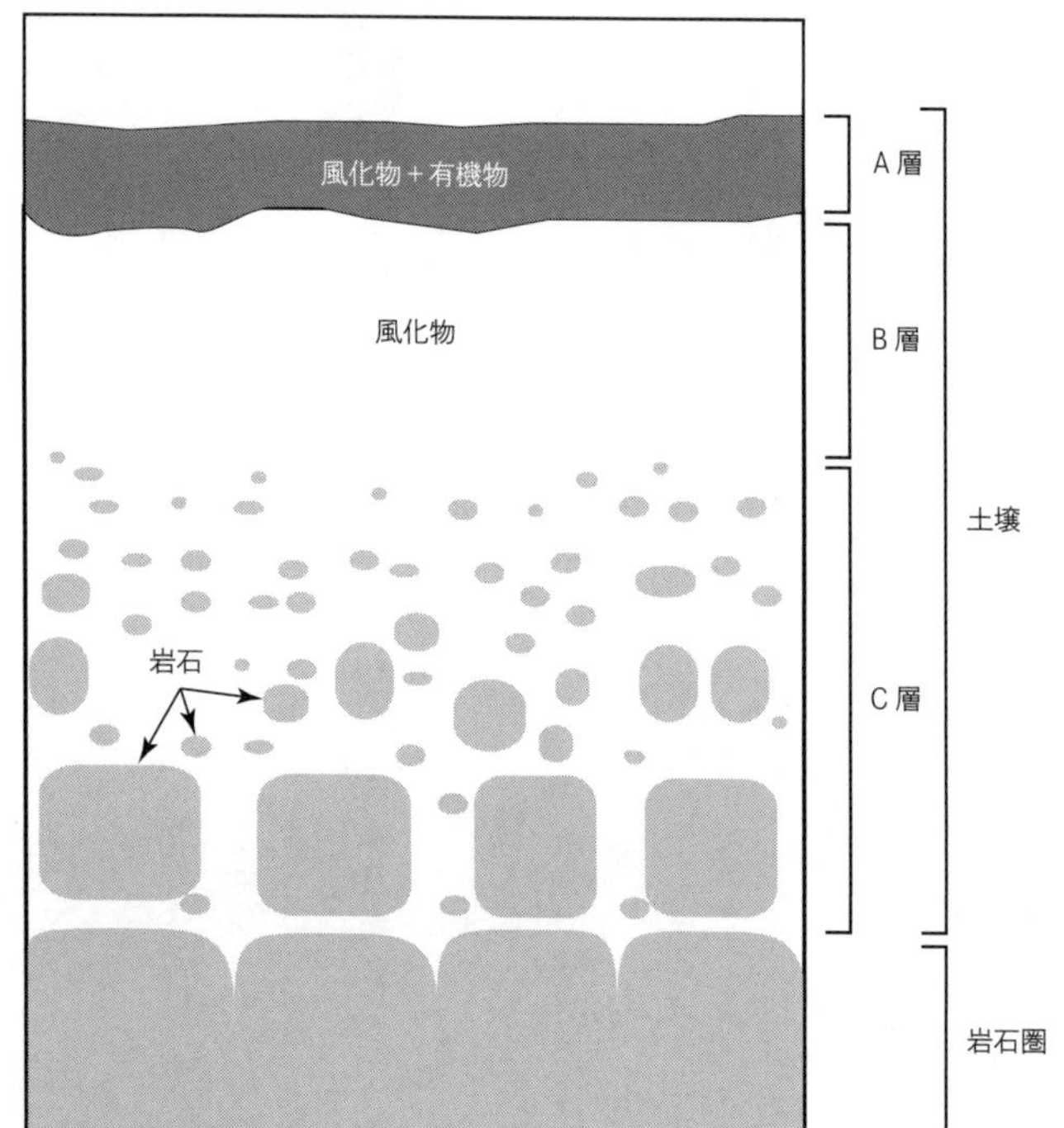

図6－5　土壌の構造

ない点です。C層は風化が進行中の層です。そのために、A層・B層が風化物だけなのに対して、C層には風化物と岩石があります。C層の上部は風化物が多いですが、下部に行くにしたがい風化物は少なくなり岩石が多くなります。なお、C層には有機物はありません。さらに下部にいくと風化物はなくなり岩石だけになります。岩石だけになった部分を岩石圏といいます。

土壌は、固体と空気（土

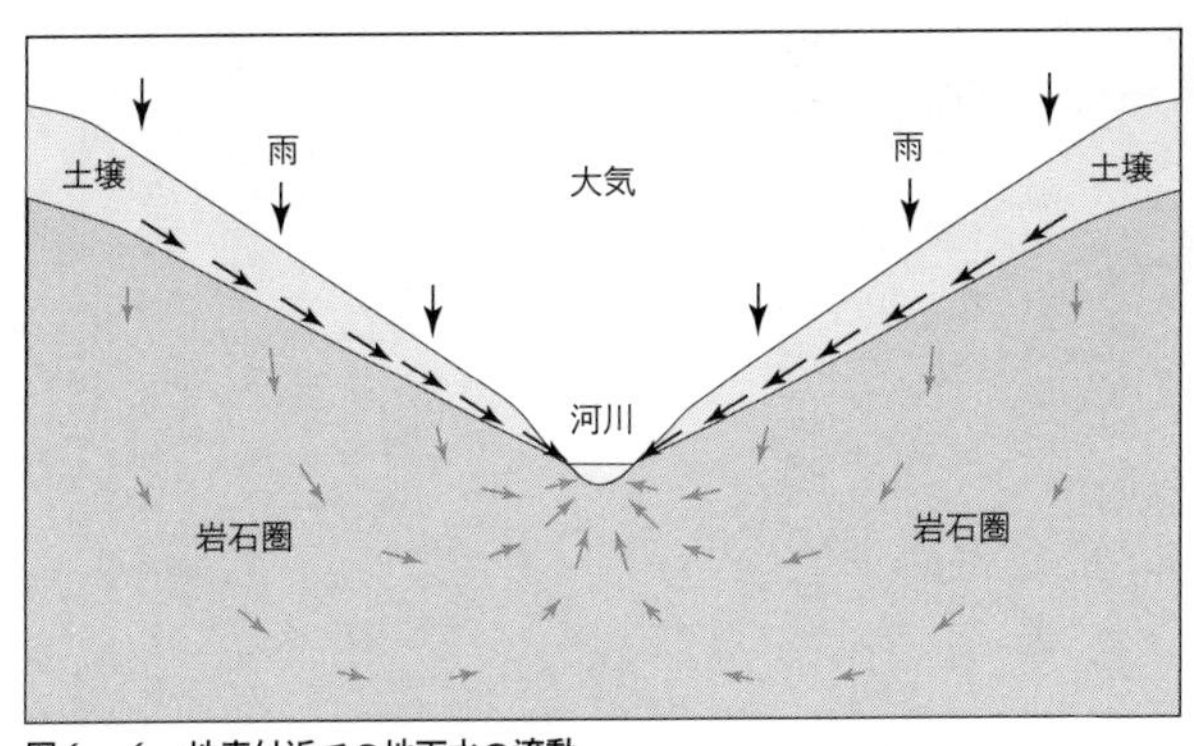

図6－6　地表付近での地下水の流動

壌空気）と水（土壌水）で構成されています。土壌の固体は、岩石と風化物と有機物があります。ここで、岩石とは硬い石のことです。風化物とは、岩石の物理的な風化で細粒となった鉱物の粒、および岩石の化学的な風化で生成した極微細の物質である粘土です。有機物は、植物の枯れ葉や根および動物の死骸が腐食してできたものです。固体の隙間には、土壌空気と土壌水があります。

土壌空気を見てみましょう。土壌空気の組成は、大気中の組成と比べて、二酸化炭素濃度が高く、酸素濃度が低くなっています。それは土壌中の有機物が微生物により分解されるときに、酸素が消費されて二酸化炭素ができるからです。

次に、土壌水を見てみましょう。地表に降った雨水はA層に浸透し土壌水となります。A層に浸透した土壌水は、土壌空気中にある二酸化炭素を溶かします。土壌水に溶けた二酸化炭素のうち半分ほどが、水和して炭酸になります。炭酸の一部は水素イオンを解離して重炭酸イオンとなります。水素イオン濃度が高くなるので、土壌水のpHは4・4から4・9程度になります。

A層を通過した土壌水は、垂直に落下してB層を経由しC層に入ります。C層に入った土壌水は岩石や細粒となった鉱物と反応しながら下に流れます。この反応で土壌水のナトリウムイオンやカルシウムイオンの濃度が高くなり、土壌水に溶けていた二酸化炭素や炭酸濃度は減少し、重炭酸イオン濃度が増加していきます。

土壌水は、C層の最下部すなわち岩石の上面に到達すると、岩石上面に沿って流れ、湧き水となって川に合流します。また、岩石の上面に達した土壌水の一部は岩石中の割れ目に浸透し、地下水となってゆっくり流れて、川に流れ込みます(図6-6)。

植物は風化を促進させる

植物があると、その下にある土壌A層の二酸化炭素濃度は高くなります。植物は二酸化炭素を大気から吸収し、この二酸化炭素を光合成で有機物に変換し、根や茎や葉や実とします。さらに、これらの根や茎や葉や実を動物が食べます。そして、土壌の最上部(A層)に枯れ木や枯れ葉や動物の死骸などの有機物が蓄積されます。この有機物を微生物が食べ呼吸することにより、二酸化炭素ができます。この結果、土壌空気中の二酸化炭素濃度は0・01バールから0・1バールほどにも上昇します。これは大気中の二酸化炭素濃度の25倍から250倍にもなります。

土壌空気の二酸化炭素濃度が高いと、土壌水も二酸化炭素をたくさん含みます。土壌水中には、二酸化炭素が水和して半分ほどが炭酸になります。炭酸は水素イオンを解離して重炭酸イオンとなるため、炭酸がたくさんあると水素イオン濃度が高くなります。水素イオンがあると、鉱物に水素イオンが入り、鉱物中のさまざまな元素を溶かし出します。水素イオンがたくさんあると、鉱物の化学的風化が促進されるのです。以上から、二酸化炭素濃度が高いと、鉱物の化学的風化が促進されることがわかります。

大陸の植物がその下にある土壌中の鉱物の風化を促進することは、多くのフィールド研究でも明らかになっています。たとえば、アイスランドの森林がある地域とない地域を比べると、森林のある地域の化学的風化のほうが、ない地域の3倍から4倍も速いことが観察されています。

灰長石の化学的風化

灰長石（$CaAl_2Si_2O_8$）は、斜長石（$(Na_x, Ca_{1-x})Al_{2-x}Si_{2+x}O_8$）のうちナトリウムがない鉱物をいいます。斜長石は、最も普遍的に岩石中にある鉱物であるとともに、多くの岩石で最も量が多い鉱物でもあります。化学組成がやや複雑な斜長石の風化を見る前に、化学組成が単純な灰長石の風化を見ておくことにします（図6－8）。

土壌中には有機物がたくさんあるために、有機物と酸素が反応して二酸化炭素がたくさんできます。この二酸化炭素は地下水（土壌水）に溶けます。溶けた二酸化炭素は、約半分が水和して炭酸となります（式6－2）。その炭酸は、水素イオンを解離して重炭酸イオンとなり、水素イ

$CO_2\,(aq) + H_2O \rightarrow H_2CO_3\,(aq)$

(aq)は水溶液の溶存成分であることを表します。

式6－2　二酸化炭素の水和による炭酸の生成

$H_2CO_3\,(aq) \rightarrow H^+ + HCO_3^-$

式6－3　炭酸からの水素イオンの解離

$CaAl_2Si_2O_8 + H_2O + 2H^+ \rightarrow Al_2Si_2O_5(OH)_4 + Ca^{2+}$

灰長石　　カオリナイト

式6－4　灰長石の風化によるカオリナイトの生成

$HCO_3^- \rightarrow H^+ + CO_3^{2-}$

式6－5　重炭酸イオンが炭酸イオンとなる反応

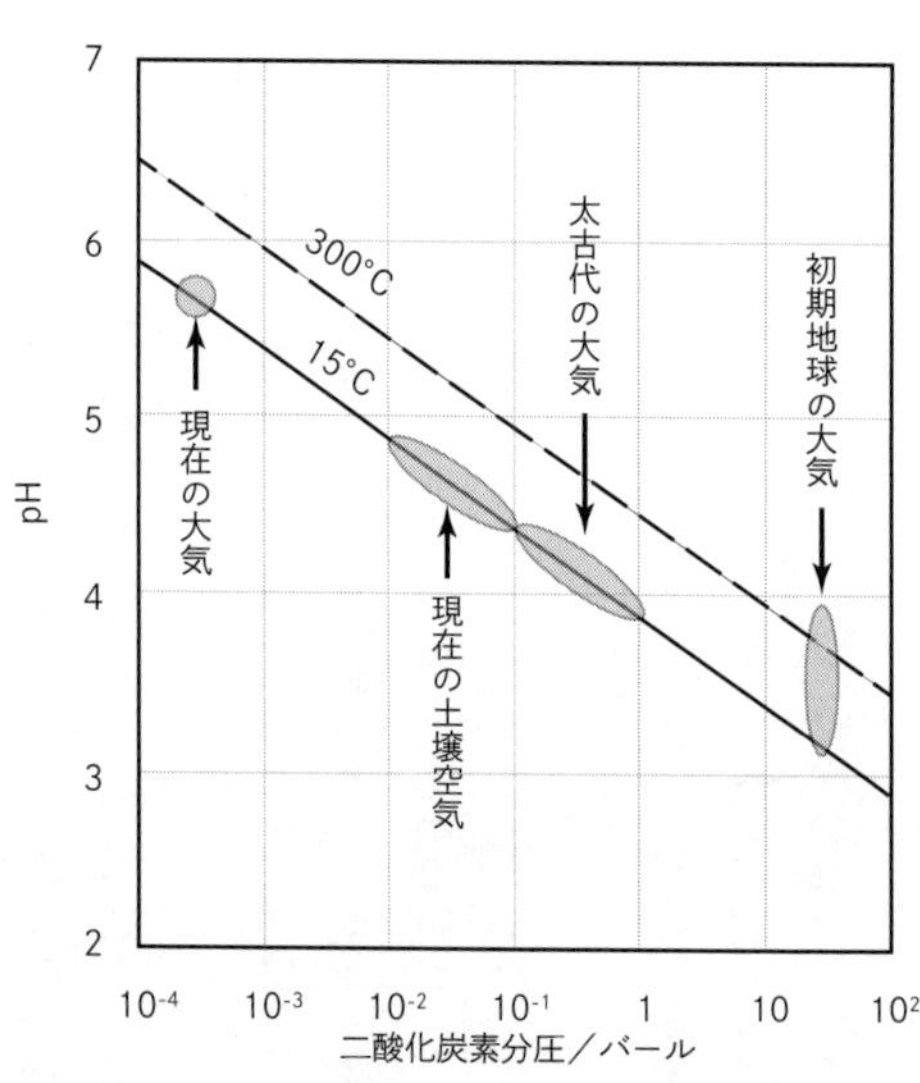

図6－7　二酸化炭素分圧とpH

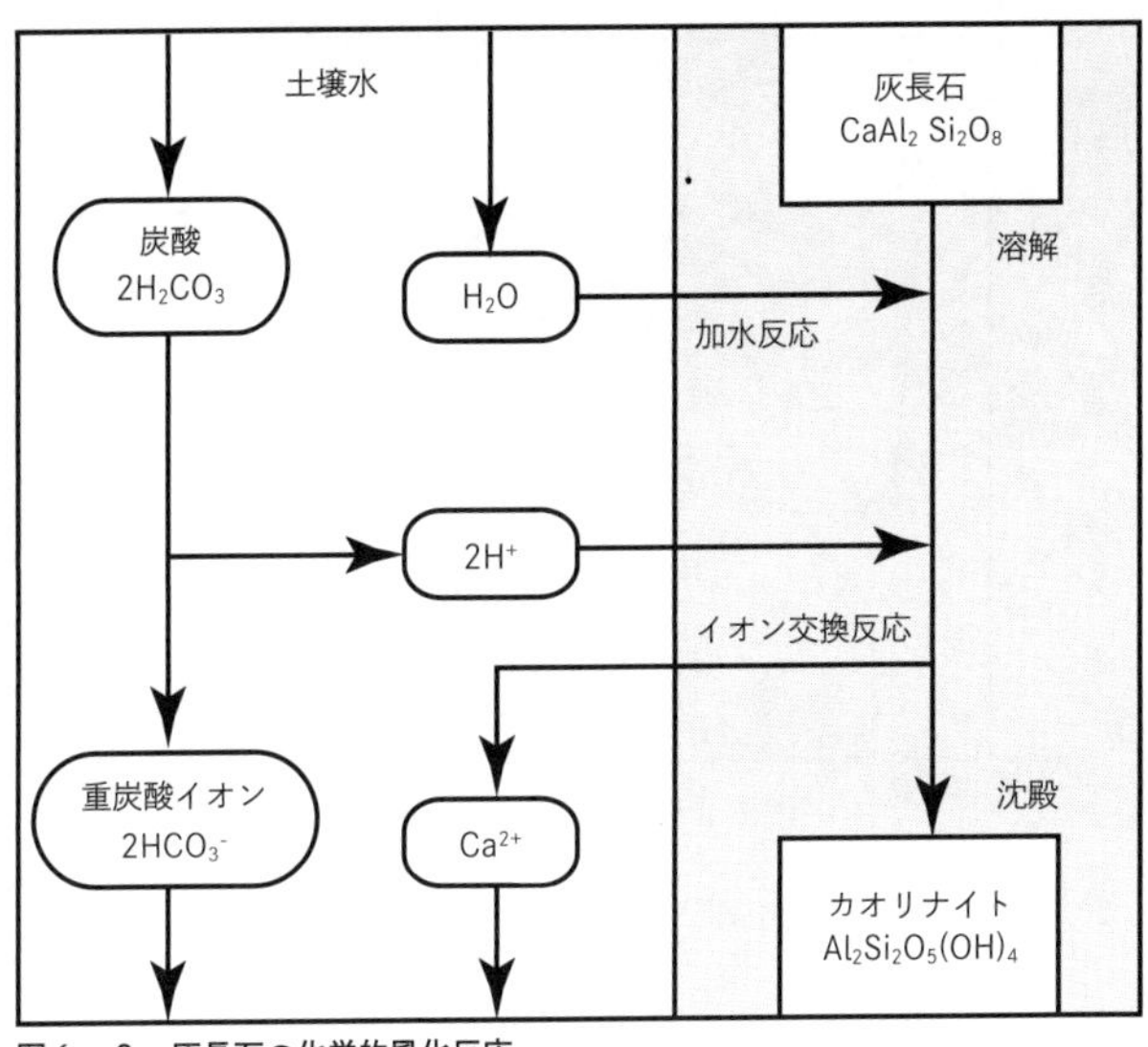

図６－８　灰長石の化学的風化反応

オンを地下水に供給します（式６－３）。二酸化炭素分圧が０・０１バールから０・１バールだと、pHは４・４から４・９くらいになります（図６－７）。

炭酸が重炭酸イオンとなるときに解離した水素イオンは灰長石の風化に使われます。地下水中の水素イオンは、固体に吸収され、代わりにカルシウムイオンが固体から出てきます。つまり、イオン交換反応です。灰長石に水と水素イオンが入り、灰長石からカルシウムイオンが出ることによって、灰長石はカオリナイトへと変化します（式６－４）。この反応で灰長石は水を吸収していきます。

水素イオンが風化に使われて水素イオン濃度が減ると、それを補うように炭酸

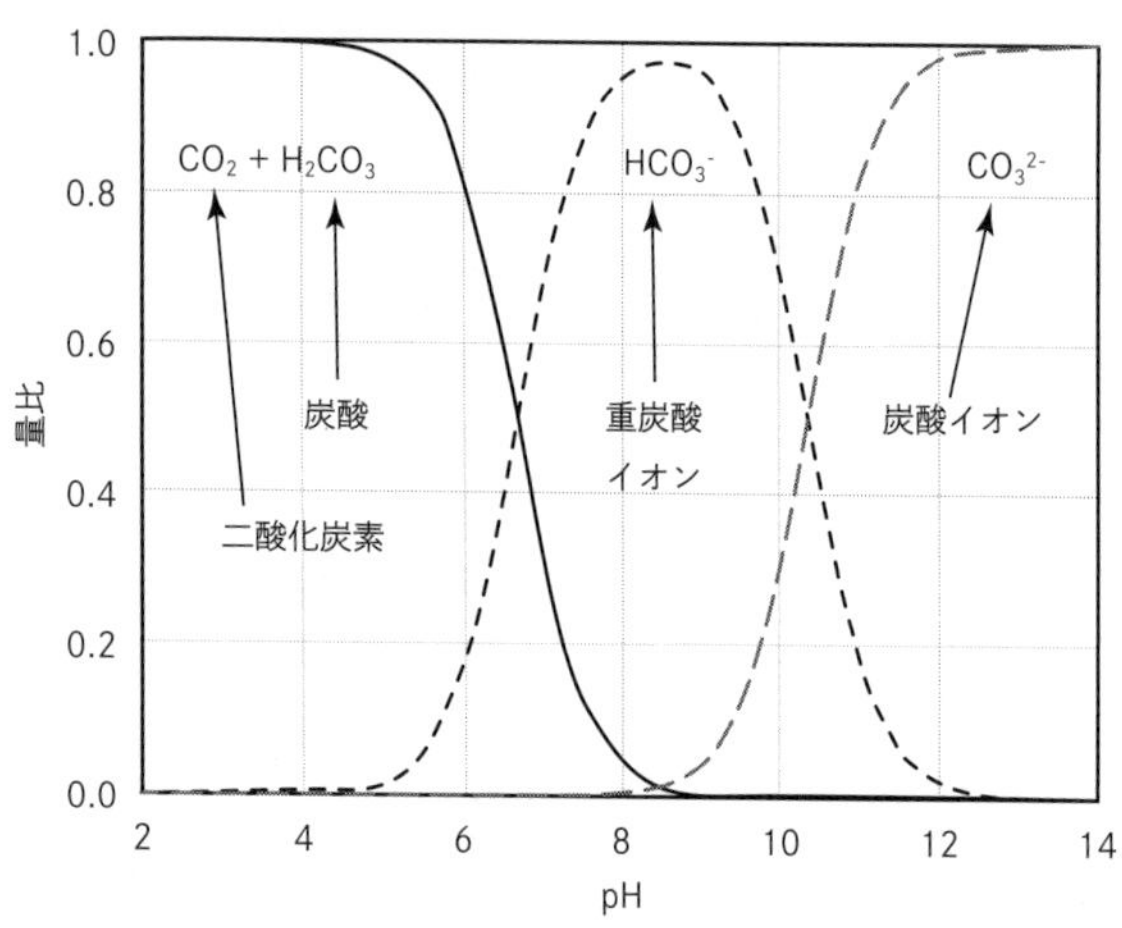

図6－9　pHによる炭酸の変化

が重炭酸イオンとなって水素イオンを供給します（式6－3）。供給された水素イオンは灰長石の風化に使われます（式6－4）。すると、水素イオンが減るので炭酸が重炭酸イオンとなって水素イオンを供給します。つまり、風化反応と炭酸が重炭酸イオンとなる反応は、一体となって進行していきます。

土壌を通過した水には、カルシウムイオンと二酸化炭素、炭酸、重炭酸イオンが含まれています。その水は湧き水となって川に流れ込み、川の水は海に流れていきます。

図6－9に炭酸＋二酸化炭素、重炭酸イオン、炭酸イオンの量をpHの関数として表します。風化の進行とともにpHが上昇します。風化の進行とともに、炭酸＋二酸化炭素の量が減り、重炭酸イオンが増えていきます（式6－

2、式6－3)。炭酸が極微量になると、炭酸のかわりに重炭酸イオンが、水素を解離して炭酸イオンとなっていきます（式6－5)。

花崗岩の風化

これまで灰長石の風化反応を見てきましたが、さらに実際にある岩石の反応の様子を見てみましょう。ここでは、大陸地殻の代表的な岩石である花崗岩の風化を見ます。この花崗岩は、雨や風による物理的風化を受けて細粒になるとともに、鉱物が地下の水に溶け別の鉱物として沈殿するという化学的風化も受けています。

表6－2に花崗岩中の鉱物を表しました。花崗岩中で量の多い鉱物は、石英、カリ長石、斜長石です。これらの鉱物の化学的風化の受けやすさはどうでしょうか。このうち、石英が最も化学的風化を受けにくい鉱物です。多くの石英は、風化しないでそのまま海に流されて砂浜の砂などになっています。その次に風化しにくい鉱物はカリ長石です。カリ長石も、岩石中や土壌中ではほとんど風化しないで残っています。三番目に風化しにくい鉱物は斜長石です。この斜長石は、土壌

鉱物名	化学式
石英	SiO_2
カリ長石	$KAlSi_3O_8$
斜長石	$(Na_x,Ca_{1-x})Al_{2-x}Si_{2+x}O_8$
白雲母	$KAl_2(AlSi_3O_{10})(OH)_2$
黒雲母	$K(Mg,Fe)_3(AlSi_3O_{10})(OH)_2$
普通角閃石	$NaCa_2(Mg,Fe^{2+},Al)_5(Si,Al)_8O_{22}(OH)_2$

表6－2　花崗岩中の鉱物

中で部分的に化学的風化を受けています。

花崗岩中には、以上の3つの鉱物の他に、雲母や角閃石があります。これらの鉱物は石英、カリ長石、斜長石に比べて量が少ないとともに化学的風化を受けやすいのです。

化学的風化を受けにくい鉱物の順番は、石英、カリ長石、斜長石、雲母、角閃石となります。これは酸化ケイ素の割合が多い順になっています。酸素とケイ素の化学結合は非常に強く切れにくいために、酸化ケイ素の割合が多いと鉱物は溶解しにくく、化学的風化を受けにくくなります。

斜長石の化学的風化

斜長石は、花崗岩中で量が多いとともに、土壌中で化学的風化を受けている主要な鉱物です。そこで、土壌中での斜長石の風化を詳しく見てみましょう。

斜長石はカルシウムとナトリウムの両方を含んでいます。斜長石は、酸化ケイ素や酸化アルミニウムでできた3次元ネットワークの間隙にカルシウムとナトリウムの両方が入っています。また、ナトリウムが多くなるのにしたがい、ケイ素が増えアルミニウムが減ります。

斜長石の化学組成は、一粒の結晶内でも異なります。斜長石の化学組成は、中心部でカルシウムが多く、周辺部に行くにしたがいカルシウムが少なくなります（図6－10の（a））。花崗岩中

(a)斜長石は中心部にCaが多く、周辺部にNaが多い

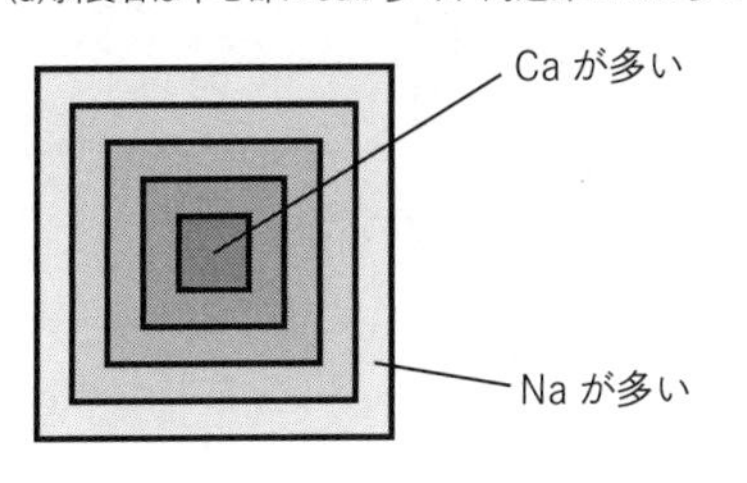

(b)斜長石の結晶成長

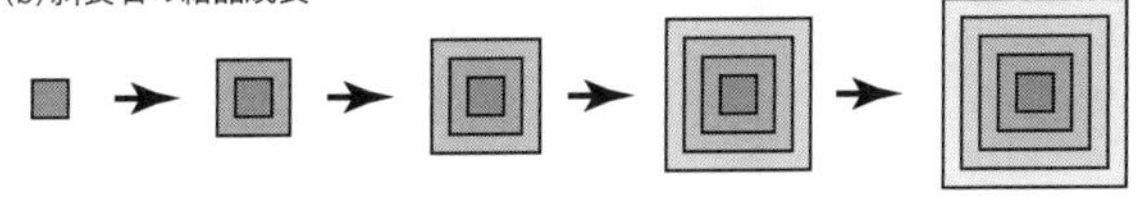

(c)斜長石の風化は中心部から進行する

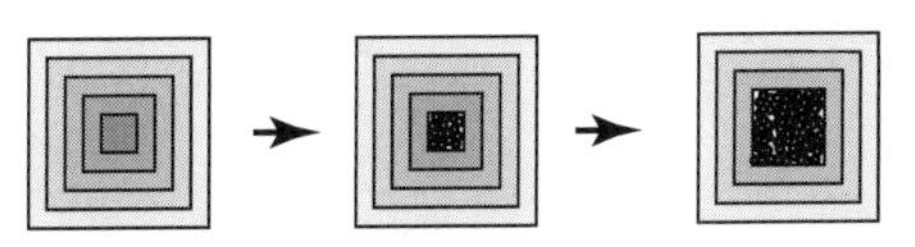

図6－10　斜長石の風化の機構

の斜長石は、カルシウム／（カルシウム＋ナトリウム）の比が、中心部で15％、周辺部で0％と低いものから、中心部で45％、周辺部で25％と高いものまであります。

この構造は、斜長石がケイ酸塩メルト（液体となっている岩石）から晶出するときにできたものです。斜長石のでき始めはカルシウム／（カルシウム＋ナトリウム）の比が大きいのですが、徐々にカルシウム／（カルシ

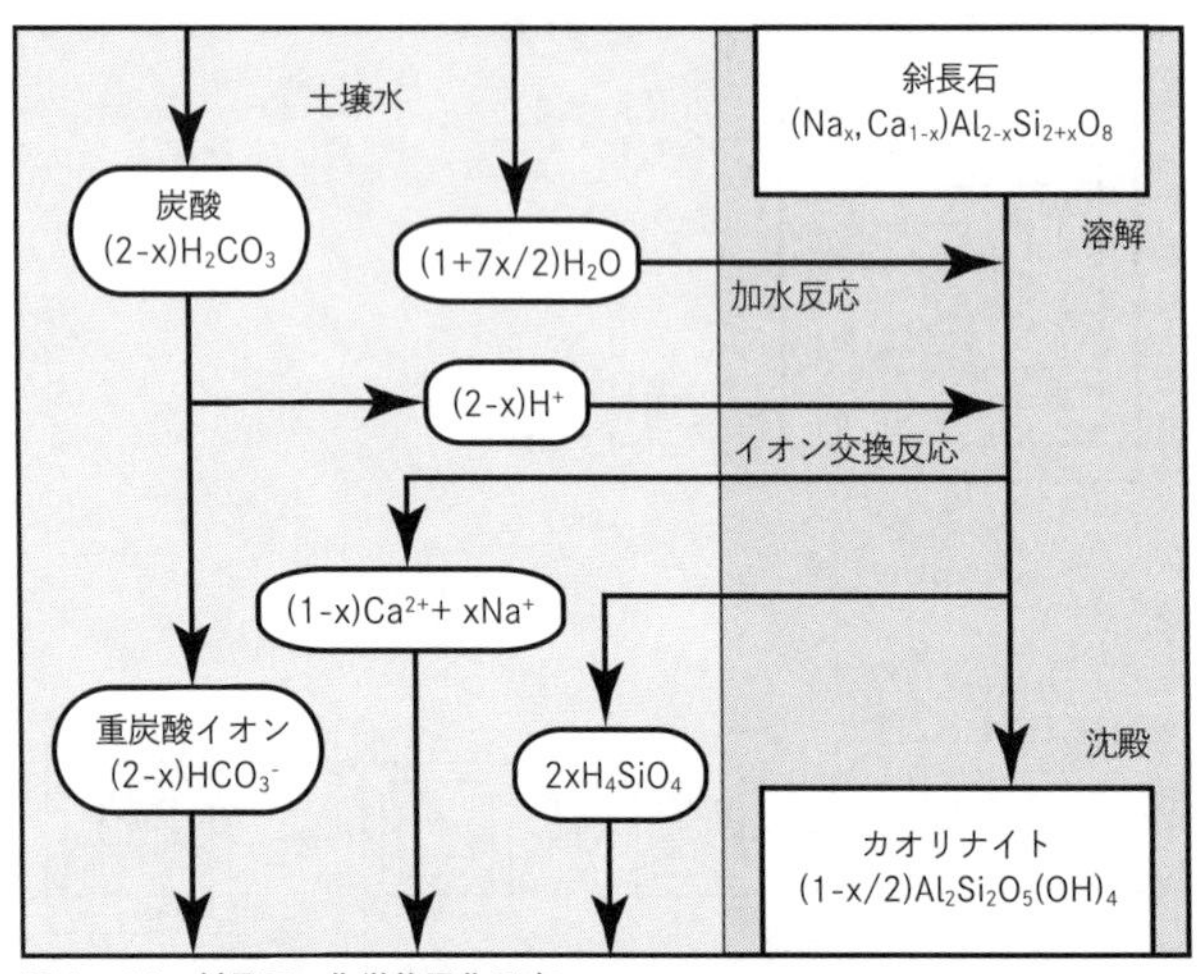

図6－11　斜長石の化学的風化反応

ウム＋ナトリウム）の比は小さくなります（図6－10の（b））。

この理由は、カルシウムがメルト（液体の岩石）よりも斜長石に入りやすく、ナトリウムがメルトに残りやすいことにあります。したがって、斜長石の晶出にともなってカルシウムが選択的にメルトから取り除かれるので、メルト中のカルシウム／（カルシウム＋ナトリウム）の比は小さくなります。それにともない、温度低下とともに晶出する斜長石のカルシウム／（カルシウム＋ナトリウム）の比も小さくなります。

斜長石の化学的風化は斜長石の中心部から進行します（図6－10の（c））。これは斜長石結晶の中心部にカルシウムが多いからです。斜長石中にカルシウムが多いと、酸化ケイ素の割合が少なく酸化アルミニウムの割合が多くなります。酸素とケイ素の結合のほうが、酸素とアルミニウムの結合よりも強いために、酸化ケイ素の割合が少ないと、長石の構造を支えている酸化ケイ素と酸化アルミニウムの3次元ネットワークがもろくなって、溶解しやすいのです。

斜長石の風化が中心部から進行するのは、斜長石に割れ目が発達しており、斜長石の中心部まで水が浸透するからでもあります。もし、斜長石に割れ目がなければ水が中心部に浸透しないので、周辺部から化学的風化が進行します。斜長石に割れ目があるのは、岩石の温度の低下の過程で斜長石の結晶構造が変化して急激に体積が減少するからです。しかも、変化する温度はカルシウム／（カルシウム＋ナトリウム）比で異なります。中心部と周辺部での急激な体積減少による温度差が、割れ目ができやすい原因となっています。

図6－11に斜長石の化学的風化反応を図示しました。灰長石の化学的風化反応を図示した図6－8と本質的には変わりませんが、やや複雑になっています。それはナトリウムイオンが入ってきたためです。また、アルミニウムよりもケイ素が多くなっているので、ケイ素が余ります。余ったケイ素は土壌水に溶けて流出します。

6-3 海での炭酸塩鉱物の沈殿

海で炭酸塩鉱物が沈殿するためには、十分な量のカルシウムイオンと炭酸イオンが必要です。海には十分なカルシウムイオンがありますが、炭酸イオンは微量しかありません。ここでは、どのようにして海で炭酸イオンが生成し炭酸カルシウムが沈殿するかを見ていきます。

海底の堆積物と海水が反応する謎

大陸地殻物質は、風化を受けた後に、大雨の時に流されて川を経由して、海にたどり着き海底に堆積します。これらの物質は、岩石中の鉱物が細粒になっている物質もあるし、カオリナイトなどの粘土鉱物もあります。しかし、これらには、二酸化炭素を吸収した方解石やアラレ石などのカルシウム炭酸塩が含まれていません。ほとんどの方解石やアラレ石などのカルシウム炭酸塩鉱物は、海底に沈殿しているのです。

炭酸カルシウムは、カルシウムイオンと炭酸イオンが結びついて沈殿します（式6－6）。したがって、炭酸カルシウムが沈殿するためには、十分な量のカルシウムイオンと炭酸イオンが必要です。カルシウムイオンは河川から継続的に流入しているので、十分な量があります。しかし、炭酸イオンは河川からほとんど流入しておらず、河川から流入してくるのは、二酸化炭素と炭酸と重炭酸イオンがほとんどです。以上から、海で炭酸カルシウムが沈殿するためには、海で炭酸イオンができる必要があることがわかります。

海で炭酸イオンが生成されるには、重炭酸イオンが大陸地殻物質と反応する方法があります。すなわち、この反応で水素イオンが固体に吸収されるので、重炭酸イオンが炭酸イオンになるのです。しかし、海底に堆積している大陸地殻物質と重炭酸イオンは反応しにくい状態にあります。それは、大陸地殻物質が海底堆積物中にあり、重炭酸イオンが海水中にあって、これらがほとんど接していないからです。海底堆積物の間隙にも若干の海水はありますが、この海水は外部の海水と交換しておらず、大部分の海水は海底堆積物とは接することがありません。以上から、海底堆積物中の大陸地殻物質と海水とはほとんど反応しないため、この方法では炭酸イオンが増えないことがわかります。

しかし、海では方解石やアラレ石などの炭酸カルシウムが沈殿しています。海底堆積物と海水とは接していないのにもかかわらず、海底には方解石やアラレ石などの炭酸カルシウムが沈殿しているのはなぜでしょうか。次に、この働きについて考えます。

$$Ca^{2+} + CO_3^{2-} \rightarrow CaCO_3$$

炭酸カルシウム

式6－6　炭酸カルシウムの沈殿

光合成が炭酸カルシウムを沈殿させる

じつは、炭酸カルシウムの沈殿には、植物性プランクトンの光合成が関係しています。重炭酸イオンから光合成で有機物をつくる反応では、有機物ができると同時に炭酸カルシウムが沈殿します（式6-7）。つまり、2モルある重炭酸イオンのうち、1モルが炭酸イオンとなりカルシウムと結合して炭酸カルシウムとして沈殿し、残りの1モルの重炭酸イオンが水素イオンを吸収して炭酸となり還元されて有機物となっています。以上の反応を光合成反応Aと呼ぶことにします。

光合成反応Aでは、重炭酸イオンが有機物となるときに水素イオンを吸収するので、海水をアルカリ性側に持っていきます。実際、海の大部分のpHは7・0あるのに対して、光合成をする植物性プランクトンがいる海の表面近くは、pHが8・0とアルカリ性になっています。

重炭酸イオンではなく、二酸化炭素または炭酸を使った光合成反応もあります。この反応でも有機物はできますが、炭酸カルシウムはできません（式6-8）。以上の反応を光合成反応Bと呼ぶことにします。

光合成反応Bで炭酸カルシウムができないのは、二酸化炭素や炭酸に、水素イオンを吸収する能力がないからです。いっぽう、重炭酸イオンは水素イオンを吸収して炭酸になります。重炭酸イオンがあることが炭酸カルシウムを沈殿させるためには必要なのです。この重炭酸イオンは炭酸が大陸で岩石と反応してできたものであり、大陸表面で大陸地殻物質と炭酸が反応していたことが、海で炭酸カルシウムを沈殿させるのに役に立っていたのです。

海における炭酸カルシウムの沈殿については、光合成反応による説明とは異なる説明をよく見るので、これについてコメントしておきます。その説明とは、カルシウムイオン1個と重炭酸イオン2個が、反応して炭酸カルシウムと二酸化炭素ができる（式6－9）としたものです。この反応が進行するためには、二酸化炭素が海から大気へ出ていかなければなりません。

$$Ca^{2+} + 2HCO_3^- \rightarrow CaCO_3 + CH_2O + O_2$$

（$CaCO_3$：炭酸カルシウム、CH_2O：有機物）

式6－7　海中での光合成反応A

$$H_2CO_3 \rightarrow CH_2O + O_2$$

（CH_2O：有機物）

式6－8　海中での光合成反応B

$$Ca^{2+} + 2HCO_3^- \rightarrow CaCO_3 + CO_2(g) + H_2O$$

（$CaCO_3$：炭酸カルシウム）

(g)は気体(gas)であることを表します。

式6－9　海水中での炭酸カルシウム沈殿反応

しかし、二酸化炭素を海から大気に放出しているという説明は無理があります。二酸化炭素を吸収している海域と放出している海域の両方があるからです（気象庁ウェブサイト参照 https://www.data.jma.go.jp/gmd/kaiyou/english/co2_flux/co2_flux_data_en.html）。二酸化炭素を放出している海域だけではなく、二酸化炭素を吸収している海域でも炭酸カルシウムは沈殿しています。たとえば、西日本から沖縄にかけての太平洋沿岸の海域では、夏の一時期を除いて、海は二酸化炭素を大気から吸収しています。それにもかかわらず、この地域では珊瑚礁として炭酸カルシウムが沈殿しています。少なくとも式6－9の反応では、西日本から沖縄にかけての太平洋沿岸海域での炭酸カルシウムの沈殿機構を説明できません。

海洋堆積物のでき方と堆積後の反応

海の表面で光合成によりできた有機物は、植物性プランクトンの体になります。植物性プランクトンは、動物性プランクトンに食べられ、動物性プランクトンはさらに大型の動物に食べられます。

また、海の表面での光合成は、炭酸カルシウムを沈殿させます。実際、サンゴや貝類などの大型の動物は炭酸カルシウムを沈殿させて、体の一部としています。5億4000万年前に多細胞生物が急増した後に堆積した炭酸カルシウムを主成分とする岩石のほとんどに動物の死骸が残っています。これは生物の光合成活動と炭酸カルシウムの生成とは密接な関係があることを物語っています。

動物が死ぬと、この有機物や炭酸カルシウムを含む動物の死骸は海底に沈み、大陸から運ばれてきた大陸地殻物質と混ざって、海底堆積物となります。大陸から運ばれてきた大陸地殻物質は、岩石の風化物であり、岩石中にあったケイ酸塩鉱物が細粒になっただけのものもあるし、風化により新たに沈殿した粘土鉱物もあります。

海底堆積物中では、有機物が赤鉄鉱などの酸化水酸化鉄や海水に溶けている酸素に酸化されて二酸化炭素や炭酸となるので（式6－10、式6－11）、ケイ酸塩鉱物を化学風化させる能力が復活します。この結果、海底堆積物中で斜長石と二酸化炭素との反応が始まります。このように、海底堆積物中で風化反応が再開するのです。この海洋堆積物中の風化反応は、続成作用と呼ばれています。

$$CH_2O + 6Fe_2O_3 \rightarrow CO_2 + H_2O + 4Fe_3O_4$$

有機物　赤鉄鉱　磁鉄鉱

式6－10　赤鉄鉱による有機物の酸化

$$CH_2O + O_2 \rightarrow CO_2 + H_2O$$

有機物

式6－11　酸素による有機物の酸化

植物上陸前と上陸後での炭酸カルシウム沈殿量の違い

二酸化炭素は火山を通じて大気に供給されます。大気中の二酸化炭素には、大陸を経由して海に行く二酸化炭素と、大陸を経由せずに直接海に行く二酸化炭素があります。大陸に吸収された二酸化炭素も地下水に溶け河川を通じて最終的に海に行きます。

大気から大陸を経由して海に行く二酸化炭素と、大気から直接海に行く二酸化炭素とでは、組成が異なります。大陸に吸収された二酸化炭素は、地下水に溶け半分ほどが二酸化炭素（CO_2）で半分ほどが炭酸（H_2CO_3）になり、二酸化炭素と炭酸は大陸地殻物質と反応してそれらの半分ほどが重炭酸イオン（HCO_3^-）になります。一方、大気から直接海に行った二酸化炭素は二酸化炭素と炭酸のままであり、重炭酸イオンにはなりません。

重炭酸イオンがないと炭酸カルシウムが沈殿しないことを思い出してください。光合成の炭素源として重炭酸イオンを使用すると炭酸カルシウムが沈殿するのですが（式6－7）、二酸化炭素や炭酸を使用しても炭酸カルシウムは沈殿しないのです（式6－8）。つまり、大陸を経由して海に流れた二酸化炭素は半分ほどが重炭酸イオンとなっているので炭酸カルシウムの沈殿に寄与するのですが、直接海に吸収された二酸化炭素は重炭酸イオンにならないので炭酸カルシウムの沈殿に寄与しないのです。したがって、海に炭酸カルシウムが沈殿する量は、二酸化炭素が陸に吸収される量に比例しています。

二酸化炭素がどのような割合で陸に吸収されるかは、陸に植物があるかないかに依存します。陸に植物があるとその植物が大気中の二酸化炭素を吸収するためにほとんど（95％程度）の二酸化炭素は陸に吸収されます。一方、陸に植物がないと陸と海との二酸化炭素吸収量は、それぞれの降雨量と比例しており、面積の大きい海にたくさん（80％程度）の二酸化炭素が吸収されます。

約4億7000万年前に植物は大陸に進出しました。図6－12に植物上陸前と植物上陸後の炭素循環の図を載せました。植物上陸前と植物上陸後では、火山から噴出した二酸化炭素が大陸と海に分配される量が異なることがわかります。

植物の上陸前では、大陸を経由する二酸化炭素量が少ないため、海に供給される重炭酸イオンの量も少なくなります。重炭酸イオンの量が少ないと光合成反応Aの反応も少なくなり、炭酸カルシウムの沈殿量も少なくなります。その代わりに、カルシウムや二酸化炭素や炭酸が、海嶺付近の海洋地殻に浸透する量が多くなります。その結果、海洋地殻の変質が進行し炭酸カルシウムが海洋地殻内に沈殿します。海洋地殻の変質は、第4章でお話ししたように、大陸地殻の成長を促します。

大陸に植物がないと、窒素やリンやケイ素などの生物の栄養となる元素が海にあまり供給されないことを見ていきましょう。植物が大気から窒素を酸化し硝酸イオンを地下水に溶かさないので、窒素も海に供給されません。また、化学的風化もあまり進行しないので、リンやケイ素を地下水に溶かしません。その結果、海に栄養分をあまり供給できないため、海の生物活動も落ち海での光合成による有機物の生産量も少なくなります。

植物の上陸後では、大陸を経由する二酸化炭素量が多いため、海に供給される重炭酸イオンの量も多くなります。重炭酸イオンの量が多いと光合成反応Aの反応も多くなり、海での炭酸カルシウムの沈殿量も多くなります。そして、カルシウムや二酸化炭素や炭酸が、海嶺付近の海洋地殻に浸透する量が少なくなります。その結果、海洋地殻の変質はあまり進行しません。

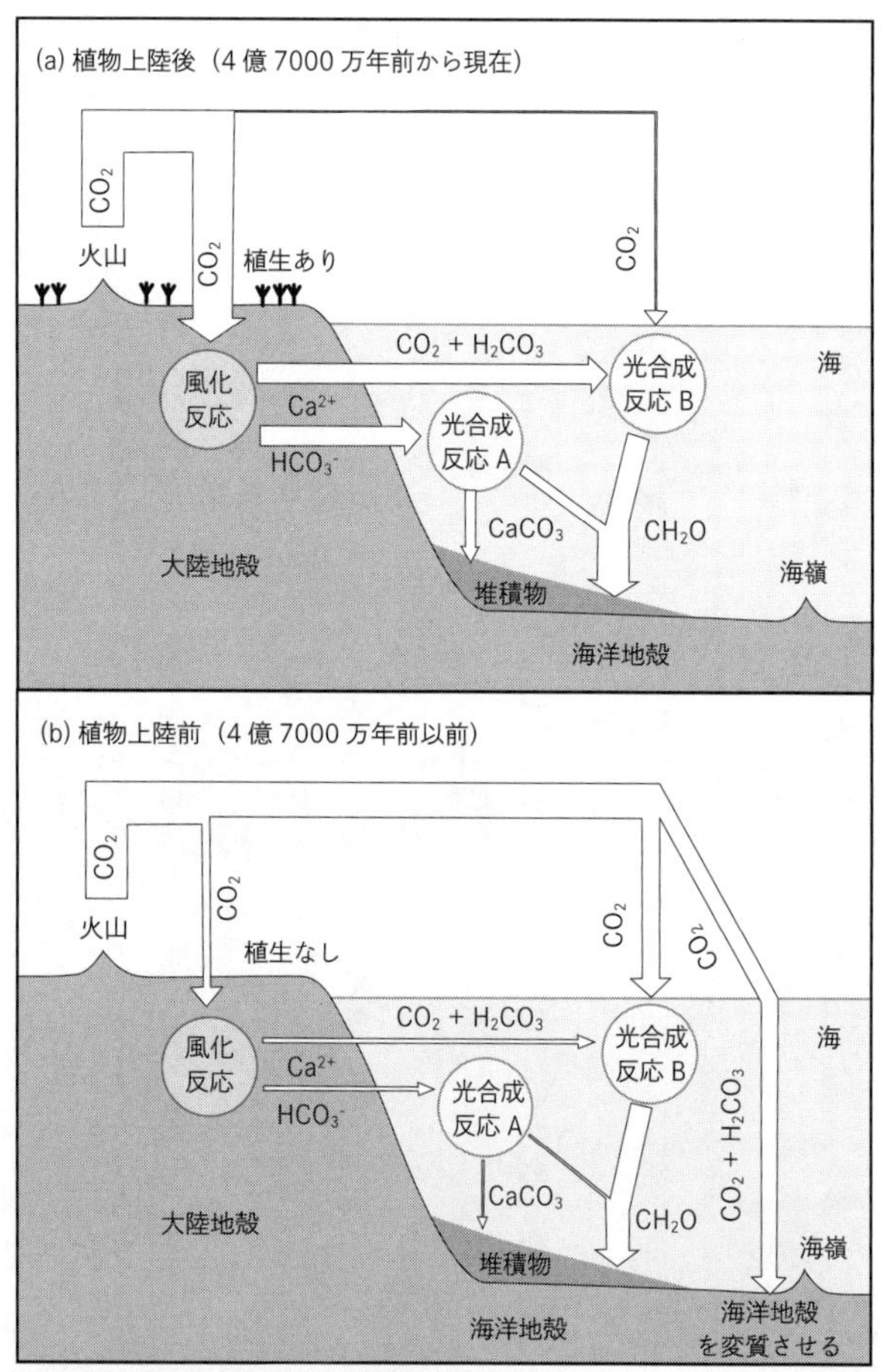

図6－12　海での二酸化炭素の循環と反応

第7章

Clay: a substance formed in the cold environment

粘土：冷たい環境でできた物質

◉粘土とは、化学的風化でできた極微細な鉱物の集合体。

◉粘土はカオリナイトやスメクタイトなどの層状ケイ酸塩粘土鉱物と非晶質ナノ粒子から構成される。

◉低温では、固体が揮発成分（水）を取り込み、粘土鉱物が安定となる。

粘土とは何か？

地球科学でいう粘土とは、岩石の化学的風化でできた極微細（2マイクロメートル以下）の鉱物の集合体のことです。岩石が高温で安定な物質だとすれば、粘土は低温で安定な物質です。マグマから晶出した花崗岩が化学的風化を受けたり、火山灰が堆積して続成作用や熱水変質作用を受けたりすると、粘土鉱物ができるのです。そのようにして、岩石もまたかたちを変えて、循環していくのです。ここでは、「粘土が低温でできる理由」、「非晶質ナノ粒子が決める粘土の性質」、「粘土鉱床のでき方」を見ていきます。

「粘土が低温でできる理由」では、粘土が水という揮発性物質を含んでいるために低温で安定になることを確認していきます。粘土には、層状ケイ酸塩粘土鉱物と非晶質ナノ粒子があります。これらの物質が、どのように水を含んでいるかを結晶構造や形状から見ていきます。また、粘土は、それより高温の物質の結晶と比べると乱雑な構造を持っています。低温では整列した構造が安定なのにもかかわらず、なぜ乱雑な構造を持つ粘土が低温でできるかを考えていきます。

「非晶質ナノ粒子が決める粘土の性質」では、粘土中にある非晶質ナノ粒子が粘土の性質にどのように影響をあたえているかを見ていきます。最近になって、火山灰土壌だけでなく、すべての粘土に非晶質ナノ粒子が含まれており、この非晶質ナノ粒子が粘土の最も重要な性質である可塑性の原因になっていることがわかってきました。また、非晶質ナノ粒子は、さまざまな微量元素を吸着しており、微量元素の循環の観点からも無視できないのです。

「粘土鉱床のでき方」では、粘土鉱床がどのようにしてできたかを見ていきます。人類は古くから粘土を陶磁器の原料として利用してきました。現在では粘土には、千を超す用途があるといわれています。カオリナイトと非晶質ナノ粒子を主成分としている鉱床（カオリン鉱床）および、スメクタイトと非晶質ナノ粒子を主成分としている鉱床（ベントナイト鉱床）のでき方を見ていきます。さらに、粘土鉱物が大陸地殻の下部に沈み込んで高温になると、造岩鉱物に戻る反応についても見ていきます。

7-1 粘土が低温でできる理由

層状ケイ酸塩粘土鉱物や非晶質ナノ粒子が、どのように水を含んでいるかを結晶構造や形状から見ていきます。そして、低温では整列した構造が安定であるのにもかかわらず、なぜ乱雑な構造を持つ層状ケイ酸塩粘土鉱物や非晶質ナノ粒子ができるかを考えます。

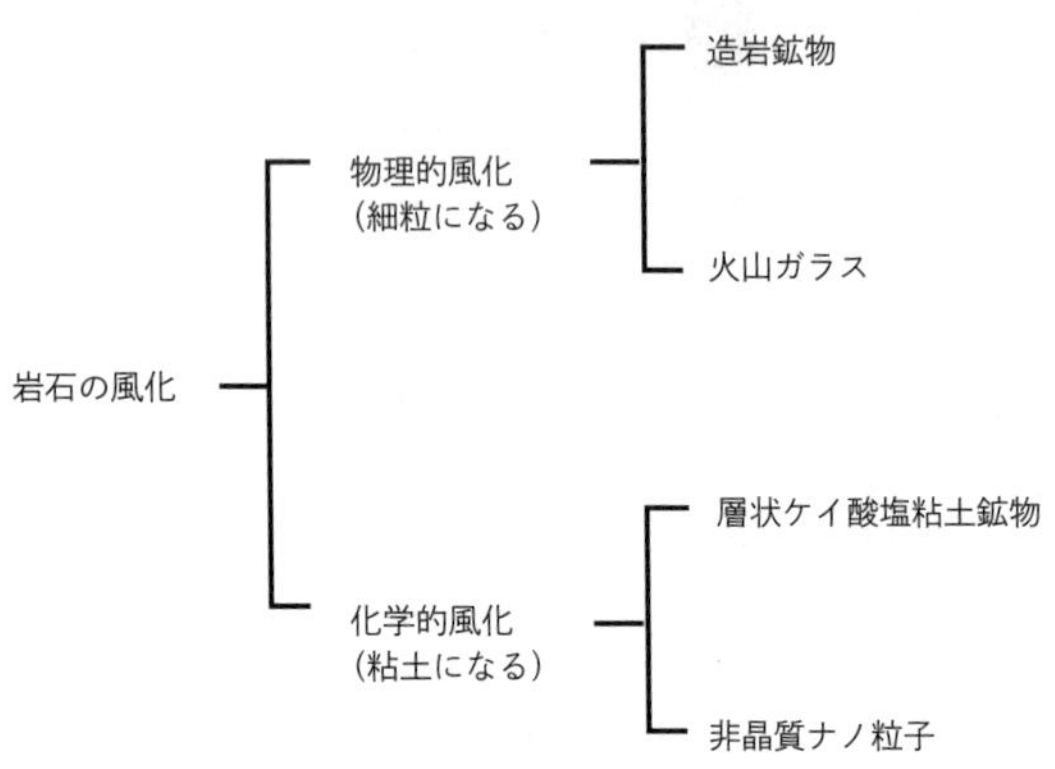

図7－1　岩石の風化

粘土：化学的風化でできた物質

岩石が地表に現れて風雨にさらされると風化します。風化には2種類あります（図7－1）。一つは物理的風化といい、岩石が細粒になるだけで、岩石中の造岩鉱物や火山ガラス（マグマが急激に噴き出されたために結晶とならずガラスになったもので、火山灰の主成分）はそのまま残っているような風化です。もう一つは、化学的風化といい、造岩鉱物や火山ガラスが水に溶けて、新たな物質が水から沈殿する風化です。この新たに沈殿した物質が粘土です。風化では、物理的風化と化学的風化が同時に進行しています。ここでは、化学的風化でできた粘土を見ていきます。

「粘土」というと、紙粘土や油粘土などの子供の遊び道具を思い浮かべるかもしれません。「粘土」の研究をしているというと、そんなことを研究している人がいるのかと微笑ましく思う人もいるようです。しかし、遊び道具の「粘土」と地球科学でいう「粘土」とは少しだけ異なります。

地球科学でいう「粘土」とは、地表や海底のような低温の場所で沈殿した極微細な（2マイクロメートル以下の）物質のことです。これらの物質は、主にケイ酸塩物質です。

海底堆積物中にも粘土ができていますが、海底堆積物中での粘土の生成では、風化という言葉を使わずに続成作用という言葉を使います。ただし、起きている現象は本質的に風化と同じです。また、海底堆積物中には炭酸塩鉱物も沈殿していますが、これらは極微細な（2マイクロメートル以下の）物質ではないために粘土とは呼びません。

粘土の可塑性

「粘土」には可塑性があります。可塑性とは、力を加えると形が変わり、その力を抜いても形が元に戻らない性質のことです。遊び道具の紙粘土や油粘土も、地球科学でいう「粘土」も可塑性があるという共通点があります。可塑性があるということは、固体と液体の中間の性質を持っているともいえます。力を加えると形を変えるという点からは、液体の性質を持っていますが、力を加えない限り形を変えないという点からは、固体の性質を持っています。

粘土に可塑性があるのは、微細な粒子の間に水があるからです。粒間の水がのりのようになって粒子同士を結合させているのです。その結果、外から力をかけると変形し、力を抜いても元に戻らず形を保ちます。なお、油粘土では水ではなく油が粒子同士を結合させています。

粘土には粒子間に水がありますが、粘土を構成する物質内部にも水があります。固体である粘土は、揮発性物質である水を含むために、低温で安定になるのです。次に、粘土はどのように水を保持しているかを見てみましょう。

粘土を構成する層状ケイ酸塩粘土鉱物と非晶質ナノ粒子

粘土は、大きく分けて二つの物質で構成されています（図7－1）。一つが層状ケイ酸塩粘土鉱物であり、もう一つが非晶質ナノ粒子です。カオリナイトやスメクタイトなどの層状ケイ酸塩粘土鉱物は古くから研究されており、粘土鉱物といえば層状ケイ酸塩粘土鉱物のことだと多くの人は考えています。いっぽう、非晶質ナノ粒子は、検知しにくい物質だったために、これまで無視されがちでした。しかし、現在では、非晶質ナノ粒子が粘土の性質を決めている重要な物質であることが指摘され始めています。これについては、7－2でお話しします。

層状ケイ酸塩粘土鉱物も非晶質ナノ粒子も、多くの水を含んでいるために低温で安定です。ここでは、両物質がどのように水を含んでいるかを見ていきます。

まずは、層状ケイ酸塩粘土鉱物の場合です。層状ケイ酸塩粘土鉱物は、結晶構造の中に水を含んでいます。層状ケイ酸塩粘土鉱物には四面体席と八面体席があります（図7－2）。四面体席

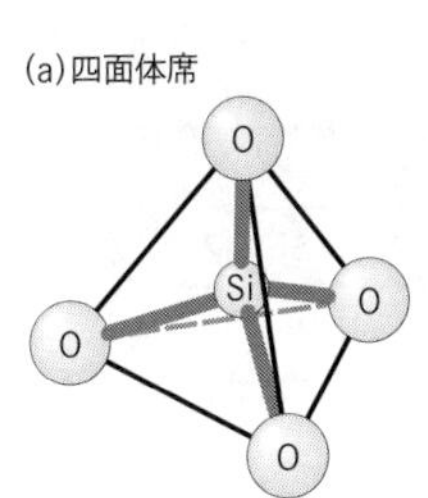

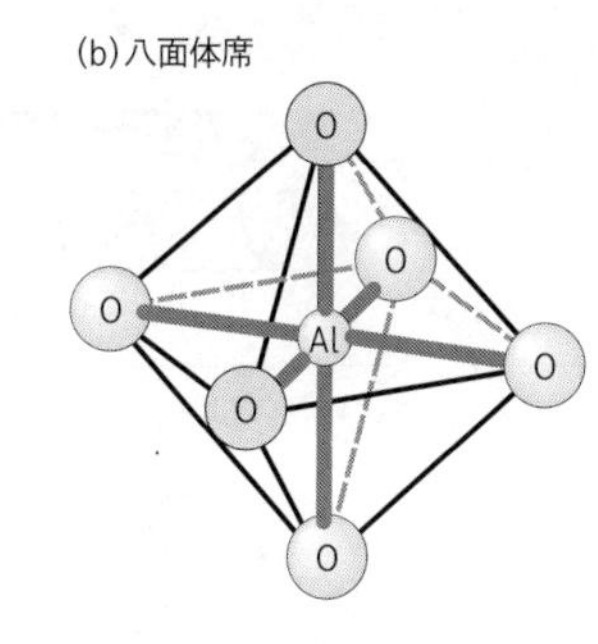

図7－2　四面体席と八面体席

では四面体の中心にケイ素があり、四面体の頂点に酸素があります。八面体席では八面体の中心にアルミニウムやマグネシウムがあり、八面体の頂点に酸素があります。四面体が平面状に結合して四面体シートをつくり、八面体が平面状に結合して八面体シートをつくります。さらに、四面体シートと八面体シートとは酸素を共有してつながっています（図7－3）。

層状ケイ酸塩粘土鉱物は、種類によって四面体シートと八面体シートの積み重なり方が異なります。この様子を、代表的な層状ケイ酸塩粘土鉱物であるカオリナイトとスメクタイトで見てみましょう（図7－4）。カオリナイトでは、一つの四面体シートと一つの八面体シートが重なって一つの層をつくっています。また、スメクタイトでは、一つの八面体シートを二つの四面体シートが挟んで一つの層をつくっています。カオリナイトでもスメクタイトでも、層が積み重なって全体の構造ができています。

では、カオリナイトやスメクタイトに水がどのように入っているのでしょうか。カオリナイトでは八面体シートの下面（四面体

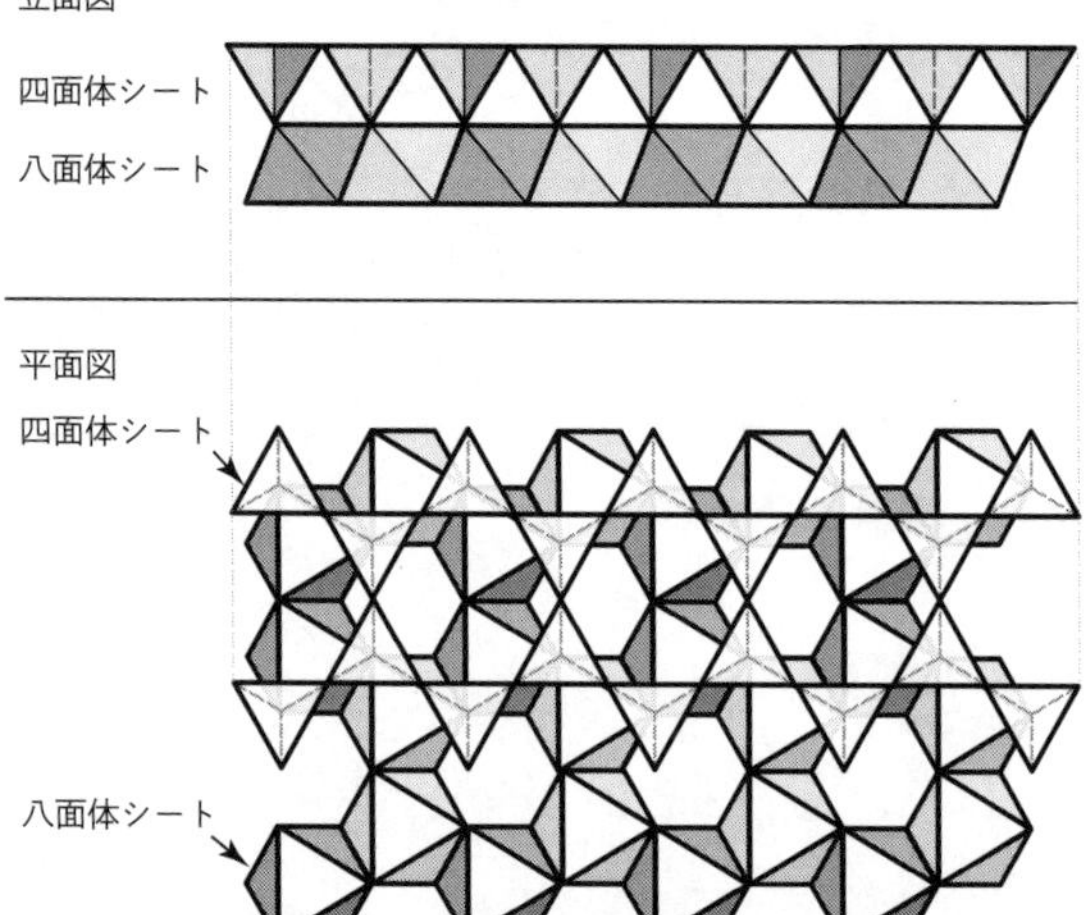

図7－3　四面体シートと八面体シート

シートと結合していない面）にある酸素が水酸基（OH）となっており、熱を加えるとこの水酸基の水素と一部の酸素が結合して水蒸気（気体）となって外部に出てきます。いっぽう、スメクタイトでは層と層の間に水と、その他にナトリウムやカルシウムなどの陽イオンも入っています。

粘土中にある非晶質ナノ粒子は、どのように水を含んでいるのでしょうか。非晶質ナノ粒子は、4から20ナノメートル程度の粒状の形をしています。この粒状のナノ粒子が集まって、2次粒子をつくっています（図7－5）。この2次粒子中のナノ粒子とナノ粒子の間には、水があります。なお、粘土中の非晶質ナノ粒子は、中空のクラスター構造を持つことが電子顕微鏡の観察からうかがえます

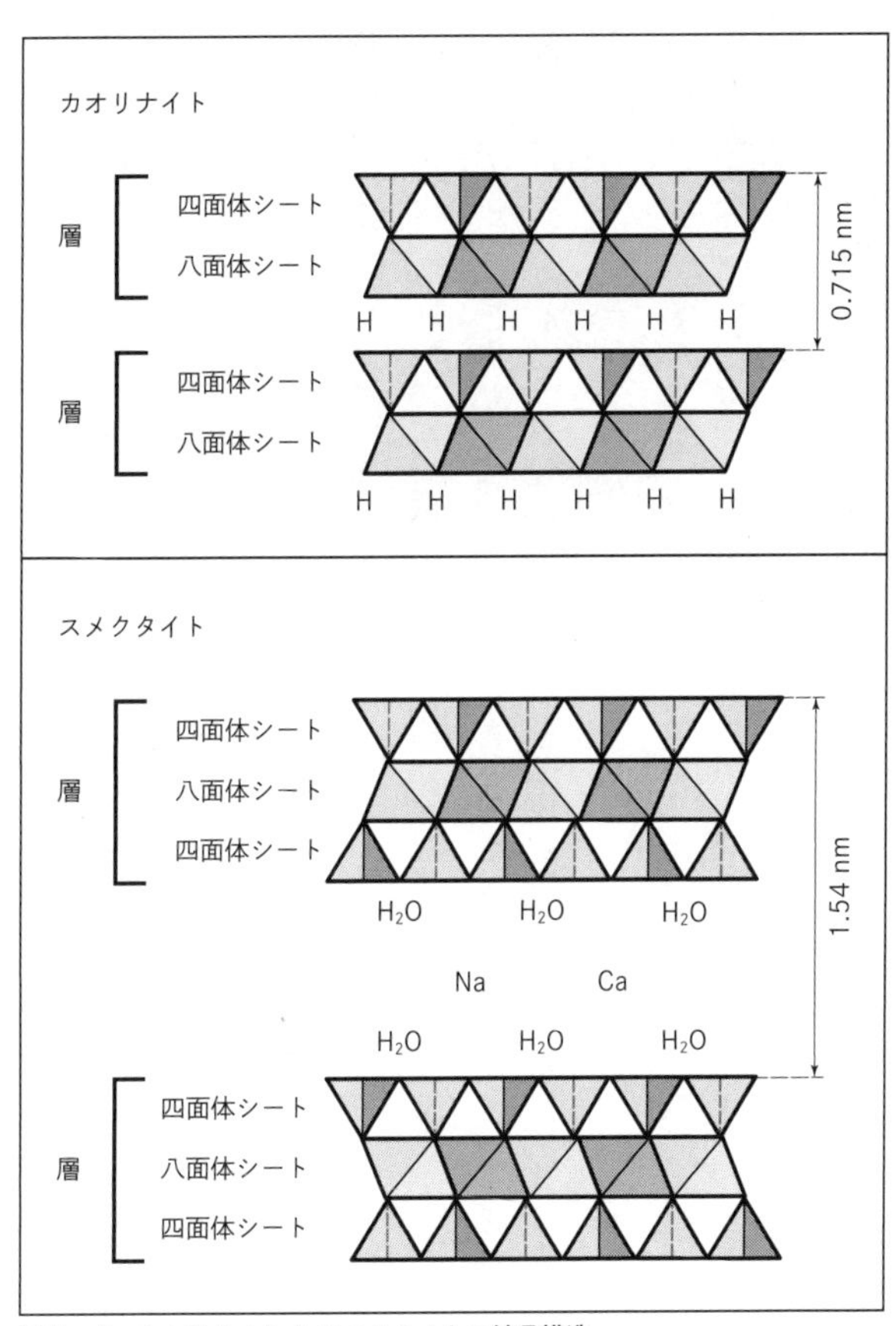

図7－4　カオリナイトとスメクタイトの結晶構造

が、クラスター構造の詳細についてはわかっていません。

非晶質ナノ粒子を粘土鉱物と呼ぶかについては、議論があります。それは、鉱物の定義に、一定の化学式で表せるという条件があるからです。しかしながら、非晶質ナノ粒子は少なくとも火山灰土壌では最重要な風化生成物であり、非晶質ナノ粒子を粘土鉱物と呼ぶべきだという研究者もいます。ここでは、非晶質ナノ粒子も粘土鉱物と呼ぶこととして話を進めます。

粘土鉱物が低温でできる理由

粘土鉱物がどのような状態で水を取り込んでいるかを見てきました。カオリナイトのように、層中に水酸基として水を取り込んでいる層状ケイ酸塩粘土鉱物もあるし、スメクタイトのように層間に多量の水を取り込んでいる層状ケイ酸塩粘土鉱物もあります。また、非晶質ナノ粒子は粒間に多量の水を取り込んでいます。

カオリナイトでは、水酸基は固体の一部となっており移動することができません。また、スメクタイトや非晶質ナノ粒子では層間や粒子間に液体の水が存在していますが、通常の液体の水と比べると動きが大きく制限されています。どちらの場合も、水が気体状態や液体状態にある場合と比べて、粘土中にある水は動きが制限されており、エントロピーが小さい状態にあります。したがって、粘土の存在は水のエントロピーを低くするので、粘土が低温で安定になるのです。

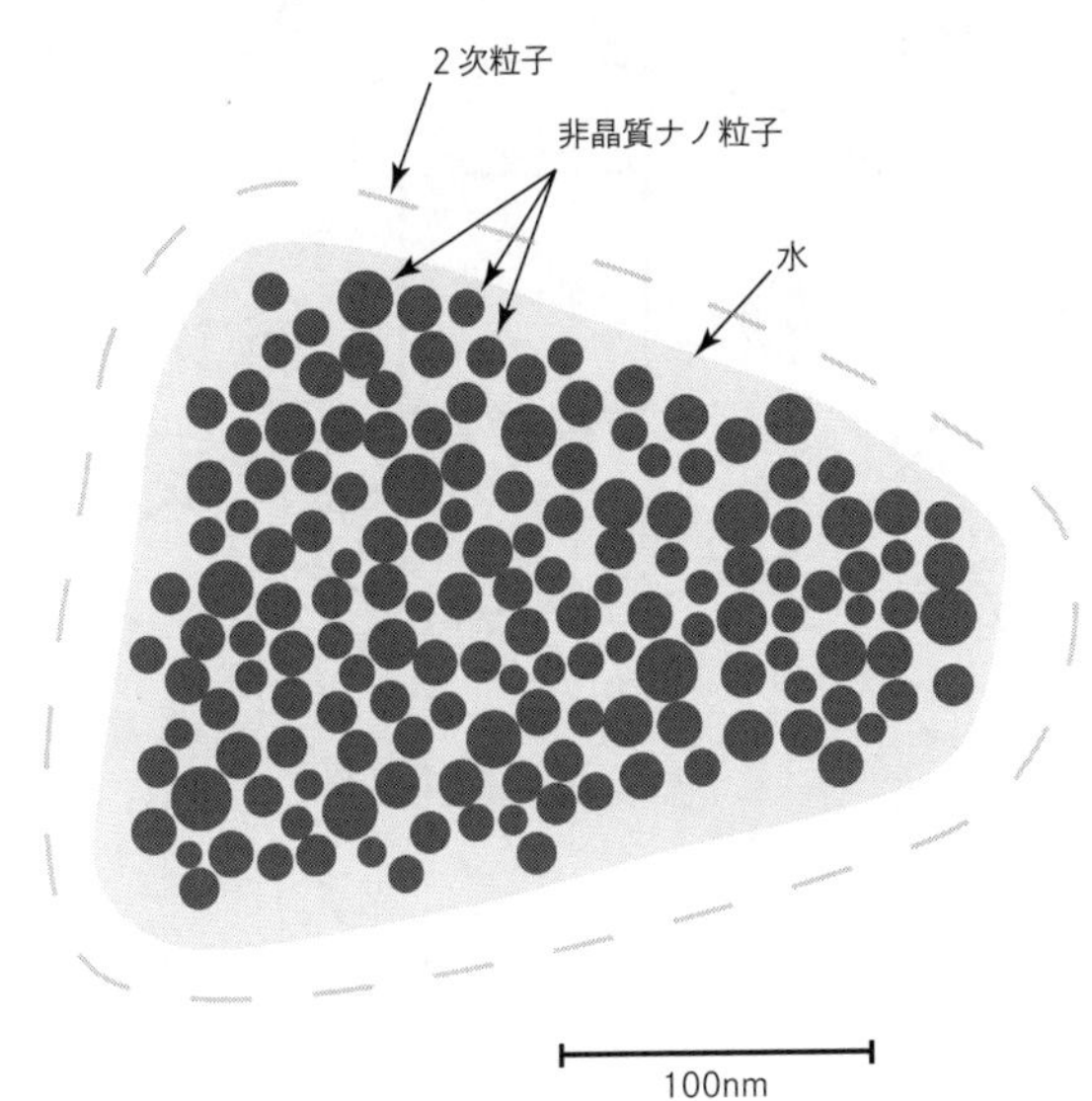

図7－5　粒子の間隙に水を含んでいる非晶質ナノ粒子の2次粒子

また、粘土鉱物の生成は、二酸化炭素が固体に入ることを間接的に助けています。粘土鉱物は、風化変質前の元の岩石の鉱物に比べて、カルシウムやマグネシウムが少なくなっています。つまり、岩石はカルシウムやマグネシウムを吐き出して、粘土鉱物になっています。そして、この余ったカルシウムやマグネシウムと二酸化炭素とが結合することによって炭酸塩鉱物ができるわけです。粘土にカルシウムやマグネシウムが少ないことが、炭酸塩鉱物を沈殿させやすくしており、二酸化炭素という揮発性物質を炭酸塩鉱物に入りやすくさせています。粘土ができることにより、二酸化炭素という揮発性物質を別の固体に取り込ませやす

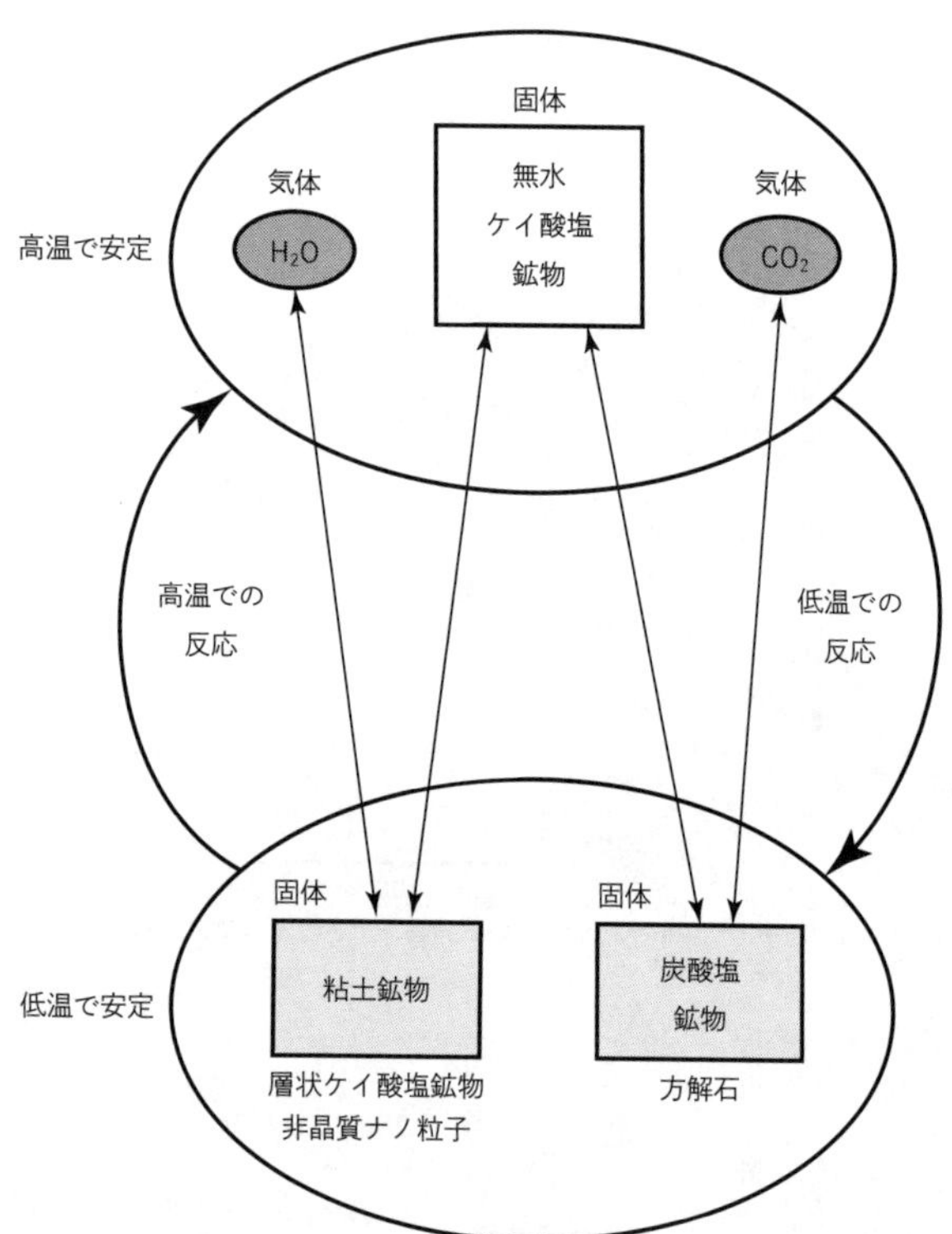

図7－6　高温および低温で安定な物質の組合せ

くしていることも、粘土が低温でできやすい理由でもあります。

図7－6に、高温および低温での、物質が安定する組み合わせを示します。高温では、無水のケイ酸塩鉱物、および気体状態にある水と二酸化炭素の組み合わせが安定です。低温では、粘土鉱物（層状ケイ酸塩粘土鉱物および非晶質ナノ粒子）、および炭酸塩鉱物の組み合わせが安定です。

高温では揮発性物質が気体の状態にあり、低温では水や二酸化炭素などの揮発性物質が固体に取り込まれています。つまり、低温で粘土鉱物ができるメカニズムは、「高温では揮発性物質が気体となっており、低温では揮発性物質が固体に取り込まれる」ということから理解できます。

低温でエントロピーが大きい固体ができる理由

これまで見てきたように、地球の物質は低温の場所と高温の場所を循環しており、低温になるとエントロピーが小さくなるように変化し、高温になるとエントロピーが大きくなるように変化します。しかし、粘土は、低温でできたにもかかわらず、固体部分の構造はエントロピーが大きくなっています。非晶質ナノ粒子は、結晶よりも原子の配列は乱雑でありエントロピーが大きいのです。また、層状ケイ酸塩粘土鉱物も3次元的な周期性はなく、3次元的な周期性を持っている結晶に比べるとエントロピーが大きくなっています。

ここで層状ケイ酸塩粘土鉱物に3次元的周期性がないとはどのようなことか、ブロックの積み上げモデルで説明します。層状ケイ酸塩粘土鉱物の一つの層は、2次元的な周期性があります(図7-7a)。この層を規則正しく積み上げると、3次元の周期性を持った積層構造ができます(図7-7b)。実際、層状ケイ酸塩鉱物である雲母は、3次元の周期性を持った積層構造となります。しかし、層状ケイ酸塩粘土鉱物の場合は、層の積み重なり方が不規則なために、3次元の周期性を持たない積層構造となります（図7－7c）。

温度によって、どのようなケイ酸塩物質ができているかも見ておきましょう（図7－8）。高温ではエントロピーの大きなメルト（ケイ酸塩の液体）ができます。温度が下がると結晶ができ

(a) 2次元の周期性がある層

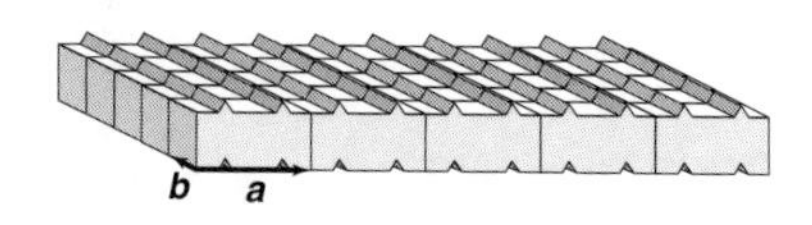

(b) 3次元の周期性がある積層構造

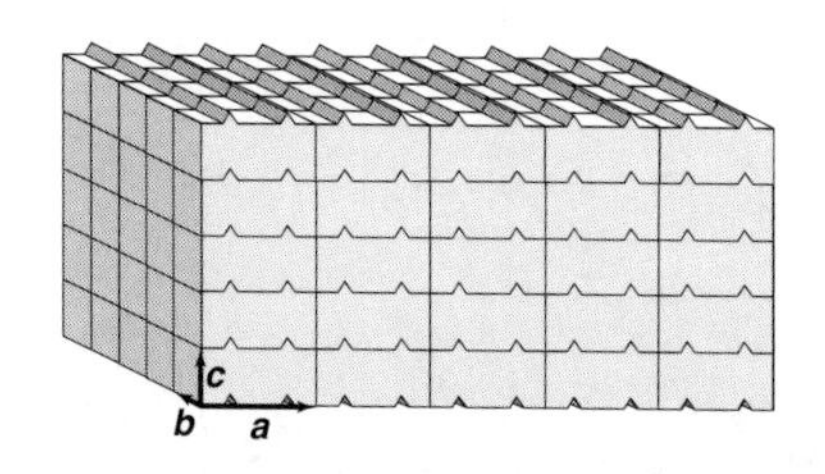

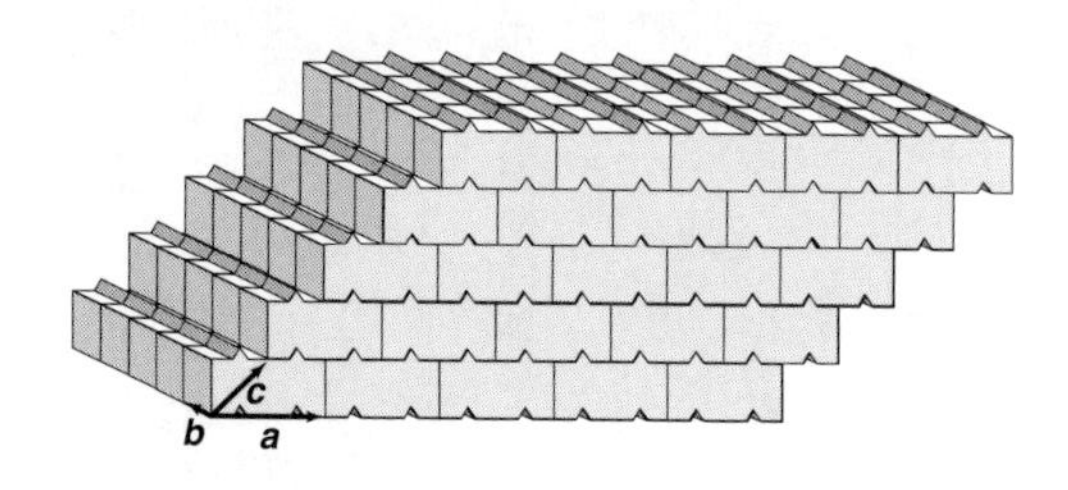

(c) 3次元の周期性がない積層構造

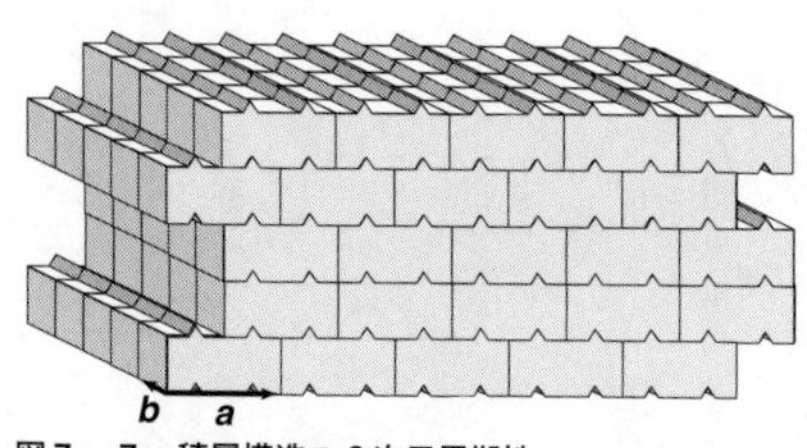

図7－7　積層構造の3次元周期性

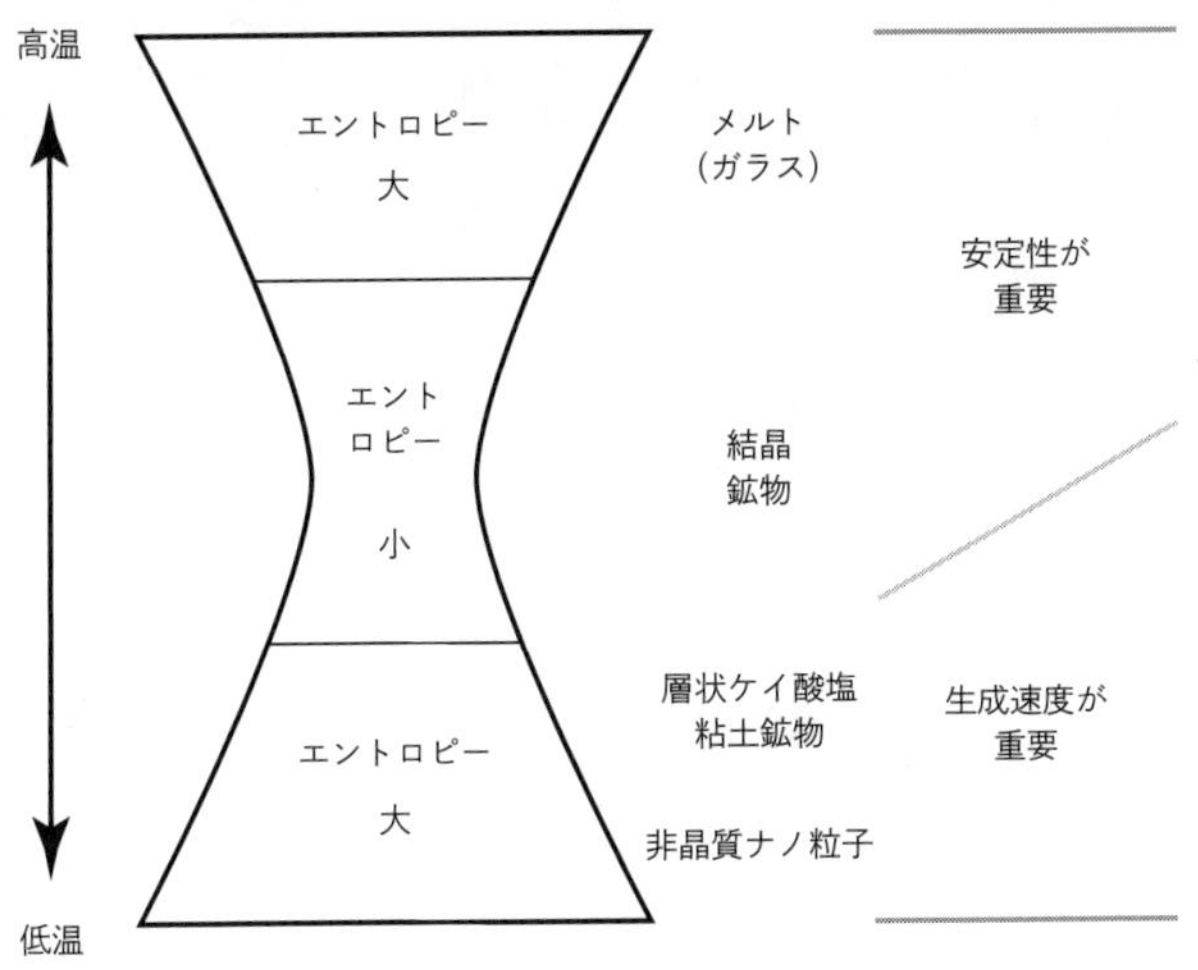

図7－8　温度による固体(揮発性物質以外の)部分のエントロピー変化

ます。結晶は、メルトよりもエントロピーが小さくなっています。温度の低下とともに、結晶でもエントロピーの小さい結晶に構造が変化します。ここまでは、高温でエントロピーが大きく、低温でエントロピーが小さい物質が安定するということで説明できます。なお、ここでの議論は、揮発性物質以外の固体部分の構造に注目していることに注意してください。

さらに、温度が低下すると、今度は逆にエントロピーが大きい構造ができてしまいます。たとえば、層状ケイ酸塩粘土鉱物ができたり、非晶質ナノ粒子ができたりします。温度が低くなりすぎると、低温でエントロピーが小さい物質が安定するという法則では、実際にできる物質を説明できないのです。

低温でエントロピーの大きい固体が生成することは、粘土鉱物以外でも観察されています。たとえば、二酸化ケイ素は、573℃以下で低温石英、573℃から870℃で高温石英、870℃から1470℃まではトリディマイト、1470℃以上はクリストバライトが安定です。温度が上がるほどエントロピーが大きい鉱物が安定になります。しかし、200℃以下では、逆にエントロピーの大きなクリストバライトができることがよくあるのです。

物質のできる速度が粘土鉱物をつくる

なぜ、このような逆転現象が起こるのでしょうか？ それは、低温で生成する鉱物を決めているのは、安定性よりも、生成速度だからです。低温では結晶ができる速度が非常に遅いので安定である結晶の鉱物はできにくいのです。むしろ、速くできる鉱物が生成され、その状態で固定されてしまうことがよくあるのです。

つまり、エントロピーが大きい無秩序な非晶質はすぐにできますが、エントロピーの小さい結晶はなかなかできないのです。エントロピーが大きいということはとり得る状態の数が多く、それが実現する確率が大きく、逆にエントロピーが小さいということはとり得る状態の数が少なく、それが実現する確率は小さいのです。

以上が反応速度の遅い低温で、エントロピーが大きい物質ができてしまう理由です。時間をかけると、低温で安定なエントロピーが小さい構造に変化してはいきますが、その時間は長すぎて、短い時間では安定な構造ができない場合が多いのです。

ただし、以上のような現象が観察されるのは、ケイ酸塩鉱物のように原子間の結合が強く硬い結晶に限られます。食塩（NaCl）のような軟らかい結晶では、低温（室温）においても短時間で結晶ができます。

低温でエントロピーが大きい物質ができてしまう理由が、もう一つあります。それは水をたくさん含む構造や形状を持つ物質が低温で安定になるということです。非晶質ナノ粒子は形状が小さいので、その間隙に水を含むことができます。これは、低温で安定になるためには有利となります。しかし、ナノ粒子は小さすぎて結晶になりにくいので、結晶になるよりも手っ取り早く水をたくさん蓄えてエントロピーを低くする形態を選択したのです。

スメクタイトは、層間に水を多量に蓄えています。これは、低温で安定になるためには有利です。しかし、層間に水を溜め込むと層同士の結合が弱くなるので、層の積み重なり方が乱雑になって、3次元の周期性がなくなります。3次元的な周期性を維持するよりも、水をたくさん蓄えてエントロピーを低くするほうを選択したのです。

7-2 非晶質ナノ粒子が決める粘土の性質

ここでは、粘土中にある非晶質ナノ粒子が粘土の性質にどのように影響をあたえているかを見ていきます。非晶質ナノ粒子は、粘土の最も重要な性質である可塑性の原因になっていたり、さまざまな微量元素を吸着したりしています。

火山灰土壌に多量にある非晶質ナノ粒子

火山灰起源の土壌中にある非晶質物質は、2種類に分けられます。ひとつは火山ガラスであり、もうひとつは非晶質ナノ粒子です。両者とも結晶ではないという共通点がありますが、大きさやでき方が異なります。火山ガラスは少なくとも1マイクロメートル以上ありますが、非晶質ナノ粒子は4から20ナノメートル程度です。火山ガラスは高温（800℃以上）で溶けた岩石が急冷してできますが、非晶質ナノ粒子は低温（300℃以下）で水溶液から沈殿してできます。

非晶質ナノ粒子は、火山灰起源の土壌で発見されており、アロフェンと呼ばれています。アロフェンの研究は主に電子顕微鏡を用いて行われてきました。電子顕微鏡による観察で、アロフェンは3・5ナノメートルから5・5ナノメートルの粒径を持つ球殻であることがわかっています。

アロフェンは、環太平洋の火山地帯に広く分布している火山灰土壌に多量に含まれています。日本でもアロフェンを含む火山灰土壌が、東日本や九州に広く分布しています。特に、関東地方にある関東ローム層や鹿沼土は、アロフェンを多量に含んでいます。

アロフェンは、火山灰に含まれている火山ガラスが風化することによってできます。関東ロームの新しい層（たとえば、2万年前の層）では、非晶質の粘土鉱物（アロフェンなど）がほとんどですが、関東ロームの古い層（たとえば、10万年前の層）ではアロフェンが減り、結晶質の粘土鉱物であるハロイサイトが増えていきます。なお、ハロイサイトは、カオリナイトと同じ層構造を持っており、カオリナイトと同じく層間に水酸基を含むとともに、カオリナイトと異なり層間に水を含んでいます。

非晶質ナノ粒子は、層状ケイ酸塩粘土鉱物があると見落とされる傾向にあります。少しでも層状ケイ酸塩粘土鉱物があると、層状ケイ酸塩粘土鉱物だけが目立ち、非晶質ナノ粒子は見落とされてしまうのです。

層状ケイ酸塩粘土鉱物はX線回折で鋭いピークが観察されるので目立ちますが、非晶質ナノ粒子はバックグラウンドのような弱い散乱しかないので目立たないことも注目されない理由の一つです。また、電子顕微鏡の観察でも、層状ケイ酸塩粘土鉱物は大きく形がはっきりしているので目立ちますが、非晶質ナノ粒子は小さくぼんやりした形のため目立たないのです。この結果、層状ケイ酸塩粘土鉱物があると、層状ケイ酸塩粘土鉱物だけに注目してしまい、非晶質ナノ粒子を見落としてしまうのです。

カオリンやベントナイトにも多量にある非晶質ナノ粒子

カオリナイトが主成分鉱物である粘土をカオリンといい、スメクタイトが主成分鉱物である粘土をベントナイトといいます。そして、ほとんどの粘土の研究者は粘土の性質を決めているのは、カオリナイトやスメクタイトだと考えていました。

最近になって、粘土の小角X線散乱を解析することにより、非晶質ナノ粒子の量を求めたり、非晶質ナノ粒子の粒度分布を求めたりすることができるようになりました。図7－9に木節（きぶし）粘土の小角散乱図と非晶質ナノ粒子の外径分布を示します。この小角散乱の強度から非晶質ナノ粒子の量や非晶質ナノ粒子の外径分布が求められます。なお、木節粘土とは、瀬戸など中部・近畿地方にある花崗岩地域に分布するカオリナイトと非晶質ナノ粒子を含む粘土であり、陶磁器の原料となっています。

図7－10に、日本および世界各地の粘土について、非晶質ナノ粒子の量と、平均外径を示します。カオリンやベントナイトは非晶質ナノ粒子を15％から50％含んでおり、火山灰土壌である関

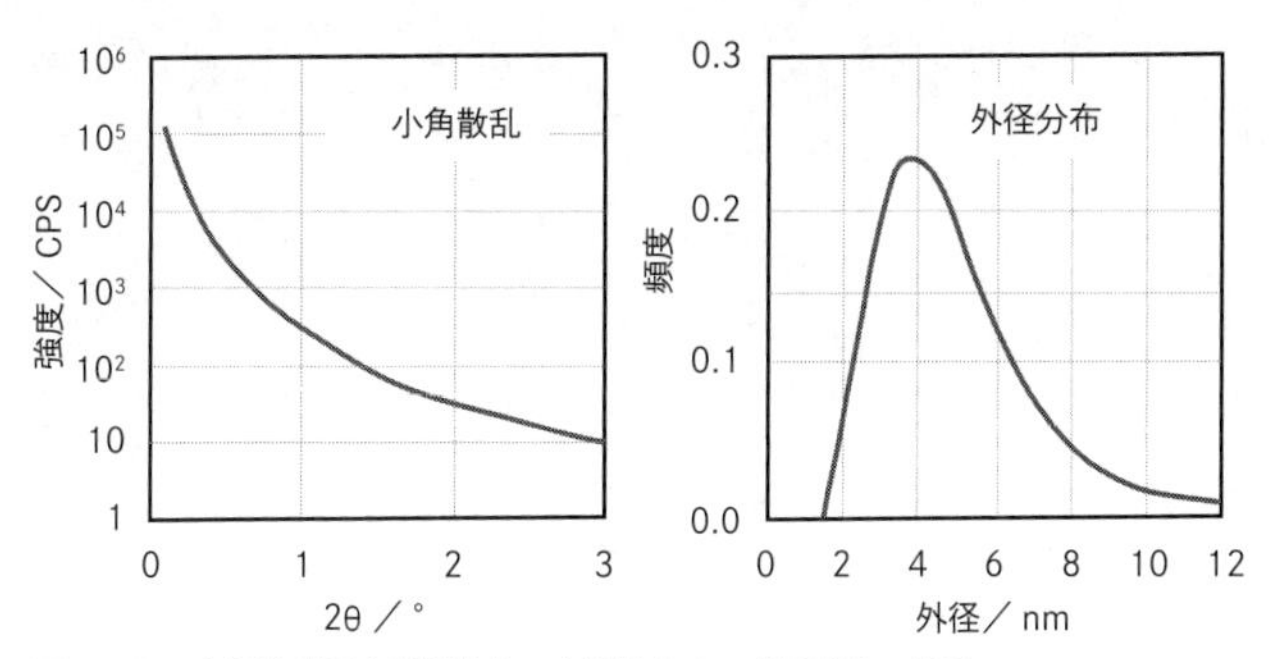

図7－9　小角散乱図と外径分布：木節粘土中の非晶質ナノ粒子

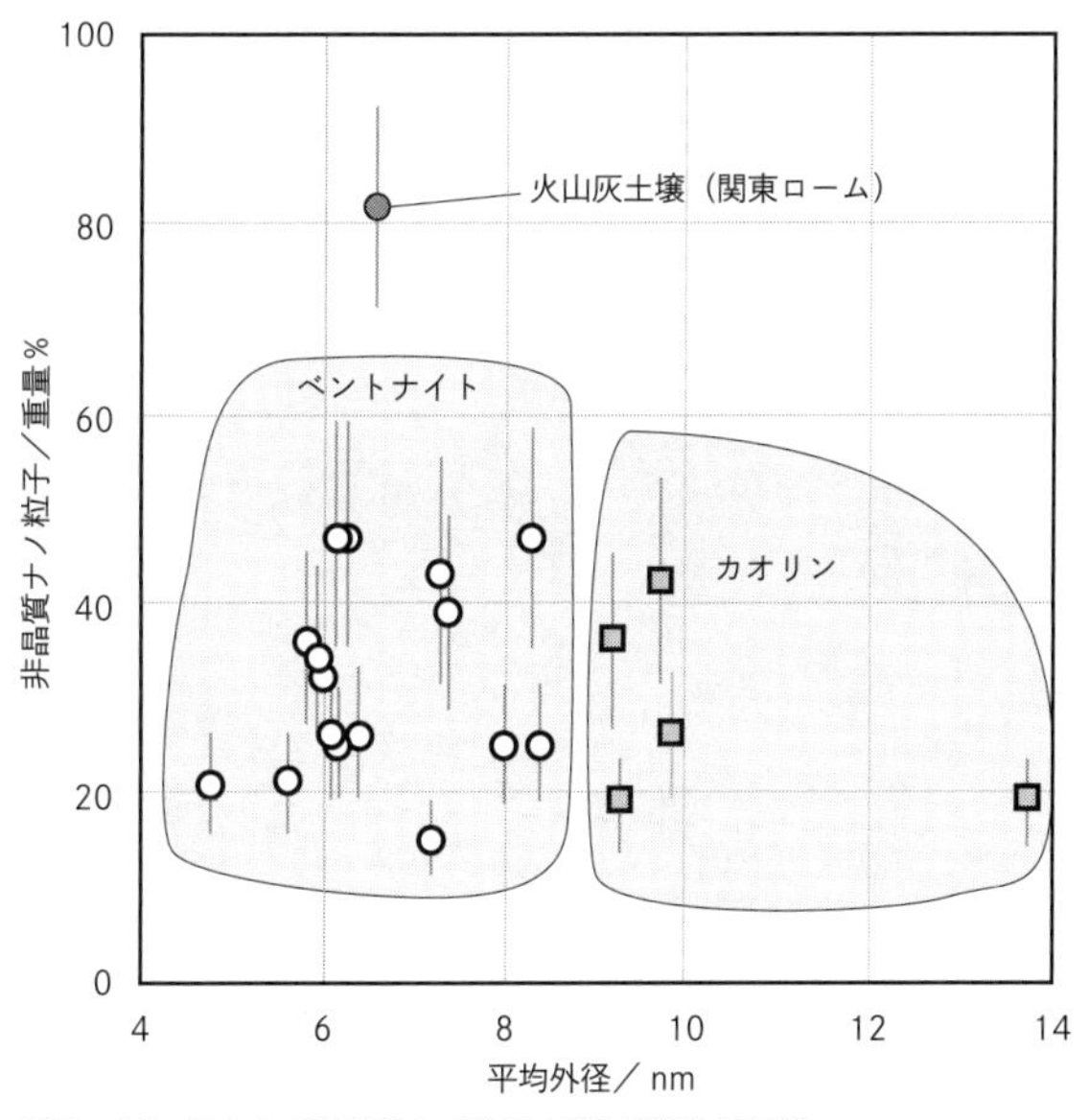

図7－10　粘土中の非晶質ナノ粒子の平均外径と重量%

東ロームは非晶質ナノ粒子を80％ほど含んでいます。カオリン中やベントナイト中の非晶質ナノ粒子はこれまで無視されていましたが、カオリン（カオリナイトを含む粘土）にもベントナイト（スメクタイトを含む粘土）にも多量の非晶質ナノ粒子が含まれていることがわかったのです。

非晶質ナノ粒子の平均外径は、カオリンとベントナイトではっきり異なります。カオリンでは9ナノメートル以上であるのに対して、ベントナイトでは9ナノメートル以下になっています。

粘土の性質を決めている非晶質ナノ粒子

図7－11は、カオリンの水分量が、非晶質ナノ粒子の量に比例していることを表しています。ここでの水分量は、105－110℃に熱したときに水蒸気になって外部に放出する水の量です。すなわち、固体に弱く吸着している水分であり、結晶中にある水酸基から生ずる水分ではありません。非晶質ナノ粒子は凝集しており、その粒間に水分が入っていると考えれば、非晶質ナノ粒子が多いと水分量が多くなることも理解できます。

この図は、カオリンの比表面積が、非晶質ナノ粒子の量に比例していることも表しています。非晶質ナノ粒子はカオリナイトに比べて外径がとても小さいので、非晶質ナノ粒子が多いと比表面積が大きくなるのです。

また、この図は、非晶質ナノ粒子がカオリンの可塑性の原因となっていることも示していま

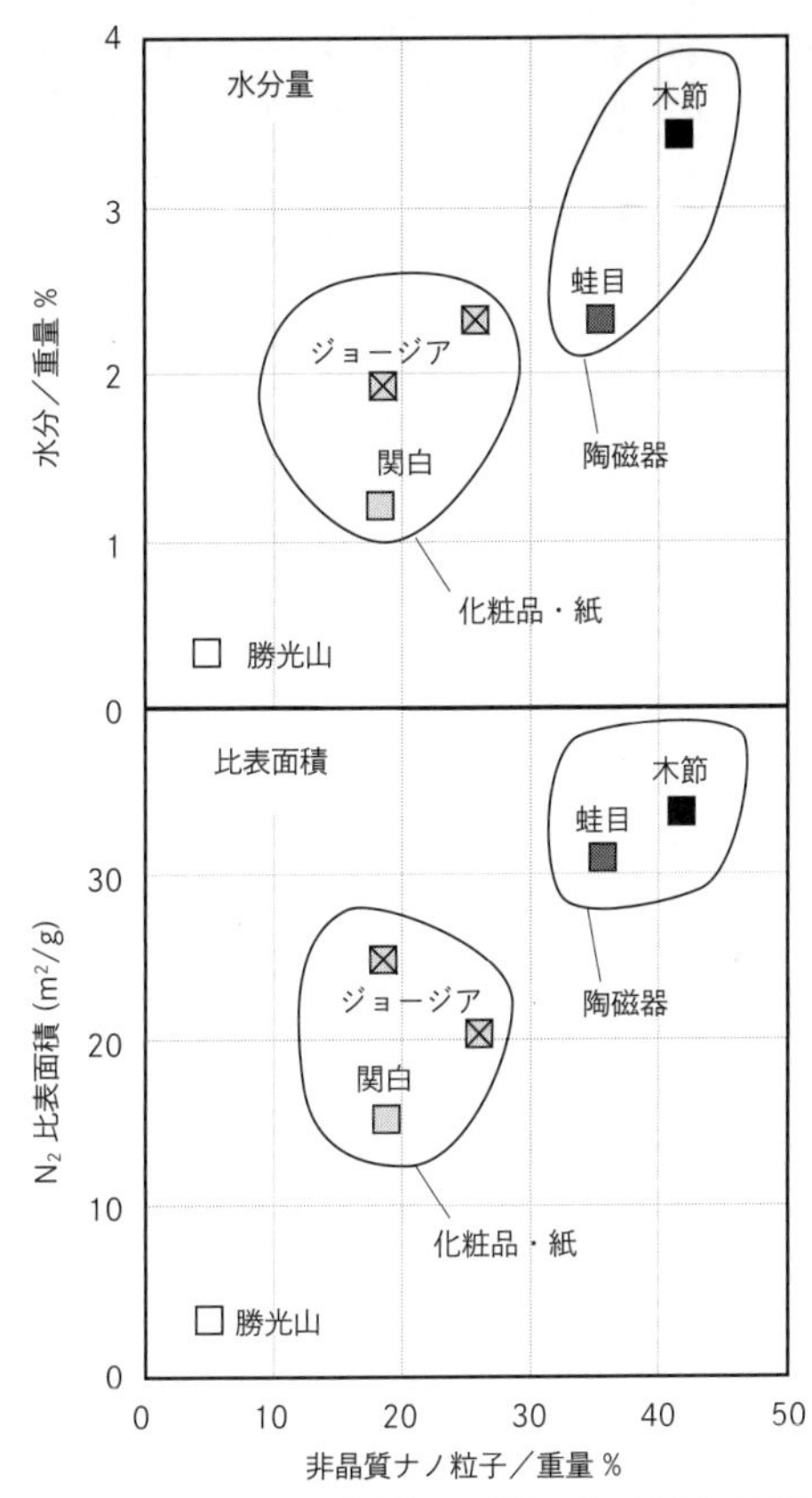

図7－11　カオリン：非晶質ナノ粒子の量に対する水分量・比表面積

す。木節カオリンと蛙目（がいろめ）カオリンは、可塑性が高いために陶磁器原料として用いられていま す。いっぽう、ジョージアカオリンと関白カオリンは、可塑性が低いために化粧品の増量剤や紙の表面塗布剤として用いられています。木節カオリンや蛙目カオリンのように非晶質ナノ粒子の量が40％前後と高いと可塑性が高く、ジョージアカオリンや関白カオリンのように非晶質ナノ粒子の量が20％前後と低いと可塑性が低くなっているのです。カオリン中の非晶質ナノ粒子がカオリンの可塑性の原因となっているというわけです。

次に、カオリン以外の粘土や土壌について、非晶質ナノ粒子の量が、比表面積や水分量とどのように関係するかを見てみましょう。

水分量は、ベントナイト以外の粘土で非晶質ナノ粒子の量と正の相関があります（図7－12）。この正の相関は、非晶質ナノ粒子だけが水分を吸着しており、ベントナイト以外の粘土で層状ケイ酸塩粘土鉱物はほとんど水分を吸着していないことを示しています。なお、ここでの水分も固体に弱く吸着している水分を表しており、結晶中にある水酸基は含んでいません。

ベントナイトでは、非晶質ナノ粒子量と水分吸着量とに相関がなく、高い水分量を持っていま す。これは、非晶質ナノ粒子とスメクタイトの両方が多量の水分を含むことを示しています。非晶質ナノ粒子は粒子間に多量の水分を含んでおり、スメクタイトは層間に多量の水分を含んでいます。

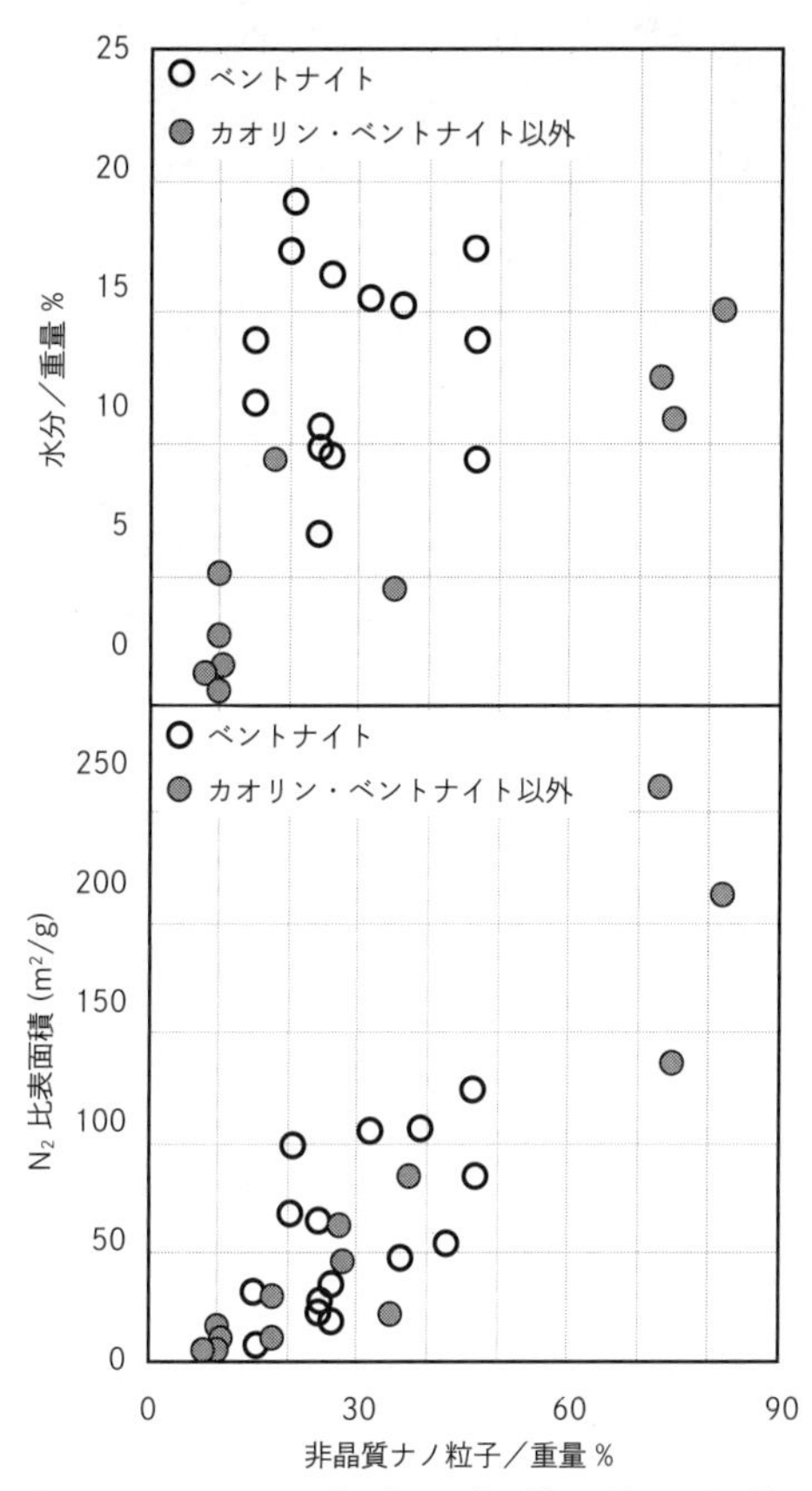

図7－12　カオリン以外の粘土：非晶質ナノ粒子の量に対する水分量と比表面積

比表面積は、カオリン以外の粘土でも、非晶質ナノ粒子の量と正の相関があります（図7−12）。非晶質ナノ粒子の量がゼロに近いと、比表面積もゼロに近くなります。非晶質ナノ粒子の量が多くなると比表面積も大きくなります。比表面積に寄与しているのは、非晶質ナノ粒子であり、層状ケイ酸塩粘土鉱物ではないことがわかります。非晶質ナノ粒子が比表面積に寄与しているのは、非晶質ナノ粒子の外径が小さいので体積あたりの表面積が小さいからです。

比表面積と可塑性は比例します（図7−13）。この図にある土壌は、米国南部の州（テキサス、オクラホマ、カンザス、アーカンソー）のさまざまな地質体から採取したものです。また、粘土は、米国南部の州から採取したベントナイト、カオリン、イライト粘土を混合させたものです。

非晶質ナノ粒子量と比表面積が比例するので、非晶質ナノ粒子量と可塑性は比例することになります。つまり、粘土や土壌の可塑性の原因になっている物質は非晶質ナノ粒子だったのです。非晶質ナノ粒子が多ければ可塑性が高いことは理解できます。非晶質ナノ粒子は小さいので、ナノ粒子同士の距離が小さくなります。そのために、粒子間にある水が粒子同士を強く引きつけています。また、ナノ粒子は小さいので、ナノ粒子と結晶質の粘土鉱物との距離も短い場所が多くなります。そのために、非晶質ナノ粒子と層状ケイ酸塩粘土鉱物間にある水が非晶質ナノ粒子と層状ケイ酸塩粘土鉱物を強く結びつけているのです。図7−14を見ると非晶質ナノ粒子が増えると粘土の可塑性が増える理由がわかると思います。

国際粘土学会（ヨーロッパ）と粘土鉱物学会（米国）の合同委員会において、粘土鉱物を定義しています。「粘土鉱物とは、粘土に可塑性をあたえ、燃焼時の乾燥で固まる層状ケイ酸塩粘土鉱物およびその他の鉱物を指す」。この定義からは、非晶質ナノ粒子は粘土鉱物でないことになります。非晶質物質は鉱物ではないからです。また、層状ケイ酸塩粘土鉱物は、可塑性をあたえていないので、粘土鉱物ではないことになります。どうやら、粘土鉱物の定義自体を変更する必要があるのかもしれません。

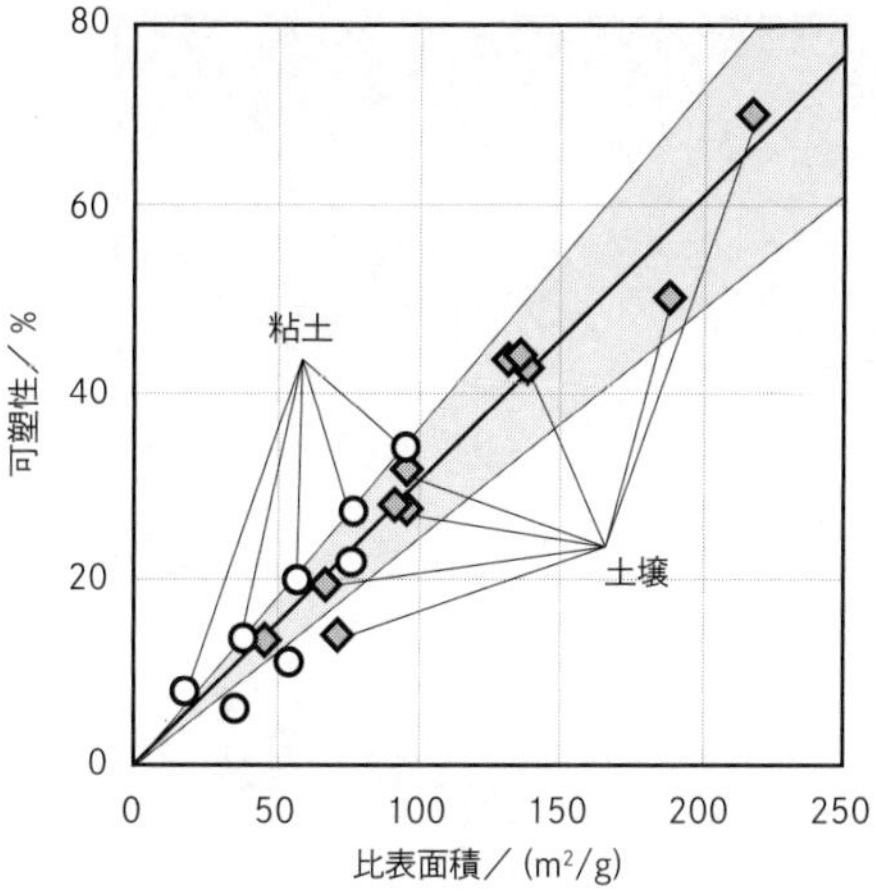

図7－13　比表面積と可塑性の関係
LeFever (1966)

非晶質ナノ粒子は、さまざまな分子やイオンを吸着することも知られています。非晶質ナノ粒子は大きな比表面積を持つことから吸着性能が高いことが推定されます。実際、合成したケイ酸塩非晶質ナノ粒子（たとえば、ハスクレイ）では、多量の水や二酸化炭素を吸着しま

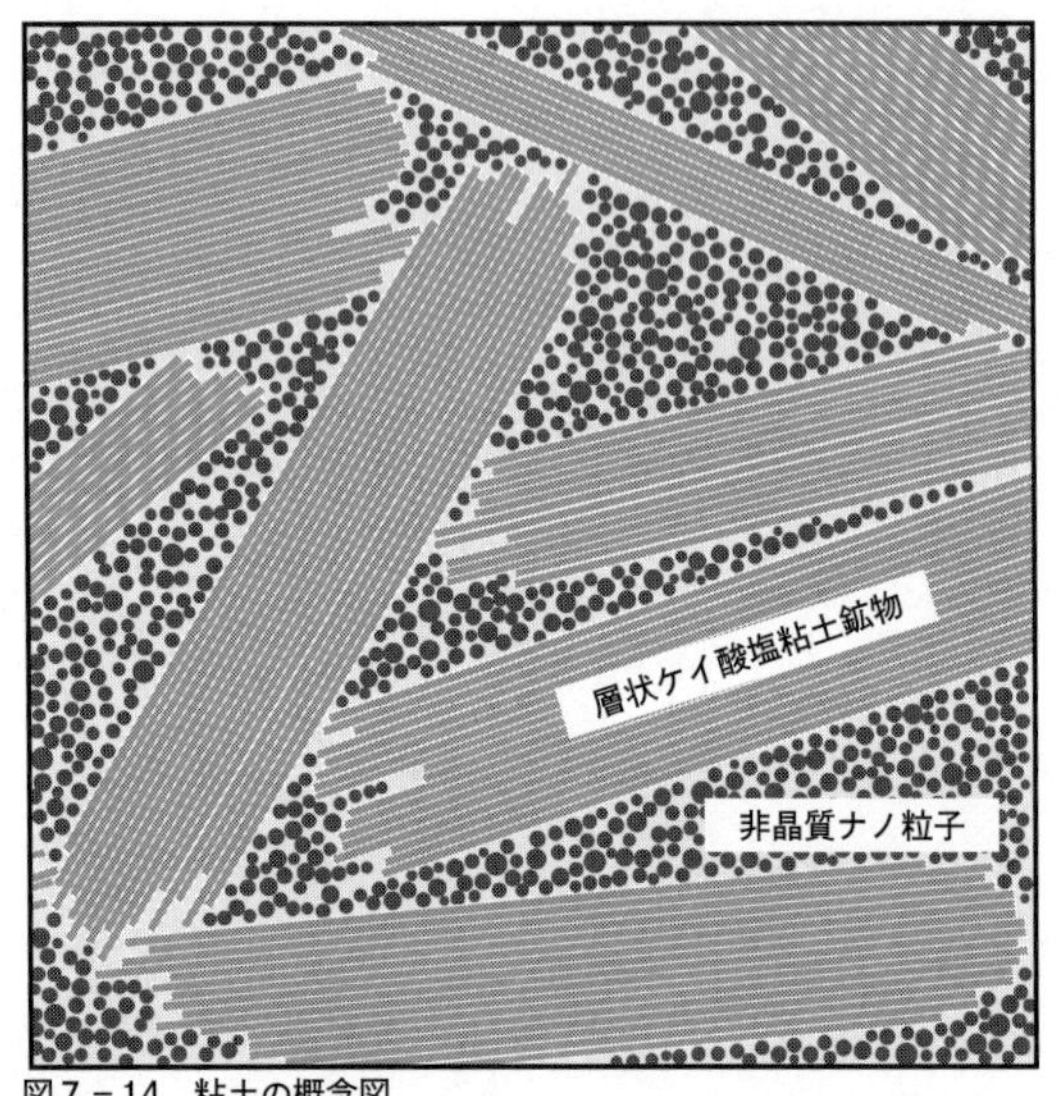

図7－14　粘土の概念図
非晶質ナノ粒子の間は水で満たされており、この水がナノ粒子同士を強く結びつけています。

す。また、非晶質ナノ粒子は、リン酸塩、硫酸塩、ヒ酸塩、有機物などを吸着します。また、セシウムやレアアース元素なども非晶質ナノ粒子に吸着していることが推察されます。

これまでの粘土の研究は、層状ケイ酸塩粘土鉱物が主役であり、非晶質ナノ粒子はほとんど無視されてきました。しかし、非晶質ナノ粒子は粘土中に多量にあり、粘土中で重要な役割を果たしていることがわかってきました。非晶質ナノ粒子については今後の研究に期待したいと思います。

7-3 粘土鉱床のでき方

粘土が濃集している場所を粘土鉱床といいます。カオリナイトと非晶質ナノ粒子を主成分としている鉱床をカオリン鉱床といい、スメクタイトと非晶質ナノ粒子を主成分としている鉱床をベントナイト鉱床といいます。ここでは粘土の用途を見るとともに、これらの鉱床がどのようにしてできたかを見ていきます。

粘土の用途

粘土の主要な用途に陶磁器があります。陶磁器とは、粘土を室温で整形し、高温で焼いて固めたものです。陶磁器には、主に、土器、陶器、磁器があります。

陶磁器の原料に使われている粘土は、ほとんどがカオリンという粘土です。カオリンは、カオリナイトという粘土鉱物および非晶質ナノ粒子を主成分としています。なお、カオリンの名は、中国の有名な粘土の産地である江西省景徳鎮付近の高嶺（カオリン）に由来しています。

カオリンの用途は陶磁器に限りません。カオリンの陶磁器以外の用途として化粧品と紙があります。化粧品にカオリンが付与されるのは、増量剤として成分の組成を調整したり肌に付着しや

鉱物名	化学組成
モンモリロナイト	$R_{0.33}(Al_{1.67}Mg_{0.33})[Si_4]O_{10}(OH)_2 \cdot nH_2O$
バイデライト	$R_{0.33}(Al_2)[Si_{3.67}Al_{0.33}]O_{10}(OH)_2 \cdot nH_2O$
ノントロナイト	$R_{0.33}(Fe_2)[Si_{3.67}Al_{0.33}]O_{10}(OH)_2 \cdot nH_2O$
サポナイト	$R_{0.33}(Mg_3)[Si_{3.67}Al_{0.33}]O_{10}(OH)_2 \cdot nH_2O$
ヘクトライト	$R_{0.33}(Mg_{2.67}Li_{0.33})[Si_4]O_{10}(OH)_2 \cdot nH_2O$

Rは交換性陽イオンでNaやCaなど、( )内は八面体席の陽イオン、[ ]内は四面体席の陽イオン、nH_2Oは層間の水。

表7－1　スメクタイトグループに属する鉱物

すくしたりするためです。紙の表面にカオリンを塗布するのは、紙を白色にしたり紙に光沢を出したりするためです。

カオリン以外の主要な粘土には、ベントナイトがあります。ベントナイトは、スメクタイトという鉱物グループを主成分とする粘土です。スメクタイトグループに属する鉱物には、モンモリロナイト、バイデライト、ノントロナイト、サポナイト、ヘクトライトがあります。それぞれの化学組成を表7－1に示します。世界には、さまざまなスメクタイトに属する鉱物がありますが、日本列島で産出するスメクタイトはほとんどがモンモリロナイトです。

ベントナイトは、化粧品、土木基礎、鋳物、塗料、ボーリング、放射性廃棄物の処分場、農薬、ペット用のトイレ砂など、さまざまな用途に用いられています。このため粘土には千を超す用途があるともいわれています。

カオリン鉱床のでき方

カオリンは、花崗岩が十分に風化するとできます。花崗岩中の鉱物のうち、石英以外の鉱物（カリ長石、斜長石、雲母など）がなくなるくらい化学的風化が進行するとカオリンという粘土になります。

しかし、通常の風化では、十分に化学的風化が進行しない状態で浸食されます。通常の花崗岩中の風化では、鉱物（石英、カリ長石、斜長石、雲母）のうち石英、カリ長石は化学的風化をほとんど受けておらずそのまま残っています。斜長石は、中心部のカルシウム分が多い部分は化学的風化を受けていますが、周辺部のナトリウムの多い部分は化学的風化を受けずに残っていることがほとんどです。

花崗岩は、このように弱く風化を受けた段階では容易に浸食されます。この段階では、硬い岩石ではなく砂と粘土の混合物になっており、多くの石英、カリ長石、斜長石は残っています。それらの鉱物の大きさは、1から3ミリメートル程度の砂になっています。また、斜長石の中心部や雲母などは溶けてなくなり、かわりに非晶質ナノ粒子ができています。

弱く風化された花崗岩の風化物は、浸食・運搬されて、多くが海岸沿いの平野に堆積します。この堆積物の多くは、氷河期に海面が低下したときに浸食されて海に流されます。このように、多くの花崗岩は陶磁器原料となるほど十分に化学的風化を受けないまま、海に流されて海底堆積物になります。

風化を受けた花崗岩の砂と粘土の混合物が陸地に長期間堆積すると、陶磁器原料となるほど十分に化学的風化を受けることがあります。それは、内陸の窪んだ低地に堆積し、氷河期になっても流されない場合です。内陸部に長期間堆積して十分に化学的風化を受けると、カリ長石や斜長石も水に溶けて、その成分の一部が、水から沈殿して粘土になります。その結果、若干の石英だけが残り、大部分が非晶質ナノ粒子とカオリナイトとなるのです。このように、十分に風化が進むと陶磁器原料に適した粘土となります。

花崗岩の熱水変質

花崗岩が陶磁器原料に適した粘土になるには、もう一つ熱水変質という地質現象があります。熱水変質とは、岩石と熱水（200℃以上の水）とが反応して、岩石が粘土化することです。温度が高い場合の風化ともいえます。これは、花崗岩の周囲に火山がある場合に起きます。周囲に火山があると地下水が熱せられて対流します。この熱い地下水（熱水）が花崗岩に浸透し、花崗岩と反応して、花崗岩中の鉱物が粘土鉱物に変化します。高温下では、花崗岩と地下水との反応が速いので、短い時間でカリ長石や斜長石や雲母が溶けて粘土が沈殿します。

表7－2に、花崗岩とカオリンの化学組成を示します。この表にある花崗岩は、岐阜県の苗木花崗岩です。カオリンは、蛙目カオリンと木節カオリンです。これらの粘土は、愛知県、岐阜県、滋賀県にかけて広く分布している陶磁器原料に適したカオリンです。蛙目カオリンは、石英

の粒が蛙の目に似ていることから名付けられました。木節カオリンは木が混入していることから名付けられました。

花崗岩が化学風化して蛙目カオリンや木節カオリンとなるときに、化学組成がどのように変わるかを見てみましょう。最初に注目すべきは酸化アルミニウムが2・5倍ほど増加している点です。これは、酸化アルミニウムが追加されたのではなく、他の成分が水に溶けて流出してしまったために、相対的に酸化アルミニウムの濃度が増えたのです。ケイ素、鉄、カルシウム、ナトリウム、カリウムはかなりの量が溶けて流出しています。逆に、水の量は大幅に増加していますが、この水は外部から付与されたものです。

カオリンは、鉄分が少ないとの特徴があります。鉄分が少ないと陶磁器に色がつかないので、陶磁器の原料に向きます。カオリンに鉄分が少ないのは、カオリンの風化前の物質である花崗岩に鉄分が少ないからです。このため、花崗岩が分布している地域

	重量／%		
	苗木花崗岩（岐阜県）	蛙目カオリン（愛知県）	木節カオリン（愛知県）
SiO_2	76.8	55.7	49.5
TiO_2	0.0	0.6	0.9
Al_2O_3	12.5	30.1	32.5
Fe_2O_{3-}	0.3	0.9	0.9
FeO	0.6	0.0	0.0
MnO	0.0	0.0	0.0
MgO	0.0	0.2	0.2
CaO	0.7	0.2	0.3
Na_2O	3.5	0.2	0.1
K_2O	4.7	2.0	0.8
H_2O	0.0	10.8	15.4

表7－2　化学組成(重量%)：花崗岩とカオリン

は、陶磁器原料に適した粘土がある地域と重なります。

花崗岩からカオリン鉱床ができるまでの鉱物量変化

花崗岩が風化するとカオリン鉱床ができることを見てきました。ここでは、花崗岩の風化による鉱物量の時間変化を見ていきます。

花崗岩が高温（700℃以上）で固まったときには、石英、カリ長石、斜長石、雲母などの造岩鉱物だけがあり、粘土鉱物はありません。花崗岩が地表に近づいて300℃くらいになると、花崗岩の割れ目付近（割れ目から5センチメートルくらい）が熱水と反応して、若干の粘土鉱物や炭酸塩鉱物ができることがありますが、花崗岩全体で見ると、ほとんどが造岩鉱物で構成されています。

花崗岩が隆起して地表付近まで来ると、二酸化炭素や炭酸や重炭酸イオンを含む地下水と反応して、花崗岩は化学的風化を受けます。化学的風化では、ナトリウムやカルシウムが地下水に溶けて除去されるとともに、残った酸化ケイ素や酸化アルミニウムから非晶質ナノ粒子ができます。若干の非晶質ナノ粒子ができた段階で、多くの花崗岩は浸食され、川を通じて海に流されてしまいます。

海に直接流されずに陸地の窪地などに堆積した花崗岩は、さらに化学的風化を受けます。この

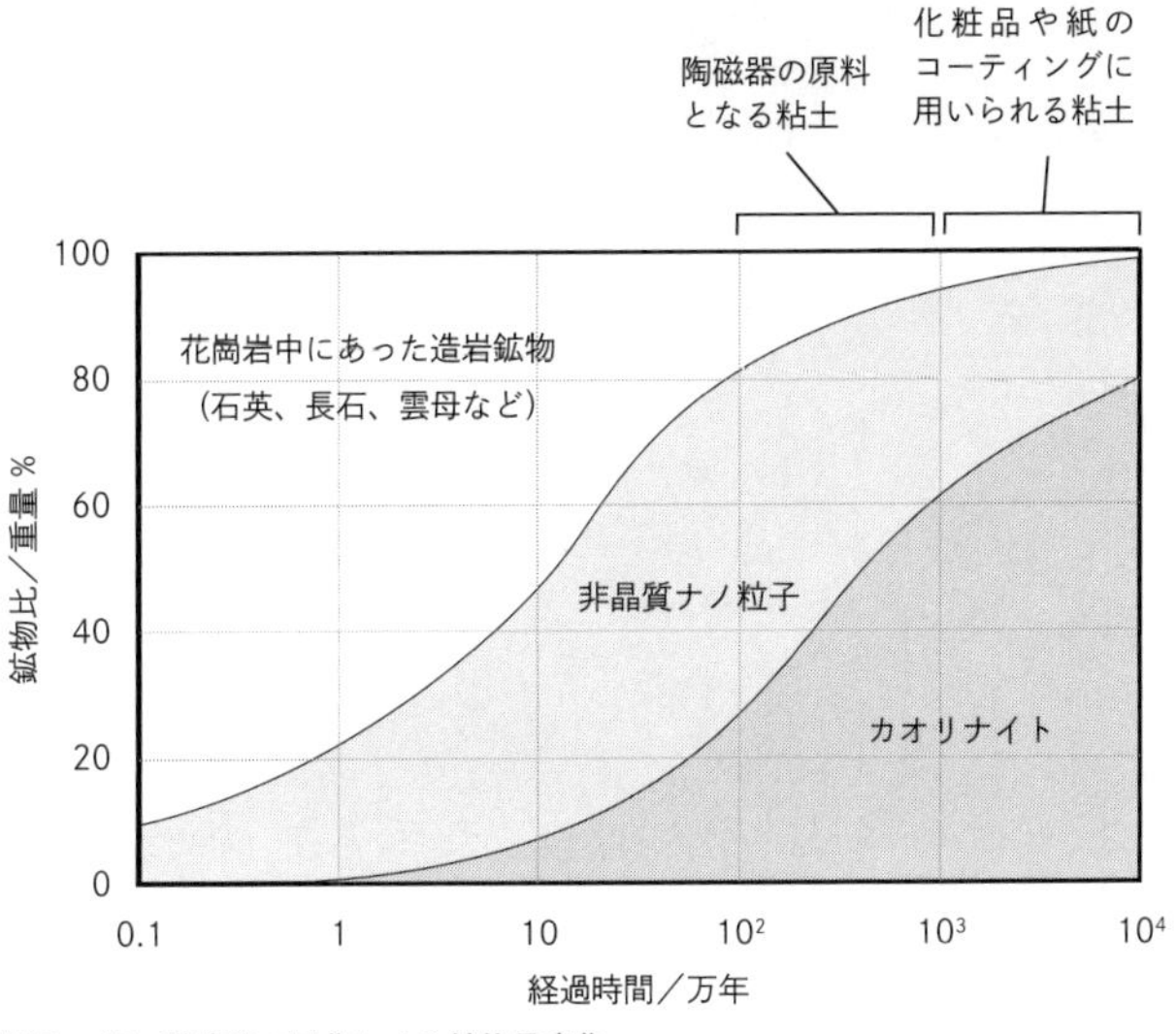

図7－15　花崗岩の風化による鉱物量変化

とき、造岩鉱物が減るとともに、非晶質ナノ粒子が増えていきます。しばらくすると、カオリナイトができ始めます。造岩鉱物は減りますが、非晶質ナノ粒子とカオリナイトは増え続けます。ある程度の時間（たとえば、100万年くらい）が経過すると、非晶質ナノ粒子の量は、増加から減少に転じます。これ以後、造岩鉱物と非晶質ナノ粒子は減り続け、カオリナイトが増え続けます。最終的にはカオリナイトが主成分となりますが、1億年程度経過しても、温帯地域の風化では少量（20％程度）の非晶質ナノ粒子が残っています。

以上から、化学的風化にともなって、造岩鉱物から非晶質ナノ粒子へと変化し、さらに非晶質ナノ粒子からカオリナイトへと変化することがわかります。「造岩鉱物＋水蒸気」はエントロピーが大きく、水を含んでいる「非晶質ナノ粒子」はエントロピーが小さいのです。すなわち、「造岩鉱物＋水蒸気」が高温で安定し、「非晶質ナノ粒子」は低温で安定するので「非晶質ナノ粒子」ができるのです。

しかし、「非晶質ナノ粒子」の固体部分だけを見ると非晶質であり、エントロピーは高いのです。エントロピーの高い固体は生成する速度が速いために、最初に非晶質ナノ粒子ができるのです。そして、時間の経過とともに、エントロピーが低く、生成速度は遅いのですが、低温で安定なカオリナイト結晶に変化していくのです。なお、カオリナイトも厳密には3次元の周期性を持つような結晶ではありませんが、2次元の周期性を持つ層が等間隔で積み重なっています。カオリナイトは、層の積み重なり方が不規則なために3次元の周期性が欠如していますが、3次元の周期性を持つ結晶にきわめて近いのです。

木節カオリンや蛙目カオリンは、300万年から1000万年間風化を受けているのに対して、ジョージアカオリンは1000万年から1億4500万年間もの長い間風化を受けています。木節カオリンや蛙目カオリンは、風化期間が短いために、非晶質ナノ粒子が多量に（40％程度）残っているのに対して、ジョージアカオリンでは、風化期間が長かったために、非晶質ナノ粒子が少量（20％程度）しか残っていません。木節カオリンや蛙目カオリンは、非晶質ナノ粒子量が多いために可塑性が高く陶磁器原料になるのに対して、ジョージアカオリンは、非晶質ナノ粒子量が少ないために可塑性が低いので、陶磁器原料とならずに、化粧品や紙のコーティングに使用されています。

ベントナイト鉱床のでき方

日本のベントナイト鉱床の多くは、中新世（2303万年前から533万年前）に東北日本が海底だったときに堆積した火山灰が、続成作用や熱水変質作用を受けてできています。続成作用あるいは熱水変質作用とは、堆積物や岩石が水と反応することです。200℃以下のとき続成作用、200℃以上のとき熱水変質作用ということが多いです。火山灰の続成作用や熱水変質作用により、火山灰中の火山ガラスが水に溶け、溶けた成分の一部が沈殿してベントナイトができます。

表7-3に、鹿児島湾に堆積した火山灰、鹿児島湾の火山灰の続成作用でできたベントナイト、日本の代表的なベントナイト2種（月布（つきぬの）と川崎）の化学組成を示します。この化学組成を基に、どのようにベントナイトができたかを推察できます。

ベントナイトは、カオリンと比べて、鉄、マグネシウム、カルシウム、ナトリウムが多い特徴があります。鉄、マグネシウム、カルシウム、ナトリウムが多いと、カオリナイトができずにスメクタイトができます。鉄、マグネシウム、カルシウム、ナトリウムが固相に残っているのは、

	重量／%			
	火山灰 鹿児島湾	ベントナイト 鹿児島湾	ベントナイト 山形県月布	ベントナイト 宮城県川崎
SiO_2	54.5	66.0	54.0	72.8
TiO_2	0.4	0.5	0.1	0.1
Al_2O_3	11.9	13.9	19.9	10.4
Fe_2O_3	3.5	5.0	1.9	1.4
FeO	0.0	0.0	0.0	0.0
MnO	0.0	0.2	0.0	0.0
MgO	20.0	1.8	3.0	2.7
CaO	0.4	2.1	0.4	0.9
Na_2O	4.1	5.6	3.4	1.1
K_2O	0.8	2.0	0.4	0.2
H_2O	4.4	3.0	16.9	4.6
CO_2				5.7

表7－3　化学組成：火山灰とベントナイト

海に鉄、マグネシウム、カルシウム、ナトリウムが溶けているからです。火山灰が海に堆積したので、続成作用や熱水変質作用でベントナイトができたのです。

それでは、続成作用や熱水変質作用で、海底に沈殿した火山灰の鉱物組成がどのように変化していくかを見てみましょう（図7－16）。火山灰は主に火山ガラスでできています。これはマグマが急激に火口から噴き出されたために、結晶とならずにガラスになったものです。

海底では通常地下水は循環していませんが、近くに火山があると、海底の地下水は熱せられて対流を起こします。すると、海底に堆積した火山灰は、対流している水と反応して続成作用や熱水変質作用を受けます。

火山灰が続成作用や熱水変質作用を受けると、

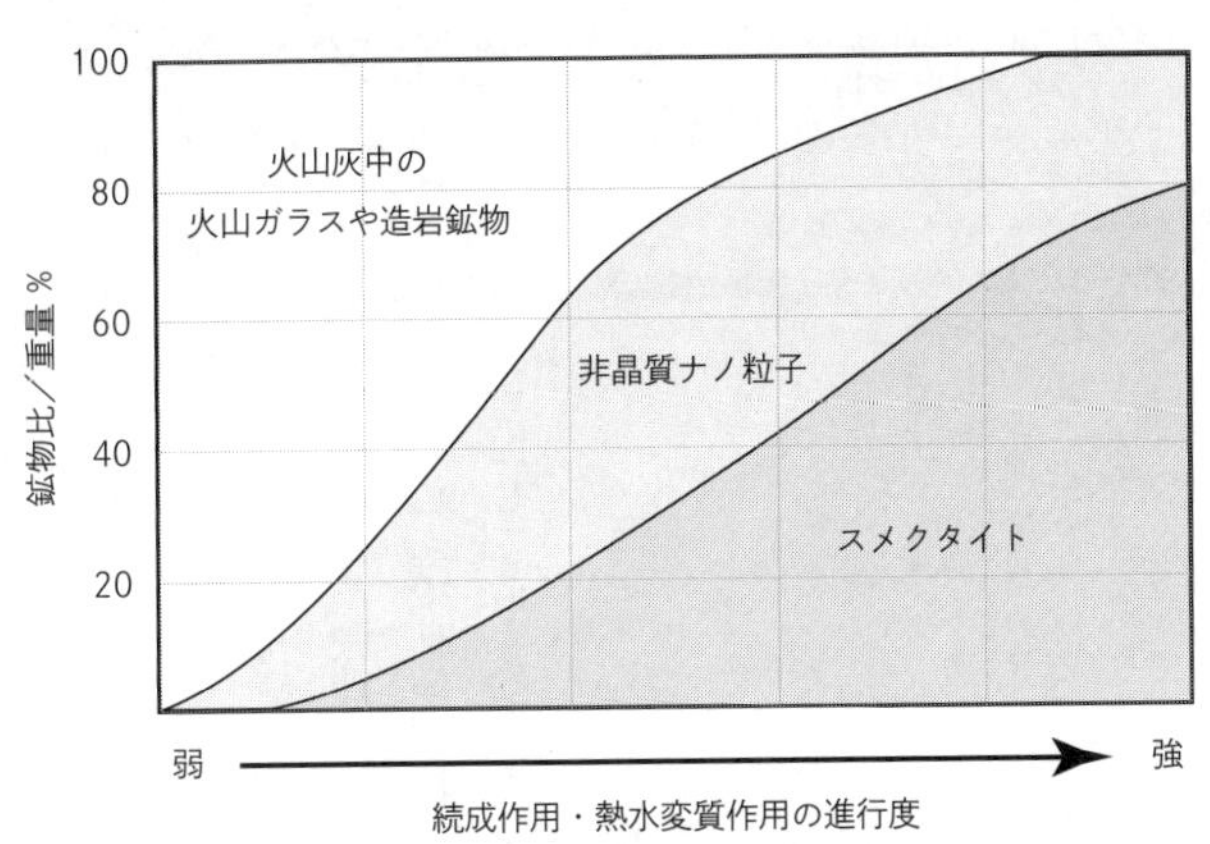

図7－16　海底に堆積した火山灰の続成作用・熱水変質作用による鉱物組成変化

火山ガラスや造岩鉱物が減り非晶質ナノ粒子が増えていきます。しばらくすると、スメクタイトができ始めます。火山ガラスや造岩鉱物は減りますが、非晶質ナノ粒子とスメクタイトは増え続けます。ある程度の時間（たとえば、10万年または100万年くらい）が経過すると、非晶質ナノ粒子の量は増加から減少に転じます。これ以後、火山ガラスと非晶質ナノ粒子は減り続け、スメクタイトは増え続けます。最終的にはスメクタイトが主成分となり火山ガラスや造岩鉱物は消滅しますが、続成作用や熱水変質作用が進行しても、多くのベントナイトで非晶質ナノ粒子は20％程度は残っています。

大陸地殻中で造岩鉱物に戻る粘土鉱物

海底堆積物が大陸の地下に沈み込み大陸の地下深くに来て温度が上がると、海底堆積物中にあった粘

$Na_{0.4}Al_{2.4}Si_{3.6}O_{10}(OH)_2 \cdot nH_2O + 2SiO_2 + 0.4CaCO_3 + 1.2NaCl$
バイデライト（粘土鉱物）　石英　方解石
$\rightarrow 2(Ca_{0.2}Na_{0.8})Al_{1.2}Si_{2.8}O_8 + 1.2\ HCl\ (g) + 0.4CO_2\ (g) + (0.4+n)H_2O\ (g)$
斜長石（造岩鉱物）
(g)は気体(gas)であることを表します。

式7－1　熱い場所で粘土鉱物が造岩鉱物に戻る反応

土鉱物は、揮発性物質を吐き出して造岩鉱物に戻っていきます。海底堆積物中にあるバイデライト（粘土鉱物）と石英と方解石と塩化ナトリウムが斜長石となる反応を見てみましょう（式7－1）。この反応では、バイデライト中にあった水と方解石中にあった二酸化炭素が気体となって出ていき、斜長石が生成します。大陸地殻物質の循環で、冷たい場所に来た造岩鉱物は揮発性物質を吸い込んで粘土鉱物となり、その粘土鉱物が熱い場所に来ると揮発性物質を吐き出して造岩鉱物に戻るのです。

第8章

Copperophile element and uranium circulation

親銅元素とウランの循環

◉親銅元素とは、硫化鉱物に入りやすい元素。銅、鉛、亜鉛、鉄、ニッケル、マンガン、銀、アンチモン、イオウなど。

◉花崗岩には、磁鉄鉱を含む酸化型花崗岩と磁鉄鉱をあまり含まない還元型花崗岩がある。

◉二酸化イオウが多いと、2価鉄が酸化されて磁鉄鉱ができる。

◉酸化型花崗岩中のイオウはマントル中のイオウと海中のイオウの混合物だが、還元型花崗岩のイオウは生物起源。

◉ウランは、親銅元素とは異なり、海底に堆積し、大陸地殻物質と同じ循環経路をたどる。

親銅元素とウラン

親銅元素とは、硫化鉱物に入りやすい元素のことです。硫化鉱物に入りやすいということは、硫化鉱物が沈殿しやすい場所に濃集し鉱床ができやすいことを意味します。親銅元素には、銅、鉛、亜鉛、鉄、ニッケル、マンガン、銀、水銀、アンチモン、イオウなどがあります。このうち、イオウ以外は金属資源となる元素です。

海水に溶けている親銅元素の多くは、海嶺付近で海洋地殻に硫化鉱物として沈殿し、海洋地殻が沈み込み帯に来たときに超臨界水に溶けて、海洋地殻から大陸地殻に移動し硫化鉱物として沈殿します。いっぽう、ウランは海洋地殻に取り込まれることなく、大陸地殻物質と一緒に循環しています。ここでは、「親銅元素と花崗岩」、「親銅元素の循環」、「ウランの循環」を見ていきます。

「親銅元素と花崗岩」では、花崗岩の分類の研究が親銅元素の循環を解く鍵になったことをお話しします。花崗岩は磁鉄鉱を多く含む酸化型花崗岩と、磁鉄鉱をあまり含まない還元型花崗岩に分けられます。酸化型花崗岩は親銅元素の鉱床をともなうのに対して、還元型花崗岩は親銅元素の鉱床をともなわないという特徴があります。その理由を解明したいという動機が、親銅元素の循環の研究を進展させました。岩石の詳細な観察と熱力学計算により、両花崗岩の違いは、花崗岩ができたときの二酸化イオウの量の違いだったということがわかりました。

「親銅元素の循環」では、親銅元素がどのように循環しているかをお話しします。酸化型花崗岩中と還元型花崗岩中にあるイオウの同位体を分析することにより、酸化型花崗岩中にあるイオウは、マントル中のイオウと海中のイオウの混合物であり、還元型花崗岩中にあるイオウは、生物起源であることがわかりました。酸化型花崗岩中のイオウ、銅、鉛、亜鉛などの親銅元素は海嶺付近で海洋地殻に取り込まれ、沈み込み帯で大陸地殻に戻ってくるのですが、還元型花崗岩中の親銅元素は大陸地殻の循環と同じ経路をたどることがわかりました。

「ウランの循環」では、ウランの原子力発電への利用、ウラン鉱床、ウランの循環についてお話しします。ここでウランを取り上げたのは、ウランの循環と親銅元素の循環を比較するためです。ウランも親銅元素と同じように、酸化的状態で溶解度が高く、還元的状態で溶解度が低くなることから、ウランも親銅元素と同じ循環をするのではないかと考えたくなります。しかし、ウランは、親銅元素と異なり海底に堆積し、大陸地殻物質と同じ循環をしているのです。ここではその理由を考えていきます。

8-1 親銅元素と花崗岩

酸化型花崗岩と還元型花崗岩がどのようにできたかを探ることにより、親銅元素の循環がわかってきます。ここでは、親銅元素はどのようなものかを見るとともに、酸化型花崗岩と還元型花崗岩の違い、およびそれぞれの花崗岩のでき方が二酸化イオウの量と関係することを見ていきます。

親銅元素とその化学的挙動

親銅元素である銅も鉛も亜鉛も有用な金属資源です。銅は電気伝導性が高いために、電線やモーターや電子機器に使用されています。鉛は鉛蓄電池の電極や放射線遮蔽材として使用されています。亜鉛はアルカリ電池の負極材料、鉄板のメッキ、化粧品に使用されています。

親銅元素は硫化水素があると溶解度が非常に低くなり、硫化物として沈殿します。硫化水素は還元的な環境でのみ存在するので、還元的な環境になると親銅元素が沈殿します。しかし、酸化的環境だと、硫化水素は二酸化イオウや硫酸になるので、酸化的環境では親銅元素は水に溶けたままで沈殿しません。以上のように、親銅元素の挙動は、酸化還元状態に大きく影響を受けます。

酸化的環境で、イオウが二酸化イオウになるか硫酸イオンになるかは温度によります。酸化的環境では、低温（３００℃以下）で硫酸イオンが安定であり、高温（４００℃以上）で二酸化イオウが安定になります。なお、還元的環境では高温でも低温でも硫化水素が安定です。

低温下にある地表付近や海底付近において、酸化的環境や還元的環境とは、それぞれどんな場所でしょうか。大気中の酸素が混入している場所、すなわち大陸の表面近くおよび海水中は酸化的環境で、硫酸イオンが安定であり硫化水素はほとんどありません。たとえ、地下から硫化水素が噴出していたとしても、その硫化水素は酸化され硫酸イオンとなる反応が進行します。いっぽう、海底堆積物は、大気中の酸素が混入せず有機物を含んでいるために、硫酸イオンではなく硫化水素が安定となる還元的環境にあります。

次に、高温下にある地下深くの岩石を見てみましょう。８００℃以上の高温では二酸化イオウと硫化水素が共存します。その割合は、岩石ごとに異なります。温度が８００℃以下になると二酸化イオウは岩石中の2価鉄に還元されて硫化水素になっていき、硫化水素の割合が増加します。じつは、この様子を詳しく議論するのが本章の主題であり、この議論が親銅元素の挙動を解き明かす出発点となりました。

硫化物鉱床中の親銅元素の多くは火成岩起源（特に、花崗岩起源）だとされています。大陸の地下で高温状態（400—800℃）にあった花崗岩中の親銅元素が超臨界水に溶けて移動し周囲の岩石の中に沈殿したのです。この花崗岩の酸化還元状態と硫化物鉱床の存在とに関係があります。酸化型の花崗岩からは硫化物鉱床ができるのですが、還元型の花崗岩からは硫化物鉱床ができないのです。この理由を解明することが本章の目的のひとつですが、その前に酸化型花崗岩と還元型花崗岩とはどのようなものかを見ておきます。

磁鉄鉱系列花崗岩とイルメナイト系列花崗岩

地質調査所（現、産業技術総合研究所・地質調査総合センター）の石原は、1977年に、花崗岩を磁鉄鉱系列（酸化型）花崗岩とイルメナイト系列（還元型）花崗岩とに分類しました。ここで、イルメナイト（$FeTiO_3$）とは、鉄とチタンの酸化鉱物です。これ以後、酸化型花崗岩を磁鉄鉱系列と呼び、還元型花崗岩をイルメナイト系列と呼ぶことにします。

磁鉄鉱系列花崗岩とイルメナイト系列花崗岩との違いは磁鉄鉱（Fe_3O_4）の量です。磁鉄鉱系列の花崗岩は0・2から1・5体積％の磁鉄鉱を含み、イルメナイト系列の花崗岩は0・2体積％以下の磁鉄鉱を含みます。なお、鉄の全量は、ケイ酸の含有量が同じであれば、どちらの花崗岩でもほとんど同じになります。

磁鉄鉱の量が異なることは、3価鉄の量が異なることを意味します。花崗岩中で鉄はケイ酸塩鉱物あるいは磁鉄鉱に入っています。ケイ酸塩鉱物中に入っている鉄は2価鉄ですが、磁鉄鉱中に入っている鉄は2価鉄と3価鉄の両方があります。磁鉄鉱が、磁鉄鉱系列花崗岩に多く、イルメナイト系列花崗岩に少ないということは、3価鉄の量が、磁鉄鉱系列花崗岩に多く、イルメナイト系列花崗岩に少ないということを意味しています。つまり、磁鉄鉱系列の花崗岩のほうが、イルメナイト系列の花崗岩に比べて酸化的なのです。

この花崗岩の分類が重要なのは、花崗岩に付随する金属鉱床の種類が花崗岩の系列ごとに異なるからです。磁鉄鉱系列の花崗岩には、銅・鉛・亜鉛・モリブデンなどの硫化物鉱床がともない、イルメナイト系列の花崗岩には錫やタングステンなどの酸化物鉱床をともないます。

ここで、日本列島における花崗岩系列の分布を見てみましょう。図8-1に、日本列島での、磁鉄鉱系列花崗岩が卓越している地域、両花崗岩が混在している地域、イルメナイト系列花崗岩が卓越している地域を表しました。なお、日本列島は世界の中で、花崗岩系列の調査が最も進んでいます。

東日本では太平洋に接する東部に、磁鉄鉱系列が帯状に分布しています。その西に両系列が混在する地域が分布しており、さらにその西側にイルメナイト系列が卓越する地域が分布していま す。西日本では、日本海側に磁鉄鉱系列が卓越している地域が帯状に分布しています。その南に両系列が混在する地域が分布しており、さらにその南の太平洋側にイルメナイト系列が卓越して

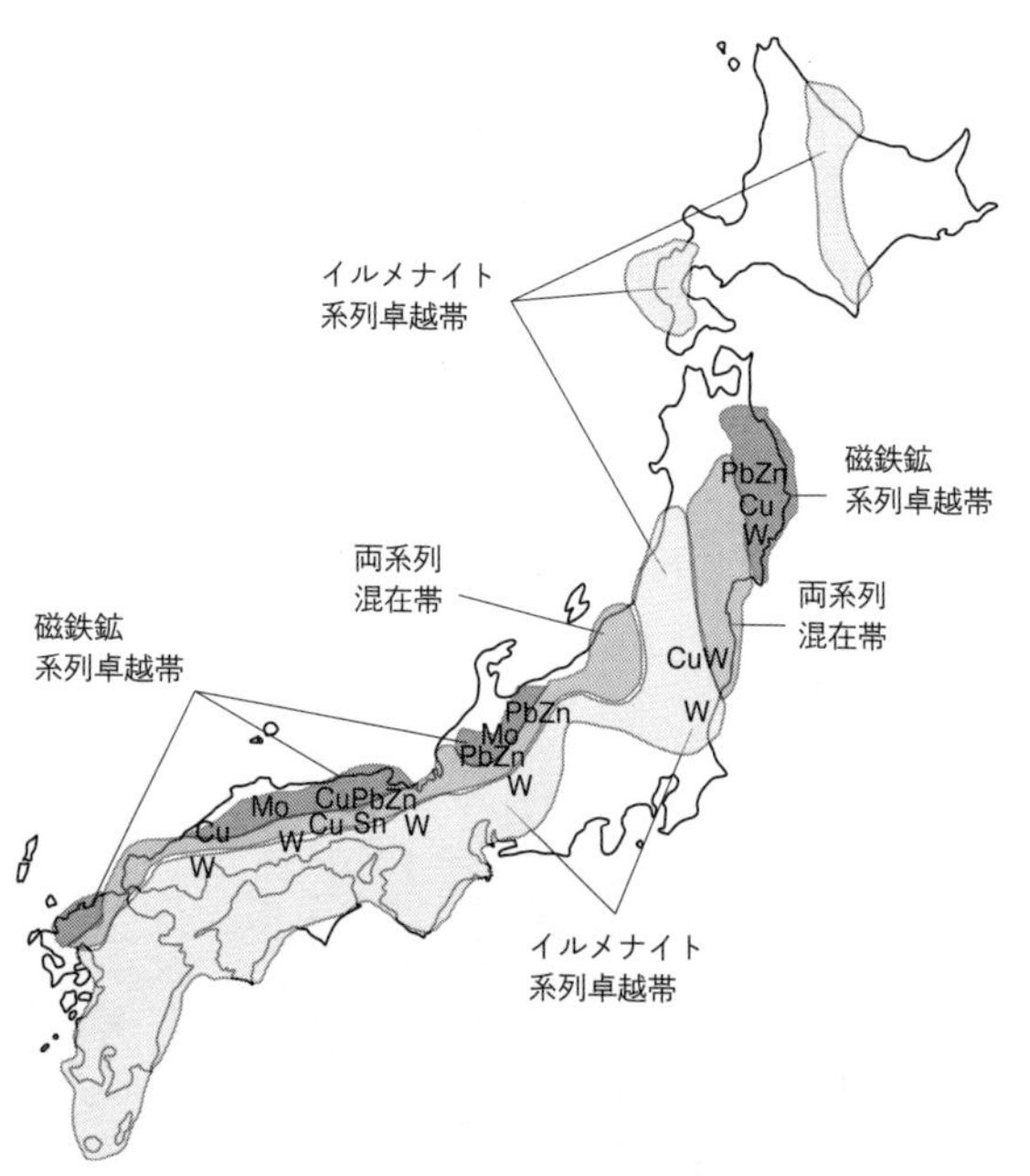

図8－1　日本における酸化型花崗岩と還元型花崗岩の帯状分布
Ishihara (1977)から作成

いる地域が分布しています。また、図8－1からは磁鉄鉱系列の花崗岩に硫化物鉱床がともなっていることもわかります。

また、環太平洋地域においても、磁鉄鉱系列が卓越する地域とイルメナイト系列が卓越する地域が帯状に分布しています（図8－2）。磁鉄鉱系列は、南北アメリカ大陸の西海岸、フィリピンからニューギニアにかけての列島、インドネシアのインド洋側、中国の南部と東北部、カムチャツカ半島などに帯状に分布しています。イルメナイト系列は、日本列島の南部、韓国、中国の南部からインドシナ半島、ロシアのサハリン、カナダやアラスカの太平洋側に帯状に分布しています。ここでも硫化物鉱床が磁鉄鉱系列の花崗岩にともなっていることがわかります。

磁鉄鉱系列とイルメナイト系列の花崗岩は、磁鉄鉱の量が異なるだけにもかかわらず、それぞれの花崗岩に付随する鉱床の種類が異なるのはなぜでしょうか。また、それぞれの系列の花崗岩が帯状に分布するのはなぜでしょうか。この理由を考察するために、次に、花崗岩中で磁鉄鉱系列花崗岩の磁鉄鉱がどのようにできたかを見ていきます。

磁鉄鉱系列花崗岩の磁鉄鉱はどのようにできたか？

磁鉄鉱は花崗岩が固化する最末期にできています。磁鉄鉱系列の花崗岩を顕微鏡で観察すると、輝石や角閃石などの2価鉄を含むケイ酸塩鉱物が溶解した後を埋めるように磁鉄鉱ができています。鉱物ペアを利用する地質温度計からも、花崗岩中の鉱物の中で磁鉄鉱が最も低温で晶出したことがわかります。花崗岩中の磁鉄鉱を観察したり分析したりすることで、磁鉄鉱が花崗岩固化の最末期にケイ酸塩中の2価鉄を酸化して晶出したことがわかったのです。

ケイ酸塩鉱物中の2価鉄を酸化させ磁鉄鉱を晶出させたとすると、そのための酸化剤（酸化させる物質）が必要です。じつは、この酸化剤となっているのは二酸化イオウなのです。

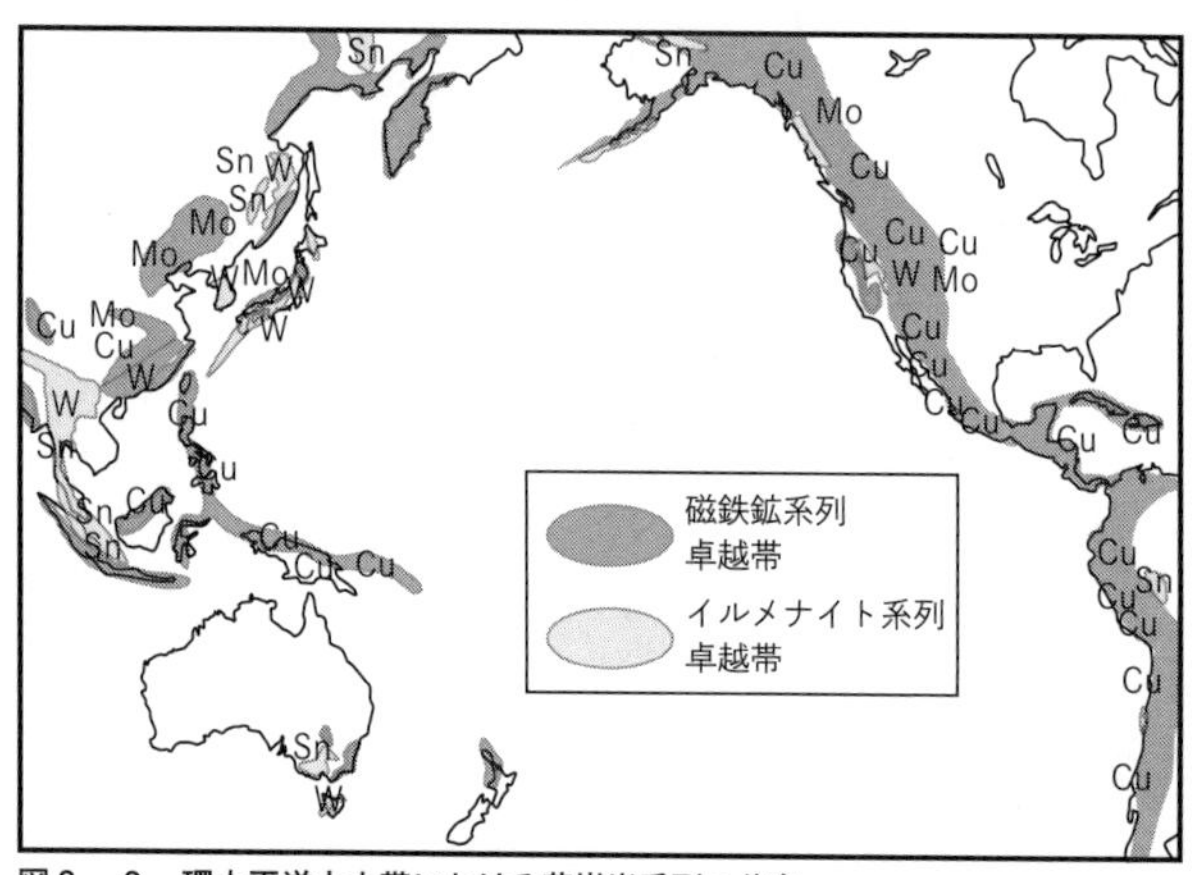

図8－2　環太平洋火山帯における花崗岩系列の分布
Takagi & Tsukimura (1997)から作成

図8－3に、温度と水素分圧の関数として、鉄鉱物の安定領域および二酸化イオウと硫化水素の割合を表しました。高温から低温になるときのケイ酸塩中の2価鉄が二酸化イオウに酸化されて磁鉄鉱になる様子を見ます。簡単にするために、硫化水素と二酸化イオウの量が同じ（$H_2S/SO_2=1$）であったと仮定します。このとき、高温（830℃以上）では、鉄はすべてケイ酸塩鉱物中に2価鉄（FeO）として存在することがわかります。830℃付近までは温度低下しても、水素分圧は硫化水素と二酸化イオウの量が同じ（$H_2S/SO_2=1$）を示す線上にあります。

温度が830℃付近になると、「二酸化イオウ／硫化水素」の割合が1の曲線と、「ケイ酸塩中の2価鉄（FeO）」と「磁鉄鉱（Fe_3O_4）」の境界の曲線とが交差します。水素分圧は830℃以上

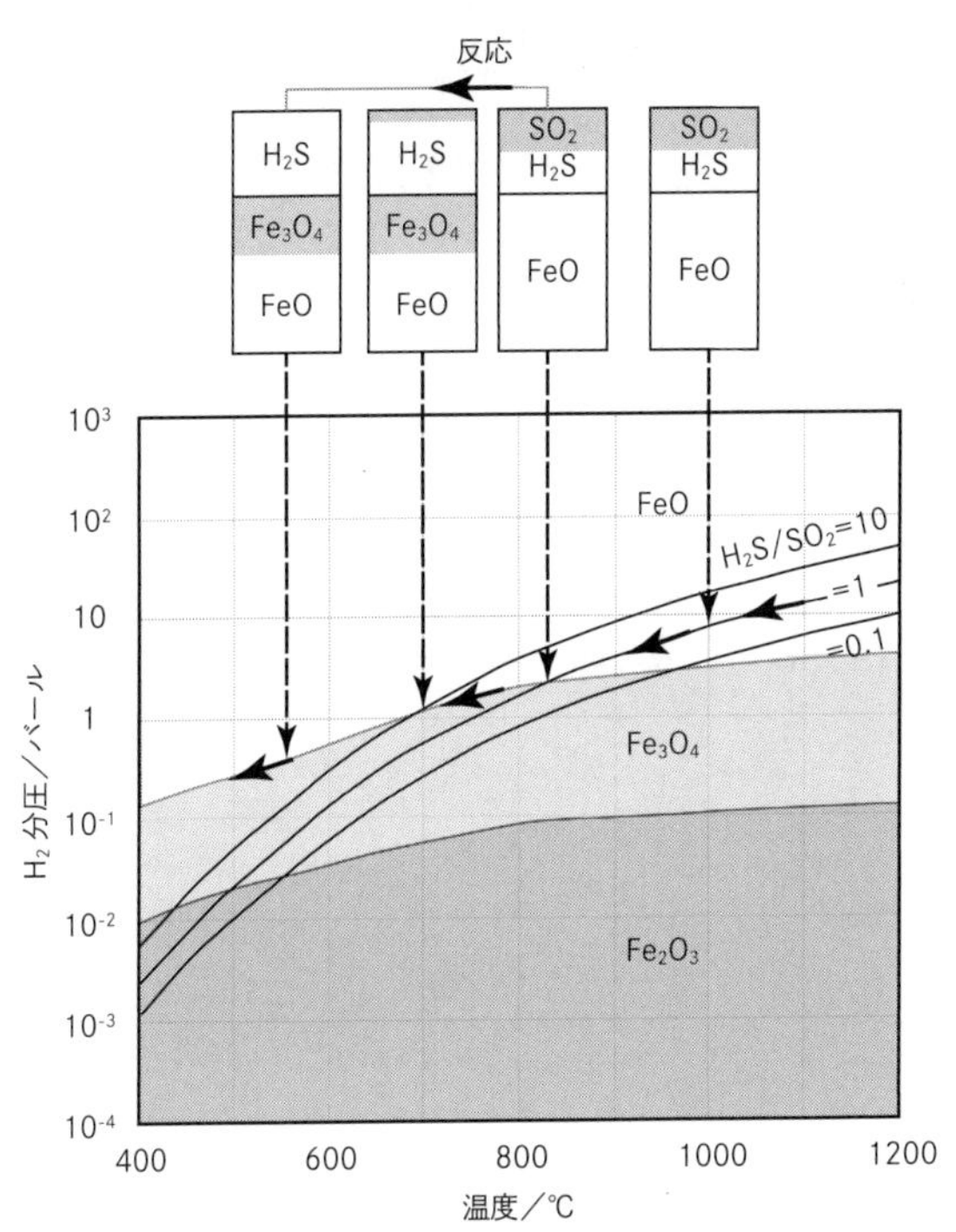

図8－3　磁鉄鉱系列花崗岩の温度下降に伴う水素分圧の変化と磁鉄鉱の晶出
Takagi & Tsukimura (1997)から作成

では「二酸化イオウ／硫化水素」の割合が1の曲線上でしたが、830℃以下になると、「ケイ酸塩中の2価鉄（FeO）」と「磁鉄鉱（Fe_3O_4）」の境界の曲線上に乗り換え温度が低下していきます。このときに、式8－1にあるような反応が進行します。すなわち、二酸化イオウが酸化剤となって2価鉄を酸化させ、磁鉄鉱を沈殿させるのです。

磁鉄鉱系列の花崗岩中

に磁鉄鉱ができたのは、二酸化イオウが酸化剤となっていたということでうまく説明できました。この二酸化イオウは、鉱物粒界にあった超臨界水と共存している揮発性物質です。磁鉄鉱系列の花崗岩とイルメナイト系列の花崗岩の違いは、超臨界水中にある二酸化イオウの量の違いなのです。二酸化イオウが多量にあると磁鉄鉱が多量にできるので磁鉄鉱系列の花崗岩となり、二酸化イオウがほとんどないと磁鉄鉱がほとんどできないのでイルメナイト系列の花崗岩になります。

いま見てきたように、温度が低下すると、ケイ酸塩鉱物中の2価鉄が二酸化イオウに酸化されて磁鉄鉱ができることがわかりました。そのときに、二酸化イオウは還元されて硫化水素になります。このとき、気体の分子数が2個から1個に変化しています。二酸化イオウが1分子と水が1分子あったものが、硫化水素1分子だけになっているのです。つまり、温度が低いときの反応が起きているということです。

$$9\,\mathrm{FeO}\,(\text{ケイ酸塩中}) + \mathrm{SO_2}\,(g) + \mathrm{H_2O}\,(g)$$
$$\rightarrow 3\,\mathrm{Fe_3O_4} + \mathrm{H_2S}\,(g)$$

(g)は気体(gas)であることを表します。

式8－1　二酸化イオウに酸化されて磁鉄鉱ができる反応

以上からわかることは、二酸化イオウの量と磁鉄鉱ができる量は比例しているということです。つまり、磁鉄鉱の量が多い磁鉄鉱系列の花崗岩には二酸化イオウの量が多く、磁鉄鉱の量が少ないイルメナイト系列の花崗岩には二酸化イオウが少なかったということです。

8-2 親銅元素の循環

花崗岩中にも硫化鉱物があります。その硫化鉱物に入っているイオウの同位体を調べることでイオウの起源が推測できます。また、海嶺付近の海洋地殻中に硫化鉱物が沈殿しています。以上を総合的に考察することにより、イオウ、銅、鉛、亜鉛などの親銅元素の循環が見えてきます。

花崗岩中のイオウの起源

花崗岩中にはイオウが0・002%から0・19%含まれています。磁鉄鉱系列の花崗岩では主に黄鉄鉱（FeS_2）にイオウが入っており、イルメナイト系列の花崗岩では磁硫鉄鉱（$Fe_{1-x}S$）にイオウが入っています。両花崗岩中にあるイオウの起源を推察するために、イオウの同位体組成を見てみましょう。

イオウには、質量数32、33、34、36の同位体があり、存在割合はそれぞれ94・85%、0・76%、4・37%、0・02%です。通常は、多量にある質量数32と34の量を測定し、質量数32に対する質量数34の比で同位体組成を比べます。質量数34のイオウの割合が高いときに重いといい、質量数34のイオウの割合が低いときに軽いといいます。

イオウの同位体組成は、磁鉄鉱系列とイルメナイト系列で異なります。磁鉄鉱系列ではイオウの同位体組成が重く、イルメナイト系列ではイオウの同位体組成が軽いのです。磁鉄鉱系列のイオウは、重いことから海水中のイオウとマントル中のイオウの混合物だと推定でき、イルメナイト系列のイオウは、軽いことから生物起源のイオウだと推定できます。

磁鉄鉱系列のイオウは、イオウ同位体組成から海洋地殻にあったものだと推定できます。海洋地殻はマントルから供給された物質が固化したものであり、最初からマントルからのイオウを含んでいます。さらに、海嶺付近の海洋地殻には海水が大規模に循環しており、海水中の硫酸イオンが還元され黄鉄鉱として海洋地殻に沈殿しています。つまり、海洋地殻にあるイオウは、マントル中のイオウと海水中のイオウが海嶺付近で混合したと考えれば、イオウ同位体組成をうまく説明できるのです。

イルメナイト系列の花崗岩のイオウは、生物起源だとすると、海底の堆積物に沈殿したものと考えられます。海底の堆積物には有機物や生物起源のイオウが含まれています。この堆積物が固まると堆積岩となり、沈み込み帯で深くに引き込まれて温度圧力が上昇すると変成岩になって、さらに温度圧力が上昇すると花崗岩になります。したがって、この花崗岩には生物起源のイオウや有機物が含まれていることになります。

磁鉄鉱系列花崗岩中にあるイオウの循環

磁鉄鉱系列の花崗岩中のイオウとイルメナイト系列の花崗岩中のイオウとは起源が異なることがわかりました。次に、地球の中でそれぞれのイオウが、どのように循環しているかを見てみましょう。やや話が複雑になるので、図8－4と照らし合わせながらゆっくりと読み進めていただきたいと思います。

磁鉄鉱系列の花崗岩中にあるイオウは、海水中のイオウとマントル中のイオウの混合物であることが、イオウの同位体組成から推測されています。このようなイオウの混合物ができる場所は、海嶺付近の海洋地殻です。ここでは、海洋地殻中で海水の大循環があり、海水と海洋地殻が反応しているのです。海水中の硫酸イオンがケイ酸塩鉱物中の2価鉄に還元されて、黄鉄鉱(FeS_2)ができます(図8－4のA)。このとき、ケイ酸塩鉱物中の2価鉄は酸化されて磁鉄鉱(Fe_3O_4)となります。実際、海嶺付近の海洋地殻をボーリングすると、黄鉄鉱や磁鉄鉱が見つかります。この反応は溶存成分が少なくなる方向に進んでいるので、低温での反応だということがわかります。

いっぽう、イオウはマントルからも供給されています。マントル中のイオウは磁硫鉄鉱($Fe_{1-x}S$)として存在していますが、マントル物質が地表近くまで来て海洋地殻になると、温度が低下し、また海水の影響でやや酸化的な環境となるために、磁硫鉄鉱は黄鉄鉱に変化します

（図8－4のB）。このときケイ酸塩鉱物中の2価鉄は酸化されて磁鉄鉱となります。この反応も溶存成分が少なくなる方向に進んでいるので、低温での反応だとわかります。

黄鉄鉱と磁鉄鉱を含んだ海洋地殻は、プレートの動きに乗って沈み込み帯までたどり着きます。そして深くまで沈み込み、温度が上がります。温度が800℃以上になると黄鉄鉱は不安定となり、黄鉄鉱とケイ酸塩中の2価鉄とが反応して、磁硫鉄鉱と磁鉄鉱ができます（図8－4のC）。

さらに海洋地殻の温度が上昇すると、磁鉄鉱が酸化剤となって磁硫鉄鉱を分解して、二酸化イオウが発生し、磁鉄鉱と磁硫鉄鉱の鉄はケイ酸塩の中に入り、2価鉄となります（図8－4のD）。この反応は気体ができる方向に反応が進むので、高温での反応だということがわかります。温度上昇とともに、磁硫鉄鉱と磁鉄鉱が反応して二酸化イオウの分圧が高くなります。つまり、温度が高くなると二酸化イオウができる反応が進みやすくなるのです。ここで、磁鉄鉱の存在が重要になってきます。磁鉄鉱があるから、磁鉄鉱中の3価鉄が2価鉄になって酸素が余ります。この酸素が磁硫鉄鉱を分解し二酸化イオウが発生するのです。

磁鉄鉱がなくても水が酸化剤となって二酸化イオウを発生させますが、その場合は同時に水素も発生し、水素分圧が上がります。すると、二酸化イオウとほぼ等量の硫化水素が安定に存在することになります。その場合、火山から噴出するガスは多量の硫化水素を含むことになります。

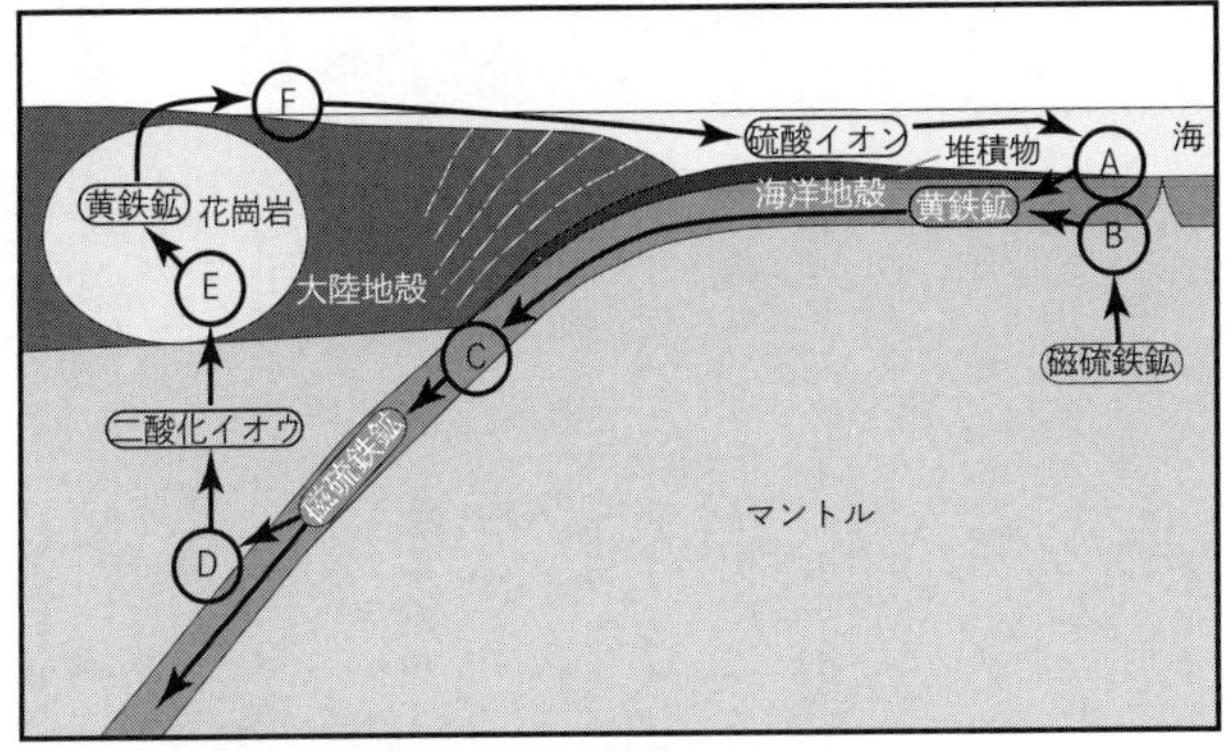

図8－4　磁鉄鉱系列花崗岩のイオウの循環

A: $2SO_4^{2-} + 22FeO + 4H^+ \rightarrow FeS_2 + 7Fe_3O_4 + 2H_2O$
硫酸イオン　ケイ酸塩中の2価鉄　黄鉄鉱　磁鉄鉱

B: $FeS + SO_4^{2-} + 9FeO + 2H^+ \rightarrow FeS_2 + 3Fe_3O_4 + H_2O$
磁硫鉄鉱　硫酸イオン　ケイ酸塩中の2価鉄　黄鉄鉱　磁鉄鉱

C: $FeS_2 + 4FeO \rightarrow 2FeS + Fe_3O_4$
黄鉄鉱　ケイ酸塩中の2価鉄　磁硫鉄鉱　磁鉄鉱

D: $FeS + 3Fe_3O_4 \rightarrow SO_2(g) + 10FeO$
磁硫鉄鉱　磁鉄鉱　二酸化イオウ　ケイ酸塩中の2価鉄

E: $2SO_2(g) + 16FeO \rightarrow FeS_2 + 5Fe_3O_4$
二酸化イオウ　ケイ酸塩中の2価鉄　黄鉄鉱　磁鉄鉱

F: $4FeS_2 + 8H_2O + 15O_2(g) \rightarrow 8SO_4^{2-} + 2Fe_2O_3 + 16H^+$
黄鉄鉱　硫酸イオン　赤鉄鉱

(g)は気体(gas)であることを表します。

したがって、火山から噴出するガス中のイオウのほとんどが二酸化イオウの場合は、海洋地殻中の磁硫鉄鉱が磁鉄鉱と反応したと推定することができるのです。

こうして発生した二酸化イオウは岩石の隙間にある流体相（超臨界水）に入ります。この流体相の一部は上昇し海洋地殻から抜けます。海洋地殻から二酸化イオウが抜けると、海洋地殻中の二酸化イオウの分圧が低下するので磁硫鉄鉱と磁鉄鉱から二酸化イオウができる反応は進行し続けます。そして、磁鉄鉱が消滅するまで、磁硫鉄鉱と磁鉄鉱とは反応し二酸化イオウが発生します。このようにして、磁鉄鉱中の3価鉄はすべて還元されて2価鉄となりケイ酸塩鉱物に入ります。すると、酸化剤である3価鉄がなくなるので二酸化イオウの発生は止まり、温度が上昇しても二酸化イオウ分圧は上昇しなくなります。また、水素分圧は、ケイ酸塩中の2価鉄と磁鉄鉱との境界から離れてケイ酸塩中の2価鉄の領域に入ります（図8－5）。

磁鉄鉱が消滅したあとも、海洋地殻中には二酸化イオウと磁硫鉄鉱が残っています。温度上昇とともに、磁硫鉄鉱から硫化水素が吐き出され、鉄はケイ酸塩中に2価鉄として入ります。この結果、海洋地殻中の流体相には二酸化イオウと硫化水素が共存することになります。海洋地殻はさらに深く潜り込むと、マントルに戻っていきます。そして、マントルは二酸化イオウと硫化水素が共存する水素分圧を持つことになります。また、磁硫鉄鉱も残っておりマントルへ戻っていきます。

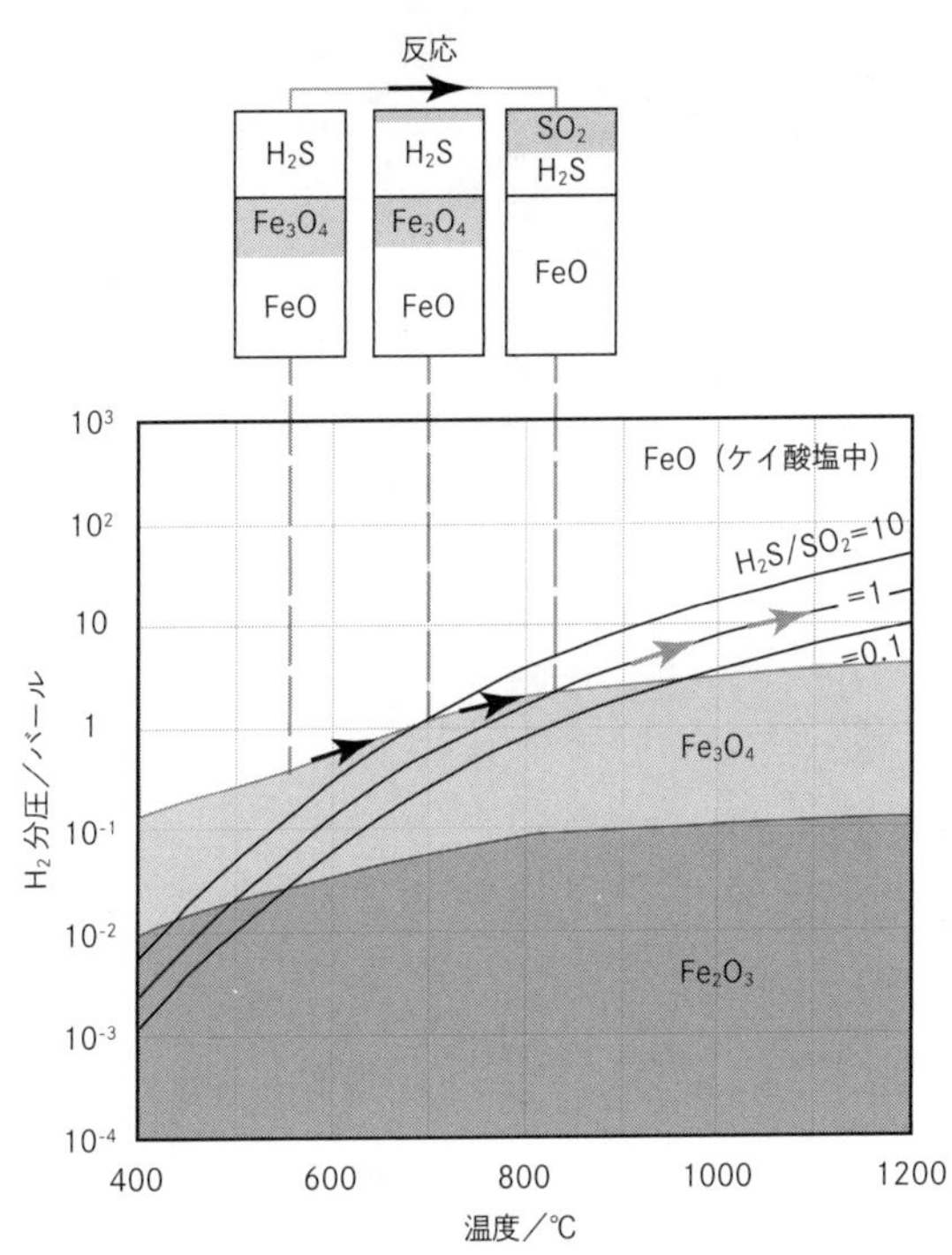

図8－5　海洋地殻の温度上昇にともなう水素分圧の変化

いっぽう、海洋地殻に発生した二酸化イオウの一部は、流体相（超臨界水）に入り上昇して大陸地殻中の花崗岩に達します。温度が800℃から700℃付近まで低下すると、この二酸化イオウはケイ酸塩中の2価鉄と反応して、磁鉄鉱と黄鉄鉱を晶出させます（図8－4のE）。こうして磁鉄鉱系列の花崗岩ができます。

図8－4のEの反応は気体が少なくなる方向に

進んでいます。温度は800℃から700℃と高いですが、低温での反応だとわかります。高温と低温との境界は反応の種類によって異なり、図8－4のEの反応の場合は800℃近辺が高温と低温との境界となっています。

花崗岩は地表に現れると風化します。このとき、磁鉄鉱系列の花崗岩中の黄鉄鉱のイオウは、酸素と反応して硫酸イオンとなって土壌水や地下水に溶けます（図8－4のF）。この硫酸イオンは川に行き海に流れこみます。この硫酸イオンは、還元されて生物の体の一部となって海底に堆積したり、海嶺近くの海洋地殻に浸透し還元されて黄鉄鉱として沈殿したりします。

イルメナイト系列花崗岩中にあるイオウの循環

イルメナイト系列の花崗岩中にあるイオウは、イオウ同位体組成から生物起源のイオウであると推測されます。このようなイオウが集積する場所は海底の堆積物です（図8－6のA）。堆積物中では、生物の体の中にある還元イオウが鉄と結合して黄鉄鉱として堆積物中に沈殿します。

黄鉄鉱を含む堆積物は、深く沈み込むと温度圧力が上昇し、堆積岩、変成岩、火成岩（花崗岩）へと変化していきます。温度が高くなると、黄鉄鉱が徐々に不安定になり、黄鉄鉱は、有機物と反応して磁硫鉄鉱へと変化します（図8－6のB）。この反応は気体ができる方向に反応が進むので、高温での反応だとわかります。

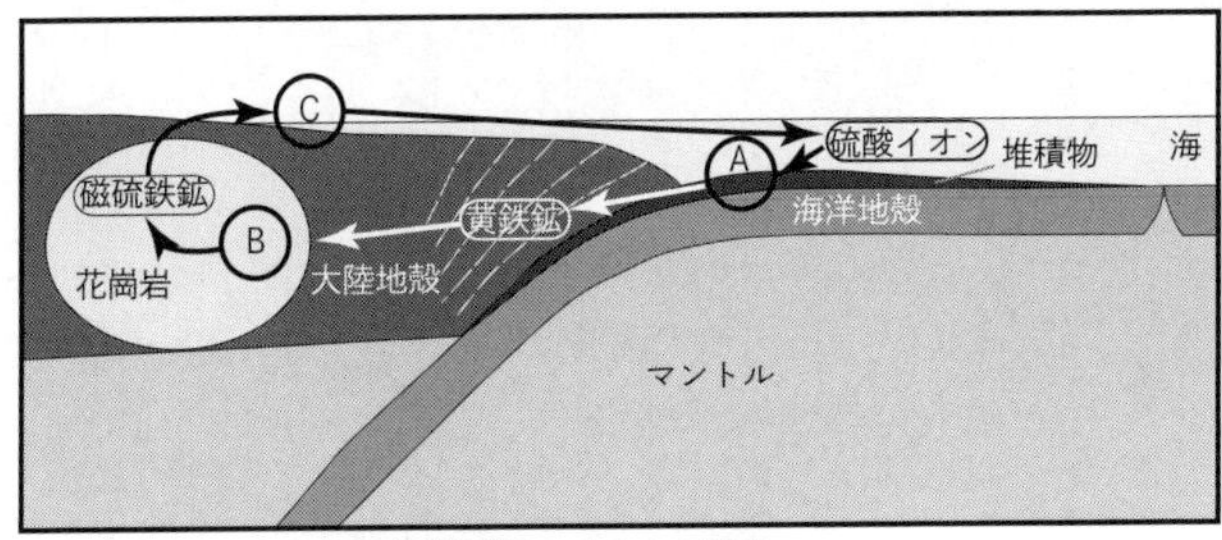

図8－6　イルメナイト系列花崗岩のイオウの循環

A: $4SO_4^{2-} + 7CH_2O + 2FeO + 8H^+ \rightarrow 2FeS_2 + 7CO_2(g) + 11H_2O$
硫酸イオン　有機物　ケイ酸塩中の2価鉄　黄鉄鉱

B: $4FeS_2 + 2Fe_2O_3 + 3CH_2O \rightarrow 8FeS + 3H_2O(g) + 3CO_2(g)$
黄鉄鉱　赤鉄鉱　有機物　磁硫鉄鉱

C: $4FeS + 9O_2(g) + 4H_2O \rightarrow 4SO_4^{2-} + 2Fe_2O_3 + 8H^+$
磁硫鉄鉱　硫酸イオン　赤鉄鉱

(g)は気体(gas)であることを表します。

イルメナイト系列の花崗岩も地表に現れると風化します。このとき、イルメナイト系列の花崗岩中の磁硫鉄鉱のイオウも、酸素と反応して硫酸イオンとなって土壌水や地下水に溶けます（図8－6のC）。この硫酸イオンは川に行き海に流れ込みます。

磁鉄鉱系列花崗岩とイルメナイト系列花崗岩の成因

磁鉄鉱系列の花崗岩とイルメナイト系列の花崗岩の違いは、花崗岩生成時の二酸化イオウという揮発性物質の量の違いであり、酸化ケイ素、酸化アルミニウム、酸化鉄、酸化カルシウム、酸化マグネシウムなどの難揮発性物質の量の違いではないことがわかりました。花崗岩が800℃以上の高温下にあったとき、磁鉄鉱系列の花崗岩では二酸化イオウが多量にあるのに対して、イルメナイト系列の花崗岩では二酸化イオウがほとんどないのです。磁鉄鉱系列の花崗岩生成時にあった二酸化イオウは、花崗岩が地表に現れたときにはなくなっていますが、その痕跡が磁鉄鉱として残っているのです。両花崗岩の違いの本質は、磁鉄鉱の量の違いというよりも、花崗岩生成時の二酸化イオウの量の違いなのです。

花崗岩が800℃以上の高温下にあったとき、磁鉄鉱系列の花崗岩に二酸化イオウが多く、イルメナイト系列の花崗岩に二酸化イオウが少なかったのは、イオウの全量がイルメナイト系列の花崗岩よりも磁鉄鉱系列の花崗岩で多かったからではなく、両花崗岩でイオウの化学種の量比が異なっていたためです。磁鉄鉱系列の花崗岩は酸化型イオウ（二酸化イオウ）が多く、還元型イオウ（硫化水素や硫化鉄）が少なかったのです。そして、イルメナイト系列の花崗岩は、酸化型イオウ（二酸化イオウ）が少なく、還元型イオウ（硫化水素や硫化鉄）が多かったのです。

両花崗岩でイオウの化学種の量比が異なっているのは、イオウの起源が異なるからだということを、図8－4（磁鉄鉱系列）と図8－6（イルメナイト系列）のイオウの循環図を使って説明しました。磁鉄鉱系列花崗岩のイオウは海洋地殻中にある磁硫鉄鉱であり、海洋地殻が高温になったときに、磁硫鉄鉱と磁鉄鉱が反応してできた二酸化イオウが上昇して花崗岩に浸入してきたものです。いっぽう、イルメナイト系列花崗岩のイオウは、堆積物中にあった黄鉄鉱が、高温になり有機物と反応して磁硫鉄鉱になったものです。

以上のように、両花崗岩のイオウの起源が異なると説明しましたが、この説明は、理想的な磁鉄鉱系列の花崗岩や、理想的なイルメナイト系列の花崗岩のものです。実際の花崗岩中のイオウは、理想的な磁鉄鉱系列のイオウと理想的なイルメナイト系列のイオウとが混在しています。

磁鉄鉱系列の花崗岩になるか、イルメナイト系列の花崗岩になるかは、海洋地殻から来る二酸化イオウの量と、花崗岩中の有機物の量との競合によって決まるともいえます。海洋地殻から来る二酸化イオウの流入量が多く、二酸化イオウが有機物を酸化させ消滅させてしまうと磁鉄鉱系列花崗岩となります。逆に、花崗岩中の有機物量が多く、二酸化イオウが有機物を酸化できずに有機物が残ってしまうとイルメナイト系列花崗岩となるわけです。

花崗岩への二酸化イオウの流入量は、海洋地殻からの二酸化イオウの流出速度、すなわち海洋地殻での二酸化イオウの発生速度に比例します。二酸化イオウの発生速度は、プレートの沈み込み速度に比例します。したがって、プレートの沈み込み速度が大きい場所で磁鉄鉱系列の花崗岩ができるのではないかと推測できます。これらの地域は、火山活動や地震活動が活発な地域でもあります。

磁鉄鉱系列の花崗岩が分布している地域は、環太平洋地域に多いように見えます。これらの地域は火山活動や地震活動が活発な地域です。また、プレートの沈み込み速度が大きい地域でもあります。南北アメリカ大陸の西岸やフィリピン諸島からニューギニアにかけての地域がこれにあたります。

親銅元素の循環

ここで、地球での親銅元素の循環を考えてみましょう。硫化物鉱床が磁鉄鉱系列花崗岩に付随しており、イルメナイト系列の花崗岩に付随しない理由も考えてみます。

最初に、海での元素の収支を見てみます。海へは河川からさまざまな元素が流入します。河川から海に流入する元素は、河川水中に溶けている元素もあるし、河川水中に浮遊している固体に取り込まれている元素もあります。そして、海では元素が堆積物として海底に堆積して、海水から元素が取り除かれます。

図8-7に、元素ごとに、河川からの流入量を1とした場合の、海底に沈殿している量を示しました。地球の表層に多量にある元素（カリウム、鉄、カルシウム、ケイ素、アルミニウム、チタン、マグネシウム）は、河川からの流入量に対する海底に堆積する量が0・8以上の値になっています。これらの元素はほとんどが海底に堆積しています。いっぽう、鉄以外の親銅元素では、この値が0・10から0・55の間とかなり小さくなっています。これは、親銅元素が海から取り除かれる場所が海底堆積物以外にあることを示しています。

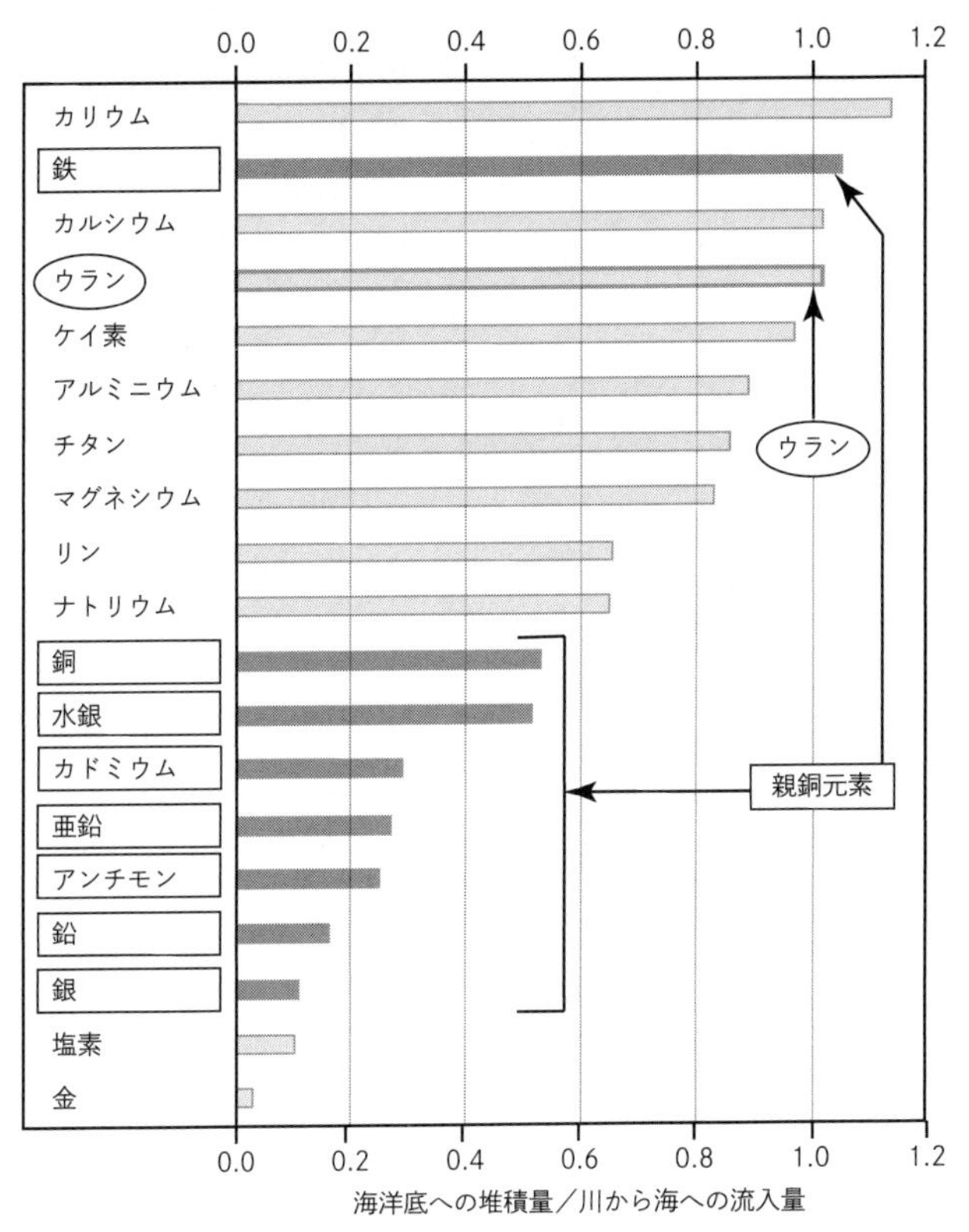

図8－7　河川から海への流入量を1とした時の海底への堆積量
Drever & Maynard (1988)から作成。

親銅元素が海から取り除かれる海底堆積物以外の場所は、熱水が大循環している海嶺付近の海洋地殻しかありません。この海嶺付近の海洋地殻において、ボーリングで得られた鉱物や元素を分析すると、親銅元素が沈殿していることがわかります。硫化鉱物では、黄鉄鉱（FeS_2）が最も多く、ついで多いのが黄銅鉱（$CuFeS_2$）です。その他に、斑銅鉱（Cu_5FeS_4）、閃亜鉛鉱（ZnS）、針ニッケル鉱（NiS）、方鉛鉱（PbS）も沈殿しています。

海嶺付近の海洋地殻でどのような反応が起きているかを見てみましょう。親銅元素の代表として亜鉛に注目し地球内での循環を考えます。海水中にある硫酸イオンが海洋地殻にあるケイ酸塩中の2価鉄に還元されて硫化水素イオンができます。この硫化水素イオンと亜鉛イオンが結合して閃亜鉛鉱が海洋地殻中に沈殿します（図8－8のA）。

海洋地殻中に沈殿した閃亜鉛鉱は、プレートの動きで沈み込み帯の地下深くまで沈み込みます。すると、温度が上昇して、閃亜鉛鉱中のイオウは磁鉄鉱に酸化されて二酸化イオウとなり、閃亜鉛鉱中の亜鉛は塩化水素と反応して塩化亜鉛となり、流体相（超臨界水）に入ります（図8－8のB）。

平衡状態では、600℃まで温度が下がると99％の二酸化イオウは硫化水素となります（図8－3）。しかし、流体相中にある二酸化イオウの一部はケイ酸塩中の2価鉄と反応しないで、そのまま磁鉄鉱系列の花崗岩中を通過します。同時に塩化亜鉛も流体相に入ったまま花崗岩中を通

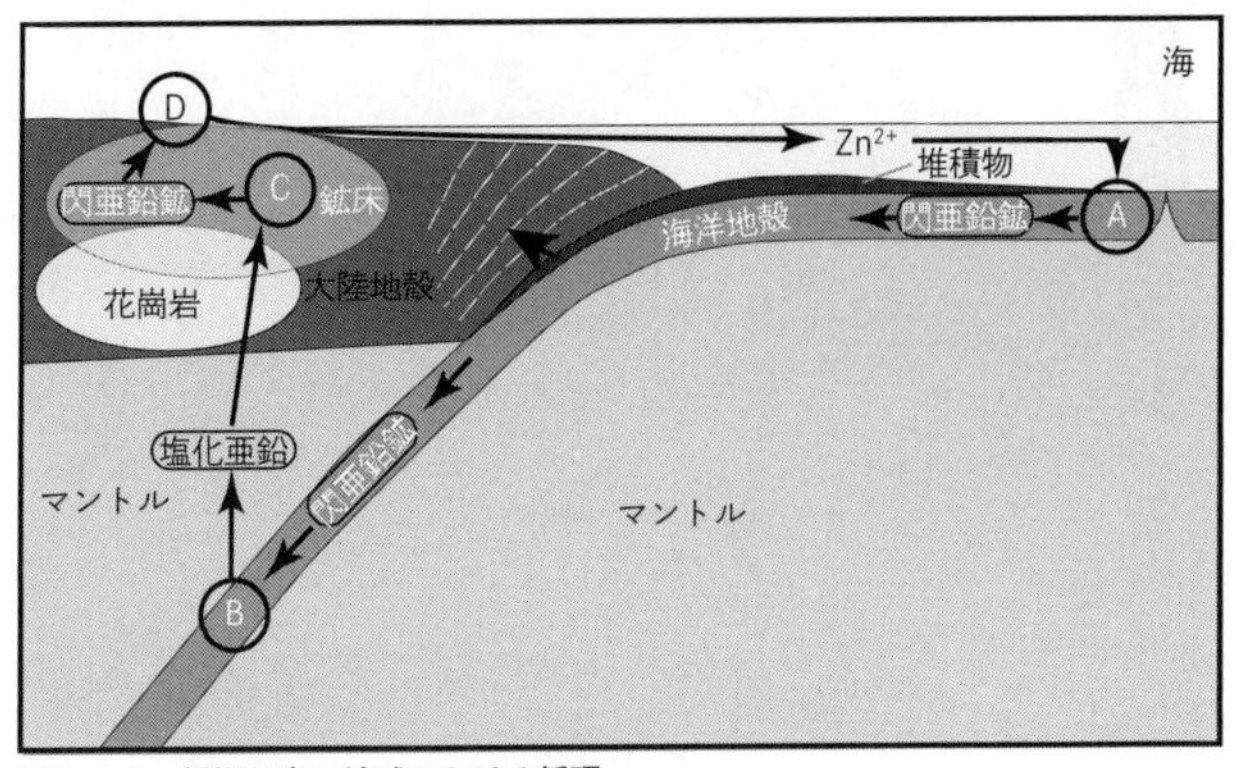

図8－8　親銅元素の地球における循環

A: Zn^{2+} + SO_4^{2-} + $12FeO$ → ZnS + $4Fe_3O_4$
亜鉛イオン　硫酸イオン　ケイ酸塩中の2価鉄　閃亜鉛鉱　磁鉄鉱

B: $ZnS + 3Fe_3O_4 + 2HCl(g) \rightarrow 9FeO + ZnCl_2(g) + SO_2(g) + H_2O(g)$
閃亜鉛鉱　磁鉄鉱　塩化水素　ケイ酸塩中の2価鉄　塩化亜鉛　二酸化イオウ

C: $ZnCl_2(g) + 4SO_2(g) + 4H_2O(g) \rightarrow ZnS + 3SO_4^{2-} + 8H^+ + 2Cl^-$
塩化亜鉛　二酸化イオウ　閃亜鉛鉱　硫酸イオン　塩素イオン

D: $ZnS + 2O_2(g) \rightarrow Zn^{2+} + SO_4^{2-}$
閃亜鉛鉱　亜鉛イオン　硫酸イオン

(g)は気体(gas)であることを表します。

過します。そして、流体が磁鉄鉱系列花崗岩の上方部に移動し温度が低下して300℃くらいになると、二酸化イオウは硫化水素イオンと硫酸イオンとに分解します（図8－8のC）。そして、硫化水素イオンと塩化亜鉛が反応して閃亜鉛鉱が沈殿します。このような機構で親銅元素は磁鉄鉱系列花崗岩の上方部に濃集するのです。

それでは、イルメナイト系列の花崗岩では親銅元素がなぜ濃集しないのでしょうか。それは、イルメナイト系列では常に還元的な状態にあり、硫化水素が常に存在しているために、親銅元素は常に硫化物となっており溶解しないからです。元素が濃集するためには、その元素が岩石から溶解し流体相に移動して、温度低下など環境の変化で沈殿することが必要です。しかし、イルメナイト系列にある親銅元素は堆積物中にあったときから花崗岩になった後まで常に還元状態にあり、溶解と沈殿をする過程を経験しなかったので濃集しないのです。

硫化物鉱床中にあった閃亜鉛鉱が地表に現れると閃亜鉛鉱は酸素と反応して、亜鉛は亜鉛イオンとなりイオウは硫酸イオンとなって水に溶けます（図8－8のD）。これらの亜鉛イオンや硫酸イオンは河川水や地下水に溶けて海まで行きます。

以上から、なぜ硫化物鉱床が磁鉄鉱系列の花崗岩に付随し、イルメナイト系列の花崗岩に付随しないかがわかりました。花崗岩と硫化物鉱床との関係も、「地球の物質が循環しているとの観点」および「鉱物と揮発性物質との反応の観点」から見ることによって初めて理解できるのです。

8－3 ウランの循環

ウランは、原子力エネルギーを発生させる重要な資源です。また、地球の奥深くでは、熱源として、地球の物質大循環の駆動力の一端も担っています。それでは、ウランはどのように循環しているのでしょうか。親銅元素の多くは、海嶺付近で海洋地殻に取り込まれていましたが、ほとんどのウランは海洋地殻に取り込まれることなく、大陸地殻物質と同じ経路をたどっています。ここでは、ウランの用途を見るとともにウランの濃集機構や循環を見ていきましょう。

エネルギー資源となるウラン

原子炉でウランを核分裂させるとエネルギーが発生します。このエネルギーを使って、水を水蒸気にしてタービンを回し電力を発生させます。2011年の東日本大震災直前には、日本の総電力量の25%を原子力発電が占めていましたが、東日本大震災時の福島第一原子力発電所での事故後は、すべての原子力発電所が停止してしまいました。その後原子力発電所は徐々に稼働を開始していますが、2022年では総電力量のうち原子力発電が占める割合は5%ほどにしかなっていません。

天然にあるウランの同位体組成を見てみましょう。天然にあるウランには、3種類の同位体があります。量が多い順に、ウラン238（存在度99・2742%）、ウラン235（存在度0・7204%）、そしてウラン234（存在度0・0054%）があります。ウラン原子が100

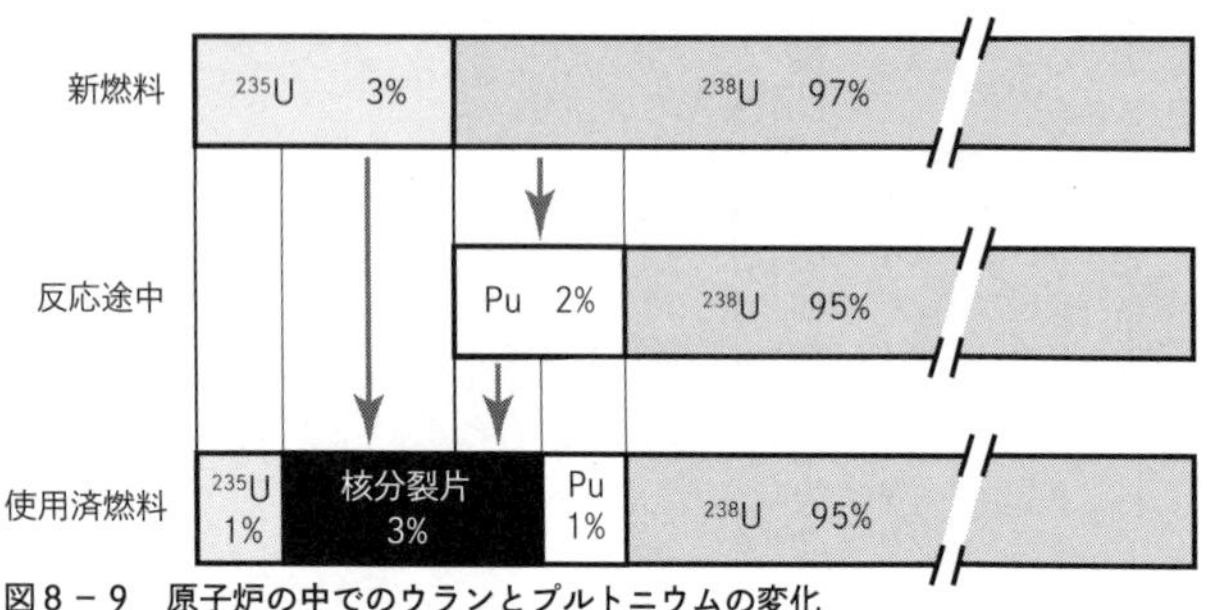

図8－9　原子炉の中でのウランとプルトニウムの変化

万個あるとすると、ウラン238が99万2742個、ウラン235が7204個、ウラン234が54個あることになります。

これら3種類の同位体のうち、ウラン235だけが天然状態で核分裂します。1gのウラン235の核分裂で発生するエネルギーは、2・5tの石炭の燃焼で出るエネルギーに匹敵します。なお、ウランは、カリウムやトリウムとともに、地球の物質を循環させるための熱源としても重要です。

原子炉でウランを核分裂させるには、天然で0・7204％しかないウラン235を3％まで濃縮しなければなりません。残りの97％がウラン238になります。この燃料を原子炉の中で核分裂させると、3％あるウラン235のうち2％が核反応し核分裂片になります。また、97％あるウラン238のうち2％がプルトニウムに変化します。このプルトニウムの半分が核反応し核分裂片となります。以上を図8－9で確認してください。

多くの国では、使用済核燃料をそのまま廃棄することにしていますが、日本では使用済核燃料を再処理する方針を持っています。再処理とは、使用済核燃料からウランとプルトニウムを回収することをいいます。回収したウランとプルトニウムはふたたび燃料として使用されます。しかしその実現には解決しなければいけない課題がいくつかあります。また、残った核分裂片は放射能レベルが高いために、高レベル放射性廃棄物と呼ばれています。日本では、この高レベル放射性廃棄物を地下300m以深に廃棄することにしています。しかし、高レベル放射性廃棄物を埋める場所は、住民の反対もありなかなか決まらないのが実情です。

ウラン鉱床

ウランの地殻存在度は2ppm（100万分の2）くらいです。ウランの濃度が300ppm（0・03%）から1000ppm（0・1%）くらいになると、ウラン鉱床として経済的に採掘できるようになります。

ウラン鉱床は大きく2種類に分けられます。一つは堆積岩中にある鉱床であり、もう一つは火成岩の周囲にある鉱床です。

堆積岩中にある重要な鉱床には、砂岩型および角礫岩型があります。なお、砂岩とは外径が16分の1ミリメートルから2ミリメートルの粒でできた堆積岩であり、角礫岩とは外径が2ミリメ

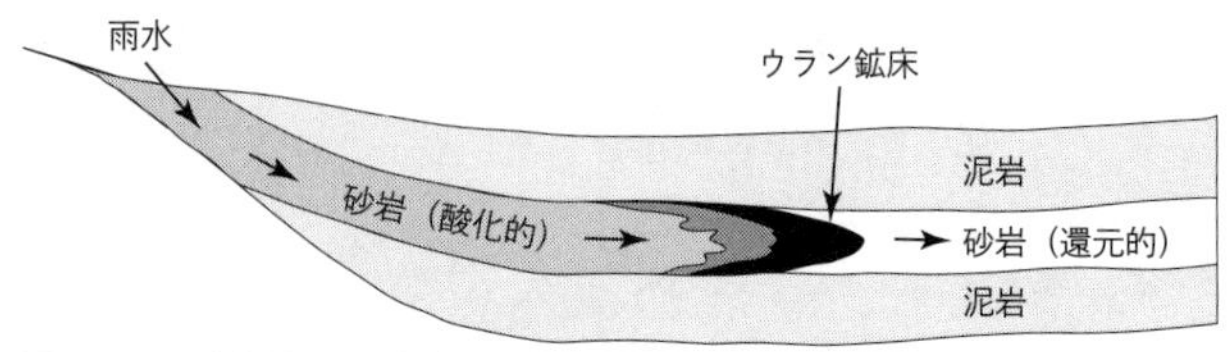

図8－10　砂岩型ウラン鉱床

ートル以上の粒でできた堆積岩です。

まずは、砂岩型鉱床でウランがどのように濃集するかを見てみましょう。酸化的だと微量のウランは地下水に溶け、還元的だとウランは地下水に溶けないのです。

微量のウランを含んでいる砂岩を考えます（図8－10）。砂岩の上部と下部は、水を通しにくい泥岩があるとします。雨が降ると、雨水は地下水となって砂岩中を流れます。

雨水は酸素を含んでいるので酸化的になっています。地下水となった雨水は、酸化的なので、砂岩中のウランを溶かします。ウランが砂岩中を流れるにしたがい、地下水のウランの濃度は高くなっていきます。

いっぽう、砂岩中を流れた地下水は、砂岩中にある黄鉄鉱（FeS_2）や有機物と反応して、酸素が消費されます。酸素がなくなると、黄鉄鉱や有機物と反応して水素が発生します。水素が発生すると、地下水のウランの溶解度は下がっていき、ウランが沈殿します。このウランが沈殿した場所がウラン鉱床なのです。

火成岩の周囲にもウラン鉱床ができています。この鉱床の重要なものとして鉱脈型があります。火成岩中にあった流体（超臨界水など）が火成岩周囲の割れ目に浸透し、その割れ目に浸透した流体からウラン鉱物（閃ウラン鉱やコフィン石）が沈殿していることがあります。これを鉱脈型ウラン鉱床といいます。

この割れ目にはウラン鉱物以外に、硫化鉱物や磁鉄鉱が沈殿しています。この随伴している鉱物を見ると磁鉄鉱系列の花崗岩と関係がありそうです。実際、西日本のウラン鉱床は、磁鉄鉱系列花崗岩が分布している山陰地方から見つかります。

ウランは大陸地殻物質と同じ経路をたどる

河川から海に流れ込んだウランのほぼ100％が海底に堆積しています。つまり、ウランは、海洋地殻には取り込まれず、大陸地殻物質と同じ経路を通っているということです（図8－11）。

海底に沈殿したウランは、有機物に還元されて閃ウラン鉱（UO_2）になります。この時点ではウランは濃集していませんが、堆積岩中にあるウランは地表に現れると、酸化され溶解し、還元され沈殿することで濃集することがあります。このような例のひとつが、砂岩型鉱床（図8－10）です。

堆積岩が熱い場所に行き火成岩となると、ウランの一部が流体相に移動し、火成岩から流出した流体は周囲の割れ目に出ていきます。この割れ目にウランが沈殿すると鉱脈型ウラン鉱床とな

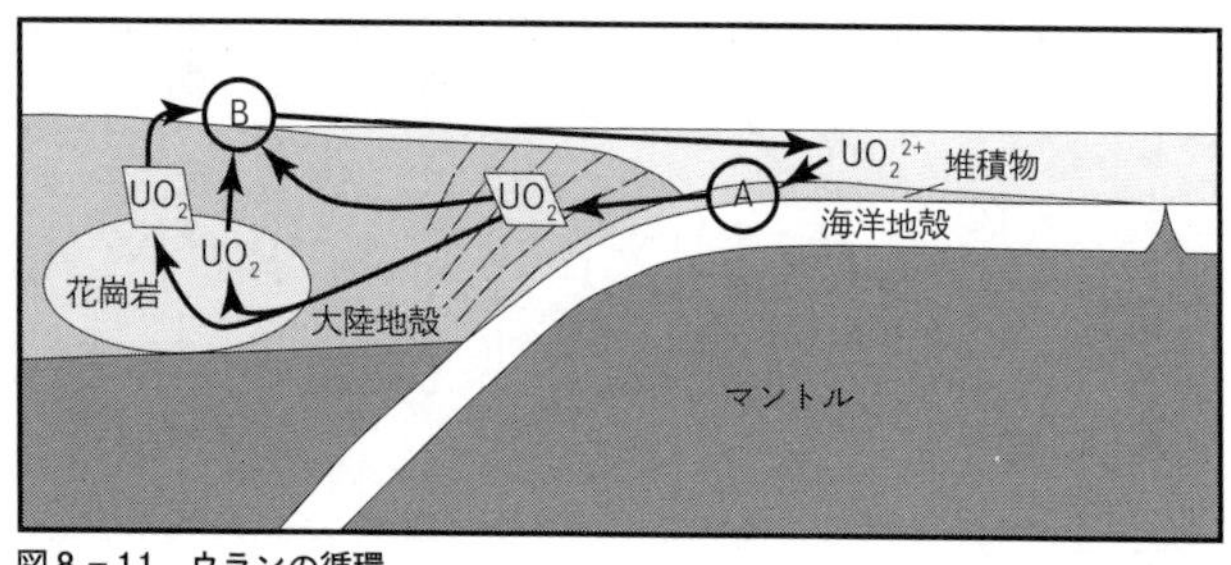

図8－11　ウランの循環

A: $UO_2^{2+} + H_2 \rightarrow UO_2 + 2H^+$

B: $UO_2 + 2H^+ \rightarrow UO_2^{2+} + H_2$

ります。

これらのウランは地表に現れると酸化され水に溶けたり細粒になったりして海に流されます。そして、海底に堆積し、堆積物中にある有機物に還元されて閃ウラン鉱やコフィン石となります。堆積岩や火成岩にあった鉱物中にあるウランの一部は鉱物のまま海に流され海底に沈殿することもあります。

このようにウランは大陸地殻物質と同じ経路をたどって地表を循環しています。ウランの循環は、海洋地殻内を経由して大陸地殻に戻ってくる親銅元素の循環とは異なっているのです。

ウランと親銅元素の循環が異なる理由

親銅元素は半分以上の量が海洋地殻に取り込まれ海洋地殻を経由して大陸地殻へ戻ってきますが、ウランは大部分が海洋地殻に取り込まれることなく大陸地殻物質の同じ経路を循環していることがわかりました。ここでは、なぜウランと親銅元素で循環の仕方が異なるかを考えます。

親銅元素もウランも酸化的状態だと溶解度が高く、還元的状態だと溶解度が低くなります。親銅元素は、酸化的状態にある海中では溶解度が高いので海水に溶けやすく、親銅元素は半分以上の量が海水に溶けて海洋地殻中に浸透します。そして、親銅元素は、還元的状態にある海洋地殻中で溶解度が低くなるので、海洋地殻中に沈殿します。

親銅元素と同じような溶解度変化をするウランも、海水に溶けて海洋地殻中に沈殿するのではないかと考えたくなります。しかし、ウランは海洋地殻中に沈殿しておらず、海底に堆積しています。

ウランはなぜ海洋地殻に浸透せずに海洋底に堆積するのでしょうか？ それは、ウランの溶解度が酸化的状態で高いといっても、それは還元的状態に比べると高いというだけであって、ウランの溶解度は酸化的状態でもそれほど高いわけではないからです。その様子を親銅元素とウランについて定量的に比較してみましょう。

親銅元素の挙動を亜鉛で見てみます。大陸地殻中で亜鉛は閃亜鉛鉱（ZnS）に入っています。図8－12にあるように、酸化的状態で閃亜鉛鉱の亜鉛の溶解度は非常に高いので、地表近くにある多くの閃亜鉛鉱は水と反応して溶けてしまいます。亜鉛を溶かした水は河川を通じて海に流れ

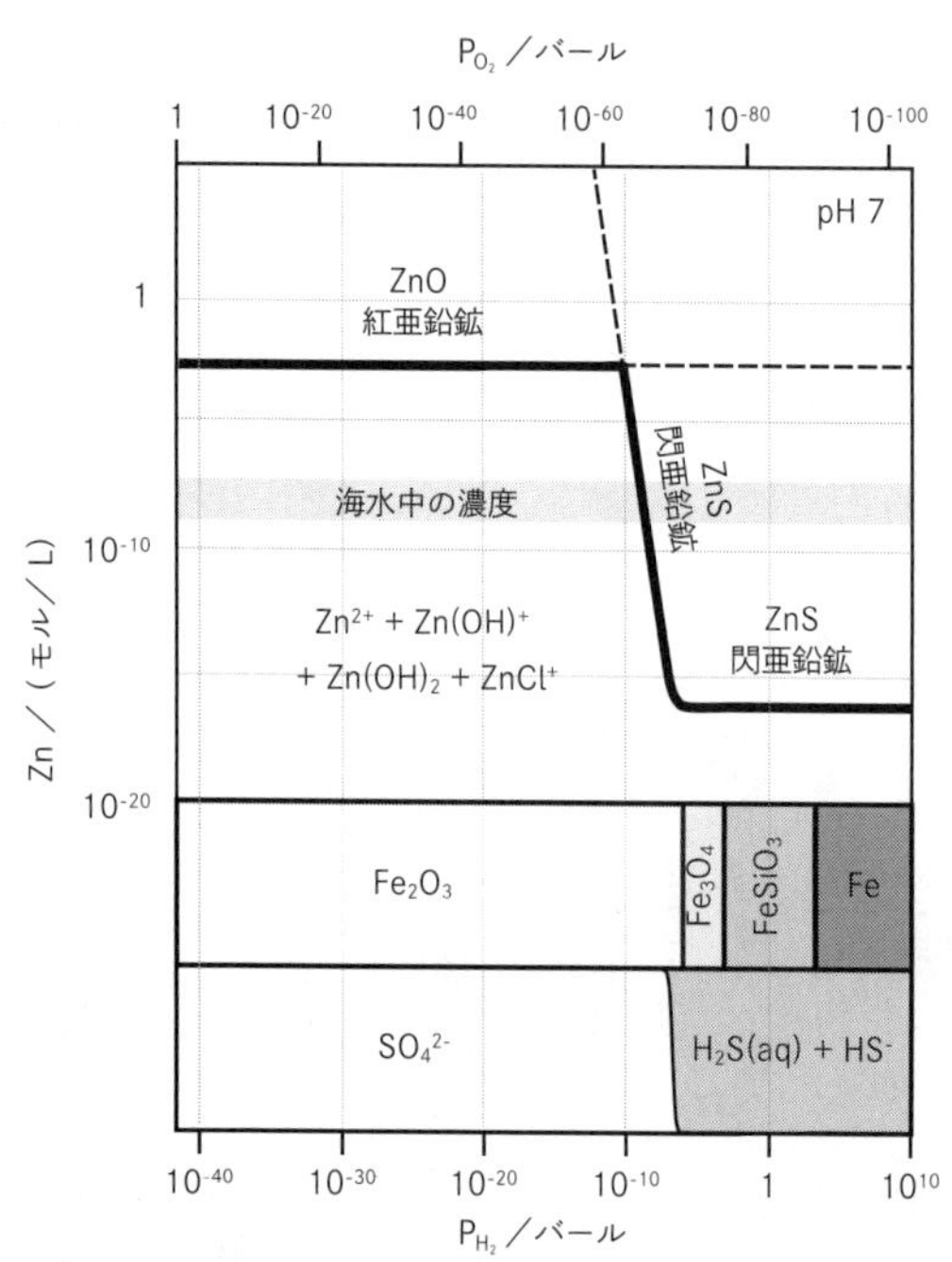

(aq)は水溶液の溶存成分であることを表します。

図8－12　亜鉛鉱物の溶解度

ます。海での亜鉛の濃度は6ナノモル／Lですが、海水中では鉱物として沈殿しません。最も溶解度が低い亜鉛の鉱物である紅亜鉛鉱（ZnO）でさえ溶解度は160万ナノモル／Lもあるからです（図8－12）。海水に溶けた亜鉛は、海底に堆積せずに、海洋地殻に浸透します。海洋地殻内では、海水中の硫酸イオンが海洋地殻内にある鉄鉱物中の2価鉄によって還元されて硫化水素となります。硫化水素があると、亜鉛の溶解度がとても低くなって、亜鉛は海洋地殻内に硫化鉱物として沈殿するのです。いっぽう、水に溶けずにケイ酸塩鉱物中に微量元素として入っている亜鉛もあります。この亜鉛は海底の堆積物となり大陸地殻物質と同じ経路を循環します。

次にウランを見てみましょう。大陸地殻中でウランは、4価ウランの鉱物（閃ウラン鉱など）と6価ウランの鉱物（シェップ石など）があります。一般に、ウランの鉱物は水に溶けにくいので、一部のウラン鉱物は水に溶けても、多くのウラン鉱物は溶けずに細かい粒子となって残り、大雨のときに海に流され海底に堆積します。海でのウランの濃度（13ナノモル／L）は、6価のウラン鉱物（シェップ石など）に対して飽和状態にあるために、ウラン鉱物は海水に溶けずに海底に堆積します（図8-13）。

したがって、ウラン鉱物の多くは海水に溶けずに海底に堆積するのです。そして、多くのウランは大陸地殻物質と同じ経路を循環します。

ウラン鉱物は海底に堆積して大陸地殻と同じ経路を循環することがわかりましたが、海水に溶けているウランはどうなるのかという疑問が残ります。海水に溶けているウランの濃度は13ナノモル／Lと、海水に溶けている亜鉛の濃度（6ナノモル／L）よりも高いので、海水に溶けているウランの量も無視できません。海水に溶けているウランは海嶺付近の海洋地殻に浸透し、海洋地殻内は還元的なので、4価ウランの鉱物（閃ウラン鉱など）として沈殿するはずです。しか

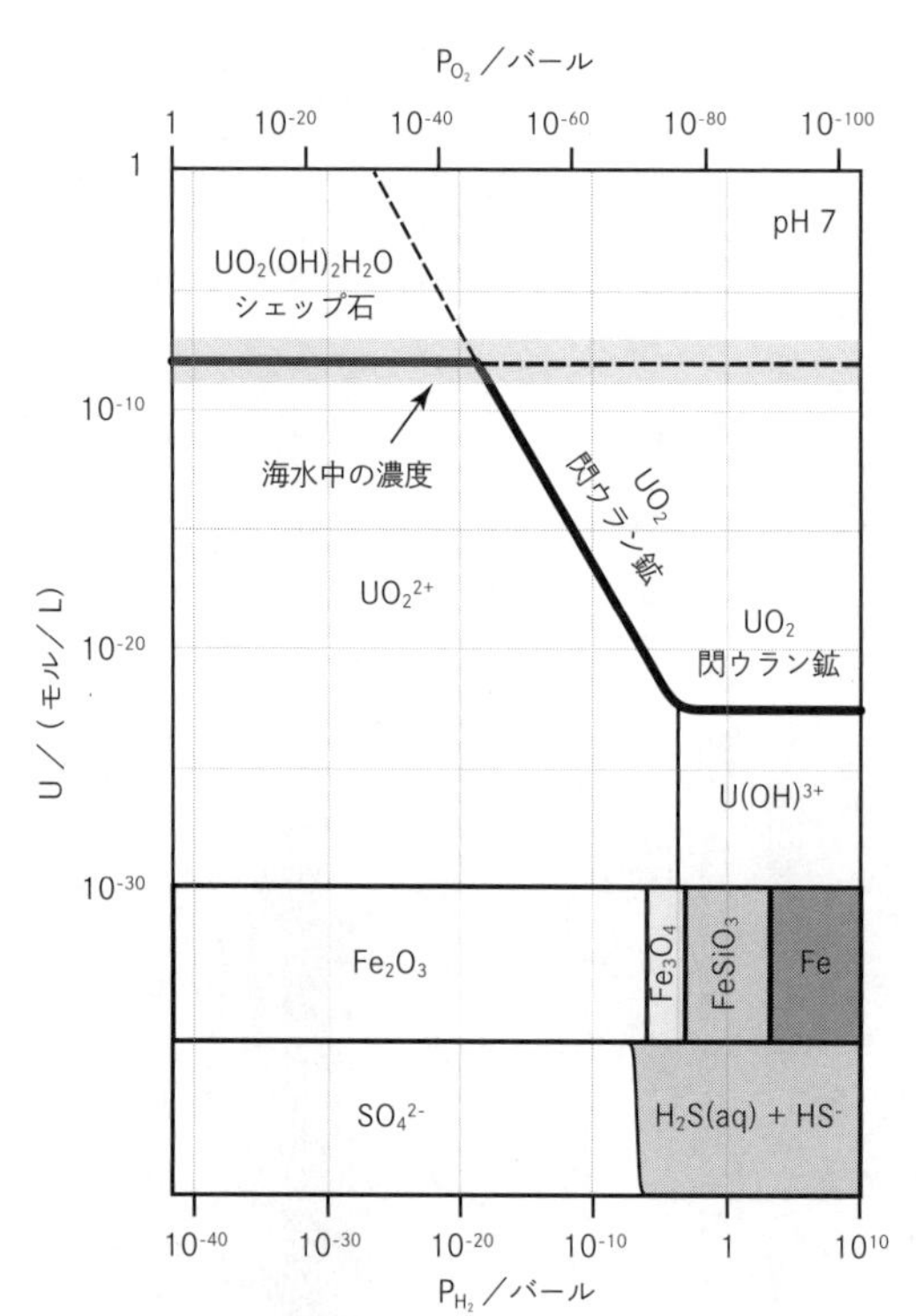

(aq)は水溶液の溶存成分であることを表します。

図8－13　ウラン鉱物の溶解度

し、ウランのほとんどが海洋地殻には沈殿していないとされています（図8－7）。また、海洋地殻にウラン鉱物が沈殿しているとの報告もほとんどありません。海水に溶けているウランの挙動については不可解な面も残っています。

第9章

Earth as a heat engine

熱機関である地球

◉「太陽からの距離」と「惑星の大きさ」がちょうどよかったため、地球は変化し続ける惑星になった。

◉岩石惑星である地球は、内部に熱源となる放射性元素が多量にあり、熱を発生させることができた。

◉地球に多量にある「水」はマントルの粘性を低くし、熱対流を生んだ。そして、マントルの熱対流が、地球の物質を循環させている。

◉地球の物質は循環しているからこそ、熱い場所や冷たい場所に移動し、それぞれの場所で安定になるように化学反応をしながら、46億年かけて地球は姿を変えてきた。

地球とはどんな惑星か？

地球は、人類にとって快適な環境や有用な資源に恵まれています。そしてそれらは長い時間をかけてかたちを変えながら循環してできたことをこれまで見てきました。これは、太陽系惑星のうちで地球だけの特徴です。ここでは、地球だけがどうして、このような特徴を持っているかを考えてみます。

地球だけが物質循環をしている

地球は、太陽系惑星の中で特異な存在です。地球には、大陸と海があり、大気に多量の酸素があり、生命が誕生して進化し、エネルギー資源や鉱物資源が濃集しています。これらは、地球の46億年間の歴史の中で、少しずつできてきました。いっぽう、地球以外の他の惑星は、惑星ができたばかりの46億年前の頃からほとんど変化しておらず、地球のように快適な環境や有用な資源がありません。地球が変化を続けている生きた惑星であるのに対して、太陽系の他の惑星は、ほとんど変化のない死んだ惑星なのです。

地球だけが変化し続ける惑星になった理由は、「地球と太陽からの距離」および「惑星の大きさ」がちょうどよかったことにあります。地球型惑星は太陽に近いために岩石の惑星となったので、熱源となる放射性元素（カリウム、トリウム、ウランなど）が多量にあり内部で熱を発生させることができました。いっぽう、木星型惑星や天王星型惑星は、太陽から遠いために氷の惑星となったので、熱源となる放射性元素が少なく内部で熱をほとんど発生することができませんでした。

つまり、内部の熱対流の原因となる熱源が地球型惑星にはあって、木星型惑星や天王星型惑星にはほとんどなかったのです。熱源がほとんどない木星型惑星や天王星型惑星は、内部で熱対流を起こさないのです。

地球型惑星には熱対流の原因となる熱源はありますが、熱源があるだけでは熱対流は起きません。熱対流が起きるためには内部の粘性が低く（軟らかく）なければなりません。地球の内部は、他の地球型惑星に比べて粘性が低いのです。それは地球内部に水がたくさんあることによります。水があるとケイ素―酸素―ケイ素の結合が加水分解して切れるので、マントルの粘性が低くなるのです。

地球型惑星のうち、地球だけに多量の水があった理由を簡単に復習しておきます。地球の水の起源は宇宙空間にあった含水ケイ酸塩鉱物だと考えられています。この含水ケイ酸塩鉱物は、水星や金星近傍の軌道では温度が高すぎて不安定であり、水を吐き出して無水のケイ酸塩鉱物になってしまいます。このために水星や金星には含水ケイ酸塩鉱物が降り注いでこないために水が集積しませんでした。

いっぽう、地球や火星の近くの宇宙空間は温度がやや低いために含水ケイ酸塩鉱物があり、これらの鉱物が地球や火星に集積したために、地球や火星には多量の水が集積したのです。それではなぜ地球に水が多量にあり火星には水が少ししかないのでしょうか。それは、地球はサイズが大きく重力も大きいために水分子はあまり宇宙空間に拡散しなかったのに対して、火星はサイズが小さく重力も小さいためにほとんどの水が宇宙に拡散してしまったからです。

このように、地球に多量にあった熱源と水は、地球に生きる力をあたえました。地球内部（マントル）の熱源と水によって、地球のマントルは熱対流したのです。つまり、熱エネルギーを運動エネルギーに変換することができたのです。そして、マントルの熱対流が、地球の表面にある物質を循環させているのです。

物質循環が変えた地球の姿

地球の物質は、循環しているために、熱い場所に行ったり冷たい場所に行ったりして、物質を平衡状態から非平衡状態にし、反応を進行させました。つまり、熱エネルギーを化学エネルギーに変えたのです。このような反応を通じて、46億年かけて地球は姿を変えてきました。

熱い場所や冷たい場所で起きている重要な反応には、かならず揮発性物質がかかわっています。それらの反応は、温度が高いと鉱物から揮発性物質が吐き出される方向に反応が進み、温度が低いと揮発性物質が鉱物に入るという規則性があります。

これを拡張すれば、熱い場所では、気体の分子数が増える方向に反応が進行し、冷たい場所では、気体の分子数が減る方向に反応が進行するということになります。さらに一般的にいえば、高温ではエントロピーが高くなるように反応が進行し、低温ではエントロピーが低くなるように反応が進行するということです。地球で起きている重要な現象は、複雑で多様性に富んでいるのにもかかわらず、すべてこの規則にしたがっています。

このような反応を通じて、この46億年間、地球は変化してきました。地球の大気は初期の段階で、二酸化炭素濃度を大幅に減少させました。地球は、少しずつ大陸を成長させてきました。地球では、生命が誕生しました。生命が進化し光合成をする植物が繁栄した結果、地球の大気中の酸素濃度が高くなりました。生物の死骸からは石炭・石油・天然ガスが地下にできました。銅、鉛、亜鉛などの親銅元素やウランも濃集し、利用できる資源となりました。

初期の段階で地球の二酸化炭素濃度が大幅に減少しているのは、二酸化炭素が海洋地殻と反応して海洋地殻に取り込まれたからです。この海洋地殻は熱い場所で平衡になった物質であるために、水や二酸化炭素などの揮発性物質はほとんど含んでいません。マントルの循環で地表に現れた海洋地殻は冷たい状態になったために、非平衡状態になり、揮発性物質である二酸化炭素を海洋地殻に取り込み、大気中の二酸化炭素濃度を減少させたのです。

大陸の成長も、海洋地殻と二酸化炭素の反応が原因となっています。熱い状態から冷たい状態に変化した海洋地殻と二酸化炭素が反応し、二酸化炭素が海洋地殻に取り込まれたのです。このときに、海洋地殻は不均質になりました。海洋地殻の上部は酸化ケイ素が多くなり、下部は酸化ケイ素が少なくなったのです。この上部の酸化ケイ素の多い部分が、大陸地殻となったのです。

生命が誕生したのも、地球の物質が循環しているからです。最初の生命である化学合成独立栄養細菌は、地球にある還元的物質と酸化的物質を反応させてエネルギーを得ていました。エネルギーを得ることができるのは、還元的物質と酸化的物質が非平衡状態にあるからです。熱い状態で平衡状態にあった還元的物質と酸化的物質が、物質循環で冷たい場所に来たために非平衡になったのです。

親銅元素が濃集したのも、地球の物質の循環によります。熱い状態（８００℃以上）にある岩石中では二酸化イオウが安定ですが、その二酸化イオウが岩石から離れて冷たい場所に来ると不安定となり、硫酸イオンと硫化水素とに分解し、硫化水素と親銅元素が結びついて硫化鉱物が沈殿し濃集するのです。

以上のように、地球の物質が循環しているからこそ、物質が熱い場所や冷たい場所に移動し、それぞれの場所で安定になるよう化学反応をしながら、46億年かけて地球は姿を変えてきたのです。この地球の物質循環により、地球がいかに姿を変えてきたか。それが、本書でお話ししてきたことです。

熱機関として機能した地球

地球と他の惑星の本質的な違いを、一言で表してみましょう。それは「地球は熱機関として機能していたが、地球以外の惑星は熱機関として機能していなかった」ということです。つまり、地球だけが、熱エネルギーを運動エネルギーや化学エネルギーに変換することができる熱機関として機能していたのです。木星型惑星や天王星型惑星はそもそも十分な熱源がないので熱機関として機能しませんでした。地球以外の地球型惑星は熱源がありましたが、その熱源を運動エネルギーや化学エネルギーに変換できなかったので熱機関として機能しませんでした。そうして地球は生きている惑星になり、地球以外の惑星は死んだ惑星になったのです。

おわりに

本書は、これまでの地球科学の本とは趣が異なると感じた方がいたのではないかと思います。それは、筆者が地球科学の主流の道を歩んでこなかったせいかもしれません。ここでは、筆者が地球科学とどのように関わってきたかをお話しするとともに、本書を執筆した動機を紹介します。また、お世話になった方々に感謝の意を表したいと思います。

大学では、数学、物理学、化学、生物学と理科系の広い分野を勉強する教養学部の基礎科学科に在籍しました。なぜかその学科には地球科学の講義はなく、地球科学に触れることはありませんでした。大学の卒業研究は、「量子力学の数学的基礎」でした。大学院では鉱物学教室に進学し、そこでは「超構造と回折図形」という理論結晶学の研究をしました。大学から大学院の修士課程まで地球科学とは無縁の研究生活を送っており、その当時は地球科学に対する思い入れはありませんでした。

修士課程修了後に、通商産業省（現、経済産業省）の国立研究機関である地質調査所（現、産業技術総合研究所・地質調査総合センター）に入り、そこで初めて地球科学に触れました。地質調査所は、地質図を作成したり、鉱物資源やエネルギー資源の研究をしたり、地震や火山の研究などをしています。地質調査所の研究者の多くがフィールド調査を得意としています。ここでは、フィールド調査を通じて地球科学を学ばせてもらいました。ただし、私自身はフィールド調査の専門家とはなっていません。

地質調査所は、筑波研究学園都市にあり、多くの研究所が近くにありました。そこで、若い頃、近くにあるさまざまな研究所のたくさんの方々と共同研究をさせてもらいました。地質調査所や無機材質研究所(現、物質・材料研究機構)や高エネルギー物理学研究所(現、高エネルギー加速器研究機構)や筑波大学の研究者の方々からは、エックス線回折実験や鉱物の合成実験を教えてもらいました。この経験がその後の研究の基礎になりました。

これら物質科学の実験的研究や理論的研究の経験も、本書の執筆に役立ちました。本書は、物質科学を基礎にして、地球で起きている現象を考察した書だからです。

地質調査所入所後は、年を重ねるごとに地球科学にも徐々に興味を持つようになりました。しかしながら、地球科学に触れたときには、興味を持つとともにその難しさも感じました。地球の物質や現象は、複雑であり多様性に富んでいて、単純な理論や実験だけではなかなか割り切れないことが多いからです。自然を観察してその多様性を認めればよいのだという研究者もいました。確かに地球科学では多様性を認めざるを得ませんが、それだけでよいのだろうかとの気持ちもありました。

そこで、多様性を認めることから一歩踏み出したいと思うようになりました。多様性の中に、本質的な事柄や法則を見出して単純化したいと考えたのです。まずは物質や現象を単純化して大きくとらえ、そのうえで個々の多様性を考慮すればよいと考えたのです。これが、本書の考え方であり、私が地球科学に面白さを感じた点でもありました。本書の考え方に賛同し、地球に対する理解が深まったと思ってくださる方がいらっしゃれば幸いです。

最後に、本書の執筆時にお世話になった方々に感謝の意を表したいと思います。亡くなられた中沢弘基博士(独立行政法人物質・材料研究機構名誉フェロー)には、本書の執筆を勧めていただきました。高木哲一博士(産業技術総合研究所)には岩石学および親銅元素の循環について、村上隆博士(東京大学名誉教授)には地球の酸化還元状態についてコメントをいただきました。ブルーバックスの森定泉編集者には、本書の構成や内容について提案をいただくとともに、わかりやすくなるようにするためのコメントをいただきました。

2023年12月

月村勝宏

Bergaya F, Lagaly G (2006) General introduction: clays, clay minerals, and clay science. Developments in Clay Science 1, 1-18.
LeFevre EWJ (1966) Soil plasticity dependency on surface area. Doctor of Philosophy Ph.D Thesis, Oklahoma State University.

第８章　親銅元素とウランの循環

Ishihara S (1977) The magnetite-series and ilmenite-series granitic rocks. Mining Geology 27, 293-305.
Ishihara S (1978) Metallogenesis in the Japanese island arc system. J. Geol. Soc. 135, 389-406.
Takagi T, Tsukimura K (1997) Genesis of oxidized-and reduced-type granites. Econ. Geol. 92, 81-86.
Ishihara S (1998) Granitoid series and mineralization in the Circum-Pacific Phanerozoic granitic belts. Resour. Geol. 48, 219-224.
Kawakatsu K, Yamaguchi Y (1987) Successive zoning of amphiboles during progressive oxidation in the Daito-Yokota granitic comlex, San-in belt, southwest Japan. Geochim. Cosmochim. Acta 51, 535-540.
Takagi T (1992) Mineral equilibra and crystallization conditions of Ukan granodiorite (ilmenite-series) and Kayo Granite (magnetite-series), San' yo belt, southwest Japan. J. Geol. Soc. Japan 98, 101-124.
Takagi T, Nureki T (1994) Two T-f(O2) paths in the Myoken-zan magnetite-bearing granitic complex, San' yo belt, southwestern Japan. Can. Mineral. 32, 747-762.
Sasaki A, Ishihara S (1979) Sulfur isotopic composition of the magnetite-series and ilmenite-series granitoids in Japan. Contrib. Mineral. Petrol. 68, 107-115.
Alt JC, Anderson TF, Bonnell L (1989) The geochemistry of sulfur in a 1.3 km section of hydrothermally altered oceanic crust, DSDP Hole 504B. Geochim. Cosmochim. Acta 53, 1011-1023.
Takagi T (2004) Origin of magnetite- and ilmenite-series granitic rocks in the Japan Arc. Am. J. Sci. 304, 169-202.
Drever JI, Li Y-H, Maynard JB (1988) Geochemical cycles: the continental crust and the oceans. In Gregor CB, Garrels RM, Mackenzie FT, Maynard JB (eds) Chemical cycles in the evolution of the Earth. Wiley, 17-54.
Alt JC, Honnorez J, Laverne C, Emmermann R (1986) Hydrothermal Alteration of a 1 km section through the upper oceanic crust, deep sea drilling project Hole 504B: Mineralogy, chemistry and evolution of seawater-basalt interactions. J. Geophys. Res., 91, 10309-10335.
Morse JG (1979) Energy Resources in Colorado, coal, oil shale, and uranium.Westview Press.396pp.
Boyle RW(1982) Geochemical prospecting for thorium and uranium deposits.Elsevier Science.509pp.

amino acids and their oligomerization under high-pressure conditions: implications for prebiotic chemistry. Astrobiology 11, 799-813.
Martin W, Baross J, Kelley D, Russell MJ (2008) Hydrothermal vents and the origin of life. Nat. Rev. Microbiol. 6, 805-814.
Takai K, et al. (2006) Ultramafics-Hydrothermalism-Hydrogenesis-HyperSLiME (UltraH^3) linkage: a key insight into early microbial ecosystem in the Archean deep-sea hydrothermal systems. Paleontol. Res. 10, 269-282.

第6章　二酸化炭素と大陸地殻

Berner RA (2004) The Phanerozoic carbon cycle.Oxford University Press.
Kanzaki Y, Murakami T (2015) Estimates of atmospheric CO_2 in the Neoarchean-Paleoproterozoic from paleosols. Geochim. Cosmochim. Acta 159, 190-219.
Takagi T, Naito K, Collins LG, Iizumi S (2007) Plagioclase-quartz rocks of metasomatic origin at the expense of granitic rocks of the Komaki district, southwest Japan. Can. Mineral. 45, 559-580.
Berner RA (1998) The carbon cycle and CO2 over Phanerozoic time: the role of land plants. Phil. Trans. R. Soc. Lond. B 353, 75-82.
Moulton KL, West J, Berner RA (2000) Solute flux and mineral mass balance approaches to the quantification of plant effects on silicate weathering. Am. J. Sci. 300, 539-570.
気象庁 Carbon dioxide mappingdate https://www.data.jma.go.jp/gmd/kaiyou/english/co2_flux/co2_flux_data_en.html
James NP, Jones B (2015) Origin of carbonate sedimentary rocks.wiley

第7章　粘土：冷たい環境でできた物質

Takagi T, Shin K-C, Jige M, Hoshino M, Tsukimura K (2021) Microbial nitrification and acidification of lacustrine sediments deduced from the nature of a sedimentary kaolin deposit in central Japan. Sci. Rep. 11, 3471.
Imai N, Terashima S, Itoh S, Ando A (1995) 1994 compilation of analytical data for minor and trace elements in seventeen GSJ geochemical reference samples, "igneous rock series". Geostandards Newsletter 19, 135-213.
Tsukimura K, Miyoshi Y, Takagi T, Suzuki M, Wada S (2021) Amorphous nanoparticles in clays, soils and marine sediments analyzed with a small angle X-ray scattering (SAXS) method. Sci. Rep. 11, 6997.
Miyoshi Y, et al. (2013) Mg-rich mineral formation associated with marine shallow-water hydrothermal activity in an arc volcanic caldera setting. Chem. Geol. 355, 28-44.
Wada S, Wada K (1977) Density and structure of allophane. Clay Minerals 12, 289-298.
Wada K (1978) Allophane and imogolite. In Sudo T, Shimoda S (eds) Clays and clay minerals of Japan. Developments in sedimentology 26. Elsevier Scientific Publishing Company, 147-187.
Nagasawa K (1978) Weathering of volcanic ash and other pyroclastic materials. In Sudo T, Shimoda S (eds) Clays and clay minerals of Japan. Developments in sedimentology 26. Elsevier Scientific Publishing Company, 105-125.
Suzuki M, et al. (2009) A new amorphous aluminum-silicate: high performance adsorbent for water vapor and carbon dioxide. Trans. Mater. Res. Soc. Japan 34, 367-370.
Tsukimura K, Suzuki M (2020) Quantifying nanoparticles in clays and soils with a small-angle X-ray scattering method. J. Appl. Cryst. 53, 197-209.
Guggenheim S, et al. (2006) Summary of recommendations of nomenclature committees relevant to clay mineralogy: report of the association internationale pour l' etude des argiles (AIPEA) nomenclature committee for 2006. Clays Clay Miner. 54, 761-772.

formation in the Hamersley iron Province of Western Australia. Econ. Geol. 75, 184-209.
Hagemann SG, et al. (2016) BIF-hosted iron mineral system: A review. Ore Geology Reviews 76, 317-359.
Schwertmann U, Murad E (1983) Effect of pH on the formation of goethite and hematite from ferrihydrite. Clays Clay Miner. 31, 277-284.
Huber NK, Garrels RM (1953) Relation of pH and oxidation potential to sedimentary iron mineral formation. Econ. Geol. 48, 337-357.
James HL (1954) Sedimentary facies of Iron-formation. Econ. Geol. 49, 235-293.
Beukes NJ, Klein C (1990) Geochemistry and sedimentology of a facies transition – from microbanded to granular iron-formation – in the early Proterozoic Transvaal Supergroup, South Africa. Precambrian Res. 47, 99-139.
Cloud P (1968) Atmospheric and hydrospheric evolution on the primitive earth. Science 160, 729-736.
Cloud P (1973) Paleoecological significance of the banded iron-formation. Econ. Geol. 68, 1135-1143.
Elderfield H, Schultz A (1996) Mid-ocean ridge hydrothermal fluxes and the chemical composition of the ocean. Annu. Rev. Earth Planet. Sci., 24, 191-224.
Bowers TS (1989) Stable isotope signatures of water-rock interaction in mid-ocean ridge hydrothermal systems: Sulfur, oxygen, and hydrogen. JGR Solid Earth 94, 5775-5786.
Kanzaki Y, Murakami T (2013) Rate law of Fe(II) oxidation under low O_2 conditions. Geochim. Cosmochim. Acta 123, 338-350.
Dodd MS, et al. (2022) Abiotic anoxic iron oxidation, formation of Archean banded iron formations, and the oxidation of early Earth. Earth Planet. Sci. Lett. 584, 117469.
Holland HD (2006) The oxygenation of the atmosphere and oceans. Philos. Trans. R. Soc. Lond. B Biol. Sci. 361, 903-915.
Lyons TW, Diamond CW, Planavsky NJ, Reinhard CT, Li C (2021) Oxygenation, life, and the planetary system during Earth' s middle history: an overview. Astrobiol. 21,906-923.

第５章　物質循環の中の生命の誕生

Miller SL (1953) A production of amino acids under possible primitive earth conditions. Science 117, 528-529.
Amend JP, Shock EL (1998) Energetics of amino acid synthesis in hydrothermal ecosystems. Science 281, 1659-1662.
Hennet RJ-C, Holm NG, Engel MH (1992) Abiotic synthesis of amino acids under hydrothermal conditions and the origin of life: a perpetual phenomenon? Naturwissenschaften 79, 361-365.
Ménez B, et al. (2018) Abiotic synthesis of amino acids in the recesses of the oceanic lithosphere. Nature 564, 59-63.
Corliss JB, Baross JA, Hoffman SE (1981) An hypothesis concerning the relationship between submarine hot springs and the origin of life on Earth. Oceanolog. Acta, Proceedings 26th International Geological Congress, Geology of oceans symposium, Paris, July 7-17, 1980, 59-69.
Kitadai N, Maruyama S (2018) Origin of building blocks of life: A review. Geosci. Front. 9, 1117-1153.
中沢弘基(2014) 生命誕生、講談社現代新書、講談社。
Nakazawa H (2018) Darwinian evolution of molecules. Advance in Geological Science. Springer.
Furukawa Y, Sekine T, Oba M, Kakegawa T, Nakazawa H (2009) Biomolecule formation by oceanic impacts on early Earth. Nat. Geosci. 2, 62-66.
Otake T, Taniguchi T, Furukawa Y, Kawamura F, Nakazawa H, Kakegawa T (2011) Stability of

Cameron AGW, Benz W (1991) The origin of the moon and the single impact hypothesis IV. Icarus 92: 204-216.
Brearley AJ (2006) The action of water. In Lauretta DS, Mcsween Jr. HY (eds) Meteorites and the early solar system II. The University of Arizona Press, 587-624.
Hunten DM, Pepin RO, Walker JCG (1987) Mass fractionation in hydrodynamic escape. Icarus 69, 532-549.
Walker JCG (1985) Carbon dioxide on the early earth. Org. Life Evol. Biosph 16, 117-127.
Kitajima K, Maruyama S, Utsunomiya S, Liou JG (2001) Seafloor hydrothermal alteration at an Archaean mid-ocean ridge. J. Metamorph. Geol. 19, 583-599.
Robie RA, Hemingway BS, Fisher JR (1978) Thermodynamic properties of minerals and related substances at 298.15 K and 1 bar (10^5 Pascals) pressure and at higher temperatures. U. S. Geol. Survey Bull. 1452, 456pp.
Naumov GB, Ryzhenko BN, Khodakovsky IL (1974) Handbook of Thermodynamic Data, U. S. Nat' l. Inf. Service, Pb-226, 722V, U. S. Dept. Commerce, 328 pp.
Woods TL, Garrels RM (1987) Thermodynamic values at low temperature for natural inorganic materials: An Uncritical Summary. Oxford University Press.288pp.

第３章　地球の物質循環

Skinner BJ, Porter SC (1987) Physical Geology.Wiley, 750pp.
Urey HC (1952) The planets, their origin and development.Yale University Press, 245pp.
Berner RA, Lasaga AC, Garrels RM (1983) The carbonate-silicate geochemical cycle and its effect on atmospheric carbon dioxide over the past 100 million years. Am. J. Sci. 283, 641-683.
Martin W, Baross J, Kelley D, Russell, MJ (2008) Hydrothermal vents and the origin of life. Nat. Rev. Microbiol. 6, 805-814.
ラシブルック著、久保昌二、木下達彦共訳(1975)、統計力学、白水社。

第４章　ゆっくり変化した地球

Taylor SR, McLennan SM (1995) The geochemical evolution of the continental crust. Rev. Geophys. 33, 241-265.
Poldervaart A (1955) Chemistry of the earth' s crust. In Poldervaart A (ed) Crust of the Earth - A Synposium. Geol. Soc. Amer. Spec. Paper 62, 119-144.
Imai N, Terashima S, Itoh S, Ando A (1995) 1994 compilation of analytical data for minor and trace elements in seventeen GSJ geochemical reference samples, "igneous rock series". Geostand. Newsl. 19, 135-213.
Belousova EA, Kostitsyn YA, Griffin WL, Begg GC, O' Reilly SY, Pearson NJ (2010) The growth of the continental crust: Constraints from zircon Hf-isotope data. Lithos 119: 457-466.
Dhuime B, Hawkesworth CJ, Cawood PA, Storey CD (2012) A change in the geodynamics of continental growth 3 billion years ago. Science 335, 1334-1336.
Dhuime B, Hawkesworth CJ, Delavault H, Cawood PA (2017) Continental growth seen through the sedimentary record. Sediment. Geol., 357: 16-32.
Rudnick RL (1995) Making continental crust. Nature 378: 571-578.
Kitajima K, Maruyama S, Utsunomiya S. Liou JG (2001) Seafloor hydrothermal alteration at an Archaean mid-ocean ridge. J. Metamorph. Geol. 19, 583-599.
Klein C (2005) Some Precambrian banded iron-formations (BIFs) from around the world: Their age, geologic setting, mineralogy, metamorphism, geochemistry, and origins. Am. Mineral. 90, 1473-1499.
Morris RC (1980) A textural and mineralogical study of the relationship of iron ore to banded iron-

参考文献

第１章　太陽系にある元素と揮発性物質

Feynman RP, Leighton RB, Sands ML (2011) The Feynman lectures on Physics. Basic Books, 3vols.

Ross JE, Aller, LH (1976) The chemical composition of the Sun. Science 191, 1223-1229.

Brownlow AH (1979) Geochemistry. Prentice - Hall, 498.

国立天文台編、理科年表.（2023年度版）、丸善出版。

Gill R (1989) Chemical Fundamentals of Geology. Chapman & Hall, 291pp.

Faure G (1991) Inorganic geochemistry.

CRC Hand book of Chemistry and Physics CRC Press.

Shiklomanov IA (1993) World fresh water resources. In Gleick PH (ed) Water in crisis, a guide to the world' s fresh water resources. Oxford University Press, 13-24.

Harvey AH, Friend DG (2004) Physical properties of water. In Palmer D A, Fernández-Prini R, Harvey AH (eds) Aqueous systems at elevated temperatures and pressures. Elsevier Academic Press, 1-27.

Seward TM, Driesner T (2004) Hydrothermal solution structure: experiments and computer simulations. In Palmer DA, Fernández-Prini R, Harvey AH (eds) Aqueous systems at elevated temperatures and pressures. Elsevier Academic Press, 149-182.

Korson L, Drost-Hansen W, Millero FJ (1969) Viscosity of water at various temperatures. J. Phys. Chem. 73, 34-39.

Jedlovszky P, Brodholt JP, Bruni F, Ricci MA, Soper AK, Vallauri R (1998) Analysis of the hydrogen-bonded structure of water from ambient to supercritical conditions. J. Chem. Phys. 108, 8528-8540.

Hoffmann MM, Conradi MS (1997) Are there hydrogen bonds in supercritical water. J. Am. Chem. Soc. 119, 3811-3817.

NIST Standard Reference Database 10. U. S. Secretary of Commerce.

Fernández-Prini R, Alvarez JL, Harvey AH (2004) Aqueous solubility of volatile nonelectrolytes. In Palmer DA, Fernández-Prini R, Harvey AH (eds) Aqueous systems at elevated temperatures and pressures. Elsevier Academic Press, 73-98.

第２章　太陽系惑星と原始の地球

Lewis JS (1974) The temperature gradient in the solar nebula. Science 186, 440-443.

唐戸俊一郎(2017) 地球はなぜ「水の惑星」なのか、ブルーバックス、講談社。

Atreya SK, Mahaffy PR, Niemann HB, Wong MH, Owen TC (2003) Composition and origin of the atmosphere of Jupiter - an update, and implications for the extrasolar giant planets. Planet. Space Sci. 51, 105-112.

Enju S, Kawano H, Tsuchiyama A, Kim TH et al. (2021) Condensation of cometary silicate dust using an induction thermal plasma system. Astron. Astrophys.656, doi:10.1051/0004-6361/202141216.

Titus TN, Kieffer HH, Christensen PR (2002) Exposed water ice discovered near the south pole of Mars. Science 299, 1048-1051.

Bristow TF, et al. (2015) The origin and implications of clay minerals from Yellowknife Bay, Gale crater, Mars. Am. Mineral. 100, 824-836.

Hutchins KS, Jakosky BM (1996) Evolution of Martian atmospheric argon: Implications for sources of volatiles. J. Geophys. Res.: Planets 101: 14933-14949.

Nimmo F, Kleine T (2015) Early differentiation and core formation: processes and timescales. In Badro J, Walter MJ (eds) Geophysical Monograph 212. The early earth, accretion and differentiation. Wiley, 83-102.

【た行】

【な行】

索引

N.D.C.450　326p　18cm

ブルーバックス　B-2251

地球46億年 物質大循環
地球は巨大な熱機関である

2024年1月20日　第1刷発行

著者　月村勝宏

発行者　森田浩章

発行所　株式会社講談社

〒112-8001　東京都文京区音羽2-12-21

電話　出版　03-5395-3524

販売　03-5395-4415

業務　03-5395-3615

印刷所　（本文印刷）株式会社新藤慶昌堂

（カバー表紙印刷）信毎書籍印刷株式会社

製本所　株式会社国宝社

定価はカバーに表示してあります。

ISBN978－4－06－534672－3

発刊のことば

科学をあなたのポケットに

二十世紀最大の特色は、それが科学時代であるということです。科学は日に日に進歩を続け、止まるところを知りません。ひと昔前の夢物語もどんどん現実化しており、今やわれわれの生活のすべてが、科学によってゆり動かされているといっても過言ではないでしょう。

そのような背景を考えれば、学者や学生はもちろん、産業人も、セールスマンも、ジャーナリストも、家庭の主婦も、みんなが科学を知らなければ、時代の流れに逆らうことになるでしょう。

ブルーバックス発刊の意義と必然性はそこにあります。このシリーズは、読む人に科学的に物を考える習慣と、科学的に物を見る目を養っていただくことを最大の目標にしています。そのためには、単に原理や法則の解説に終始するのではなくて、政治や経済など、社会科学や人文科学にも関連させて、広い視野から問題を追究していきます。科学はむずかしいという先入観を改める表現と構成、それも類書にないブルーバックスの特色であると信じます。

一九六三年九月　　野間省一